中国石榴研究进展（四）

The research progress of pomegranate (IV)

李好先　曹尚银　主编

中国林业出版社
China Forestry Publishing House

图书在版编目（CIP）数据

中国石榴研究进展.四/李好先,曹尚银主编.—北京：中国林业出版社,2022.9

ISBN 978-7-5219-1862-5

Ⅰ.①中… Ⅱ.①李…②曹… Ⅲ.①石榴—果树园艺—中国—文集 Ⅳ.① S665.4-53

中国版本图书馆 CIP 数据核字 (2022) 第 163901 号

责任编辑：张 华 电 话：（010）83143566

出版发行：中国林业出版社（100009 北京西城区德内大街刘海胡同 7 号）
网　　站：http://www.forestry.gov.cn/lycb.html
印　　刷：北京博海升彩色印刷有限公司
版　　次：2022 年 9 月第 1 版
印　　次：2022 年 9 月第 1 次
开　　本：787mm×1092mm 1/16
印　　张：19
字　　数：500 千字
定　　价：168.00 元

第二届中国泗洪软籽石榴产业高峰论坛暨全国软籽石榴产业发展研讨会

大会开幕式(李好先供图)

中共淅川县委书记王晓东致辞(李好先供图)

中国农业科学院郑州果树研究所党委书记赵玉林发言(李好先供图)

参会代表参观石榴新种植园（李好先供图）

参会代表参观石榴丰产园（李好先供图）

标准化石榴生产园（李好先供图）

丰产结果树（李好先供图）

第三届中国石榴博览会及第九届全国石榴科研研讨会

召开第九次常务理事会（李好先供图）

第三届中国石榴博览会全国石榴优质果品及产品评奖会（陈利娜供图）

第三届中国石榴博览会及第九届全国石榴科研研讨会开幕式（陈利娜供图）

中国农业科学院郑州果树研究所党委书记赵玉林致辞（陈利娜供图）

曹尚银理事长向淅川县颁发特别贡献奖（陈利娜供图）

曹尚银理事长向云南蒙自颁发中国石榴城称号（陈利娜供图）

召开中国园艺学会石榴分会第九届全国石榴生产与科研研讨会（李好先供图）

张润光教授做学术报告（李好先供图）

郑晓慧教授做学术报告（李好先供图）

Krishna Poudel 博士（尼泊尔）做学术报告（李好先供图）

谭伟博士做学术报告（李好先供图）

冯立娟博士做学术报告（陈利娜供图）

秦改花博士做学术报告（陈利娜供图）

胡青霞教授做学术报告（陈利娜供图）

李好先助理研究员做学术报告（陈利娜供图）

张迎军高级工程师做报告（陈利娜供图）

淅川县林业局周桃龙高级工程师做报告（陈利娜供图）

常玮博士做报告（陈利娜供图）

曹尚银理事长和淅川县县长杨红忠同志在石榴园留影（李好先供图）

代表参展（陈利娜供图）

参会代表参观石榴园（陈利娜供图）

参会代表与吉祥物合影（陈利娜供图）

参会人员合影留念（陈利娜供图）

标准化石榴生产园（李好先供图）

云南蒙自获得第四届中国石榴博览会举办权
（李好先供图）

国外石榴科研与生产

'华光'

'华丰'

'华紫'

'中石榴 5 号'

'红美人'

'天使红'

'华帅'

'华红'

'早红'

'酸美人'　　　　　　　　　'酸美'

'慕乐'　　　　　　　　　'中石榴 8 号'

'中石榴 4 号'　　　　　　　'玛丽斯'

曹尚银理事长调研蒙自石榴生产（陈利娜供图）

曹尚银理事长调研淅川石榴生产（李好先供图）

曹尚银理事长调研安徽寿县石榴生产（李好先供图）

曹尚银理事长指导云南宾川石榴苗繁育
（唐丽颖供图）

李好先秘书长查看营养钵石榴苗生长情况
（李好先供图）

怀远第五届石榴文化旅游节表演现场
（李好先供图）

首届江苏省石榴花节在徐州贾汪区召开（李好先供图）

永胜石榴专家工作站石榴新品种品鉴（陈利娜供图）

郑州果树所举办石榴新品种品鉴会（李好先供图）

河南省石榴产业科技特派员服务团（李好先供图）

石榴品种对比试验园（郝兆祥供图）

果园铺设反光膜（张华荣供图）

云南蒙自石榴园（陈利娜供图）

新疆和田石榴园（李好先供图）

安徽怀远石榴园（李好先供图）

徐州贾汪区石榴园（李好先供图）

山西临猗石榴园（曹秋芬 许行立供图）

河南淅川石榴园（李好先供图）

四川会理万亩石榴园（张华荣供图）

怀远石榴古树（李好先供图）

枣庄石榴古树（李好先供图）

石榴盆景（李好先供图）

温室光雾化育苗（李好先供图）

石榴温室育苗（郝兆祥供图）

石榴汁（李好先供图）

石榴酒（李好先供图）

矮化石榴（李好先供图）

临猗江石榴（曹秋芬 许行立供图）

国外石榴科研与生产

曹尚银理事长出访塔吉克斯坦开展石榴科研交流并签订协议（李好先供图）

塔吉克斯坦石榴园考察（李好先供图）

曹尚银理事长查看石榴生长情况（李好先供图）

塔吉克斯坦石榴园（李好先供图）

塔吉克斯坦石榴品种（李好先供图）

塔吉克斯坦果园工人（李好先供图）

塔吉克斯坦货架上石榴（李好先供图）

塔吉克斯坦总统石榴园前合影（李好先供图）

西班牙繁育苗木（李好先供图）

西班牙营养钵培育大苗（李好先供图）

西班牙石榴苗木包装（李好先供图）

西班牙营养钵苗（李好先供图）

西班牙石榴园（李好先供图）

西班牙石榴品种（李好先供图）

西班牙石榴包装（李好先供图）

西班牙货架上石榴（李好先供图）

西班牙石榴汁（李好先供图）

意大利石榴新品种选种圃（李好先供图）

意大利石榴品种（Ferdinando Cossio 供图）

意大利扦插苗繁育（Ferdinando Cossio 供图）

意大利扦插苗移栽（Ferdinando Cossio 供图）

意大利石榴大苗繁育（李好先供图）

意大利组培苗繁育（李好先供图）

意大利石榴生产园（Ferdinando Cossio 供图）

意大利石榴丰产园（Ferdinando Cossio 供图）

《中国石榴研究进展（四）》
编撰委员会

主　任　曹尚银

副主任　李好先　汪政银　杨　宁　鲁振华

委　员　上官凌飞　古金美　许艺严　孙　维　刘梧铃
　　　　刘　艳　李好先　李松开　汪政银　杨　宁
　　　　沈秋吉　陈利娜　姚　方　秦改花　曹尚银
　　　　鲁振华　王娅茹

主　编　李好先　曹尚银

副主编　郝兆祥　陈利娜

前言
PREFACE

石榴具有较高的经济价值、生态价值、药用保健价值和文化价值，受到越来越多国内外消费者的青睐。进入21世纪以来，尤其是最近几年，我国石榴产业呈现出以下几个特点：一是"软籽增加，硬籽减少"。南方石榴产区以云南、四川为重点，北方产区以河南、陕西为重点，以'突尼斯软籽'为主栽品种的种植面积不断扩大；而秦岭、淮河以北的北方石榴产区，以及四川、云南等南方石榴产区，以硬籽石榴为主的种植面积却停滞不前。二是软籽石榴成为主流产品。软籽石榴核仁较软、可食，改变了人们吃硬籽石榴吐籽的传统习惯，特别适合儿童、老年人食用，鲜食市场持续向好，目前产量占到全国的50%以上。三是"南果北卖"呈现新常态。"南果北卖"不仅会继续拉动南方产区的鲜果销售，带动其石榴产业的快速发展，而且也会对北方产区转变发展理念和发展战略产生很大的冲击力。四是设施栽培逐步提倡。如何有效抵御南北不同的自然灾害，实现石榴栽培的优质、丰产、高效，除要选择抗性强、品质优的品种和不断提高管理水平外，大力发展石榴设施栽培，将是今后全国石榴栽培共同努力的方向。五是产业融合发展是大势所趋。"南果北卖"大格局的形成，倒逼着北方石榴产区的生产要调整发展思路和发展战略。山东石榴产区从种质资源保存、科学研究、盆景盆栽、贮藏、加工，到生态旅游以及石榴文化产业，每个链条都持续发力，把每一棵石榴树、每一个石榴果潜在的价值都"吃干榨净"，尤其是融合一、二、三产业特征的盆景盆栽产业，成就了"中国石榴盆景之都"的盛誉。三产融合发展，将会是我国，尤其是北方石榴产区的必由发展之路。另外，随着国家对外开放力度的加大和世界经济一体化进程的加快，国外更多先进的品种、技术、产品也越来越多地进入到我国的石榴产业领域，促进着我国石榴产业水平的不断提升。完全可以说，我国石榴产业已经迎来一个变革的历史新时期，迎来一个拉近与先进国家距离的历史新阶段。

我国石榴产业发展之所以取得"迎来变革的历史新时期"这样的成就，既得益于国家产业政策、产业体制的全力促进，也得益于石榴科技进步的强力支撑，更离不开国内众多科技工作者、种植者、营销者、加工者等广大石榴行业从业者的共同努力和辛勤付出。

中国园艺学会石榴分会自2010年9月在山东省枣庄市峄城区成立以来，作为凝聚全国石榴科研与生产者智慧的学术性、公益性组织，一直致力于团结和带领广大石榴产业从业者，在石榴科研与推广、开展学术交流活动、编辑出版科技专著、促进各地石榴产业建设等方面做了大量卓有成效的工作，为促进我国石榴领域的产、学、研结合，推动我国石榴产业的可持续发展发挥了主力军的带头作用。

中国园艺学会石榴分会借"第四届中国石榴博览会、第十全国石榴生产与科研研讨会暨蒙自市第十九届石榴节"在云南省红河哈尼族彝族自治州蒙自市召开的机会，编辑出版《中国石榴研究进展（四）》，是近几年我国石榴生产与科研工作的阶段性总结，也是指导今后一段时间我国石榴生产与科研工作的需要，更是顺应我国石榴产业逐步现代化、高端化、国际化态势的需要。《中国石榴研究进展（四）》共收集论文31篇，其中：既有分子水平的基础理论研究，也有良种、栽培、病虫害防控、贮藏加工等应用研究，也有着眼于全局、全产业链的产业发展研究。这些金玉之论，必将为今后我国石榴进一步发展提供科学借鉴和参考。

今天，我们正处在一个崇尚生活品质、期盼健康长寿、渴望愉悦幸福的时代。可以预见，随着人民对石榴医疗、保健、养生等功效的科学诠释，以及石榴文化更为广泛的传播，将会吸引更多的人关注石榴、热爱石榴，也会有更多的人从事石榴种植、营销、加工和第三产业，一定会对我国石榴产业的可持续健康发展和人类健康做出新的贡献！

因时间仓促和编者水平所限，本书遗漏和错误之处敬请读者、专家给予指正。

编者

2022年5月

第三届中国石榴博览会暨第九届全国石榴生产与科研研讨会会议纪要

"第三届中国石榴博览会暨第九届全国石榴生产与科研研讨会"于2019年9月23～26日在河南省南阳市淅川县隆重召开。本次大会由中国园艺学会石榴分会、中国农业科学院郑州果树研究所主办，河南省淅川县人民政府、河南省淅川县石榴协会承办，河南仁和康源农业发展有限公司、河南豫淅红生态农业有限公司、河南丹圣源农业开发有限公司、淅川县丹亚湖农业开发有限公司、南阳市果然出色生态林业有限公司、淅川县源科生物科技有限公司、河南农业大学、南阳师范学院、中国邮政集团公司河南省淅川县分公司协办。出席这次会议的代表700多人，来自全国13个省（自治区、直辖市）的科研、教学、生产、销售及业务主管部门。淅川县人民政府县长杨红忠同志主持开幕式，中共淅川县委书记卢捍卫同志致欢迎辞，南阳市人民政府副市长李鹏同志、中国农业科学院郑州果树研究所党委书记赵玉林同志分别作了讲话，南阳市委副书记曾垂瑞同志宣布开幕。

会议期间召开了中国园艺学会石榴分会第九次常务理事会，听取了云南省蒙自市副市长杨云鸿同志作的申办第四届中国石榴博览会暨第十届全国石榴生产与科研研讨会及申报"中国石榴城"的报告，经常务理事会审议表决后通过。

研讨会上陕西师范大学张润光等23位代表作了内容丰富的专题报告，与会代表就我国石榴产业现状、栽培模式、贮藏管理、种质资源研究、基因克隆、石榴加工产业进展、病虫害防治等方面进行了充分认真的交流讨论。

大会还开展第三届中国石榴博览会全国优秀果品、加工品品鉴会及优秀论文点评会，评选出石榴王1个，金奖17个，银奖28个，论文一等奖6篇，论文二等奖12篇，优秀论文18篇。会议编辑出版了《中国石榴研究进展（三）》论文集。

与会代表参观了位于南水北调渠首的河南仁和康源软籽石榴基地、豫淅红软籽石榴基地，代表们对南阳市淅川县石榴产业的迅速发展给予高度评价，并表示要把高效栽培和管理技术带回去，为自己当地的石榴产业发展提供服务。中国园艺学会石榴分会理事长曹尚银研究员将会旗交给下届石榴产区承办方。

本次会议召开恰逢建国 70 周年和 2019 农民丰收节的重要节点，有力地促进了全国石榴产业的沟通和交流，鼓舞了全国石榴各产业链上从业人员的信心，标志着一个新阶段的开始，必将在加快乡村振兴和脱贫攻坚进程中发挥重要作用。

（中国园艺学会石榴分会 2019 年 9 月 26 日）

在第三届中国石榴博览会暨第九届全国石榴生产与科研研讨会开幕式上的讲话

中国农业科学院郑州果树研究所党委书记 赵玉林
(2019年9月24日)

各位领导、嘉宾、朋友们：

大家好！

在全国上下欢庆"农民丰收节"之际，今天我们齐聚美丽淅川，共同举办第三届中国石榴博览会暨第九届全国石榴生产与科研研讨会，搭平台、建机制，大联合、大协作，共商共推我国石榴产业发展大计。在此，我谨代表中国农业科学院郑州果树研究所对会议的召开表示热烈祝贺！对支持和推动我国石榴产业发展的各界人士和长期从事石榴生产、科研、经营的各位专家和在座各位代表，表示衷心感谢！

今年是打赢脱贫攻坚战和实施乡村振兴战略的重要历史交汇期。党的十九大做出了实施乡村振兴战略的重大决策部署，今年全国两会期间，习近平总书记在参加河南代表团审议时发表重要讲话，进一步明确了实施乡村振兴战略的总目标、总方针、总要求和制度保障。实施乡村振兴战略，首要的是产业振兴。要坚持农业优先发展，质量兴农、绿色兴农，农业政策从增产导向转向提质导向，推进农业绿色、高质、高效发展。乡村振兴，科技先行，习近平总书记指出，农业农村现代化的关键在科技进步和创新，我们必须比以往任何时候都要更加重视和依靠农业科技进步，走内涵式发展道路，给农业插上科技的翅膀，这为我们各方合作协力振兴我国石榴产业指明了方向。

中国农业科学院郑州果树研究所成立于1960年，是以果树和瓜类为研究对象的国家级科研机构，经过近60年的发展，研究所目前学科门类齐全、人才队伍强大、创新实力雄厚、科技成果丰硕。研究所在培育瓜果品种数量、推广面积、服务产业、成果转化等方面位居全国前列。尤其在"立足河南，服务河南"方面，深入落实陈润儿省长、武国定和霍金花副省长调研研究所重要指示精神，与全省20多个县（市）建立科技合作关系，在灵宝、宁陵、兰考和西峡等地分别建立郑州果树研究所瓜果试验站，强化科技支撑。助力脱贫攻坚方面，致力科技扶贫和巩固脱贫成果，每年在全省派出参与扶贫专家团队100多人次，成立了6个省级产业服务团，淅川县就与我所石榴产业服务团建立了合作帮扶关系。目前在全省已累计推广瓜果新品种90多个、新技术20多项、新产品10多项，建立成果示范基地20多个，培训果农20000多人次。

石榴在我国的种植历史超过2000多年，营养价值高、文化内涵丰富，习近平总书记在多个场合讲过"促进各民族像石榴籽一样紧紧抱在一起"，比喻民族团结。近年来在市场需求旺盛等因素带动下，石榴尤其是软籽石榴生产发展迅速。据统计，截至2017年，我国石榴栽培总面积达140万~150万亩*，国内石榴总产量达169.71万t，同比增长13.1%。其中，软籽石榴以其核软、食用不吐籽等特点，成为"网红水果"，深受消费者喜爱，目前全国已发展面积超30万亩，占全国石榴总面积的15%以上，但产量仍然供不应求，软籽石榴以其显著的经济和生态效益成为助力脱贫和乡村振兴的产业良选。淅川是软籽石榴种植的优势产区，地方政府高度重视产业发展，自2013年软籽石榴在淅川落户以来，目前栽培面积超过4万亩，已成为当地重要的林果产业，在脱贫攻坚中发挥重要作用。

从全国范围来看，石榴产业发展总体向好，但也存在不少问题。如顶层设计欠缺，缺乏产业发展长期规划；全产业链发展水平低，亟需高质量发展；软籽石榴新品种储备不足，新技术应用水平较低等。下面，我就推进石榴产业高质量发展，谈几点认识和意见。

一是加快选育和推广优质品种。品种是产业稳定发展的基础，也是提升产业质量效益竞争力的关键。优良的品种结构体系有助于石榴产业实现低库存、高流通、高效益。要紧密围绕农业供给侧结构性改革要求，加强优良新品种培育和推广，建立以引领消费为导向的产品体系，生产更多的优品、珍品和极品，打响地方品牌，创造更高价值。

二是加快构建绿色发展技术体系。牢固树立绿水青山就是金山银山的理念，加快构建绿色发展技术体系。研发和推广一批绿色农业投入品；加强绿色技术的集成与示范推广，建立以测土配方施肥、水肥一体化、绿色防控等高效绿色技术模式；建立和完善全程标准化体系，加快推进标准化生产。

三是加快构建多业态经营体系。在建立覆盖石榴生产、加工、管理、市场营销等全程的产业化体系的基础上，进一步延伸产业链，创新与创建农业经营服务模式，把果品生产与采摘、观光、休闲、康养、科普等新业态相结合，提升价值链，打造供应链，实现一二三产融合发展，助力乡村振兴和脱贫攻坚。

各位领导、专家学者、各位同仁，做大做强优势石榴产业潜力巨大、前景可期，我相信，在国家和各级政府的大力支持下，在科技创新的引领带动下，在我们大家的共同努力下，我国的石榴产业一定能抢抓机遇，实现跨越式发展。

最后，祝各位领导、专家和来宾身体健康，工作顺利！预祝本次石榴博览会圆满成功！

谢谢大家！

---

* 1亩 = 1/15 hm^2

目录 CONTENTS

1 石榴科研与生产进展

Molecular Breeding and Economic Importance of Pomegranate: A Review ············
··· Krishna Poudel, CHEN Lina, LI Haoxian, et al. / 002
基于全国石榴生产态势探讨峄城区的优势、问题及对策 ····································
·· 郝兆祥，罗华，颜廷峰，等 / 013
"枣庄市石榴国家林木种质资源库"的建设及发展应用 ······································
·· 罗华，侯乐峰，毕润霞，等 / 019
石榴种质资源研究进展及分子技术的应用 ············ 夏鹏云，郭磊，王文战，等 / 032
枣庄石榴产业发展的思考 ·· 朱薇 / 044
中国石榴品种选育现状与进展 ························· 曹家乐，廖光联，黄春辉，等 / 051

2 石榴栽培与生产

不同气候条件对石榴成花质量的影响及提高石榴头茬花坐果率的有效措施 ··········
·· 陈利娜，李好先，唐丽颖，等 / 060
叶面喷施光碳核肥对石榴生长发育的影响初报 ···
·· 何莉娟，洪明伟，吴兴恩，等 / 066

叶面喷施光碳核肥对石榴生长发育的影响初报……………………………………………
……………………………………………………何莉娟，洪明伟，吴兴恩，等 / 077
石榴苗木保干促活试验与研究………………………李明婉，李宗圈，陈瞳晖 / 089
'突尼斯软籽'石榴嫁接育苗技术规程………………………李爽，揭波，王幸，等 / 095
提高软籽石榴杂交种子发芽率的技术研究………苗利峰，马贯羊，马克义，等 / 102
'中农红'和'突尼斯软籽'石榴的引种表现及问题与对策……………………………
……………………………………………………彭家清，肖涛，柯艳，等 / 106
山东地区软籽系列石榴南种北引生长特性分析……………………………………
……………………………………………………唐海霞，杨雪梅，冯立娟，等 / 110
不同植物生长调节剂对石榴坐果的影响………………………王华龙，李军 / 120
"金村秋"叶面肥对突尼斯软籽石榴品质的影响……王净玉，汪良驹，安玉艳 / 126
不同育苗方式对石榴幼苗理化指标及根系生长的影响‥洪少民，闵占占，王静婷 / 137
不同石榴品种籽粒中矿质元素含量比较………杨雪梅，冯立娟，唐海霞，等 / 145
中微肥对软籽石榴光合色素和光合日变化的影响……丁丽，张宏，吴兴恩，等 / 155

3 石榴遗传育种与分子生物学

石榴新品种——'紫美'的选育………………………黄云，刘斌，李贵利，等 / 168
'中石榴4号''中石榴5号''中石榴8号'三个超软籽石榴新品种的选育…………
……………………………………………………李好先，曹尚银，陈利娜，等 / 172
*PgL0044700*基因调控石榴抗寒性相关功能验证………………………………………
……………………………………………………唐丽颖，陈利娜，李好先，等 / 181
石榴*UFGT*基因克隆与表达特征………………………招雪晴，沈雨，苑兆和 / 190

4 石榴病虫害防治

建水石榴主要病害发生规律及综合防治研究··············王雪蓉，赵勇 / 202
6种杀菌剂对石榴干腐病菌的室内毒力测定·········吴瑕，杨飞，郑晓慧，等 / 212
西昌地区粉虱种类鉴定························郑晓慧，周婷婷，卿贵华，等 / 218
石榴枯萎病菌拮抗菌株1的分离鉴定及定植能力研究···································
··周银丽，韦福翠，李彩红，等 / 227

5 石榴组织培养与提取物

石榴叶、迷迭香及其混合浸提液对白三叶种子萌发及幼苗生长的化感影响··········
··陈志远，王柳洁，陈嘉仪，等 / 236
石榴叶浸提液对3种常见牧草种子萌发与幼苗生长的化感作用···························
··单春燕，张曼，张少龙，等 / 245
降低软籽石榴外植体褐化和污染的研究············雷梦瑶，陶爱丽，张欢，等 / 255
怀远"红玛瑙"石榴种质离体保存技术研究············王宁，葛伟强，钱晶晶 / 263

PART ONE

石榴科研与生产进展

Molecular Breeding and Economic Importance of Pomegranate: A Review

Krishna Poudel[1,2], CHEN Lina[1], LI Haoxian[1], CAO Shangyin[1]
(*[1] Zhengzhou Fruit Research Institute, Henan, 450009, China; [2] Nepal Agricultural Research Council, Nepal*)

Abstract

Pomegranate is native to central Asia, which is an important fruit contributing to poverty alleviation and rural revitalization. The strategies followed by most of the breeders for breeding new varieties are based on the controlled crosses to select those individuals with desired traits of interest. This is one of the successful approaches in the production of most of the crop varieties available today. Despite the fact, this process of breeding in fruit crops is time-consuming and costly due to the time required by the fruit crop to enter into the fruiting stage. The development in science as sequencing and mapping techniques are the new scientific tools for breeding in fruit crops. Molecular breeding strategies have mostly focused on the introduction to the high yield and/or resistance-related traits to date. Fruit traits in pomegranates are the basic criteria for the consumers in selecting quality fruits. Some of the major traits representing the quality of the products are fruit color, seed hardness, aril color, taste, etc. The edibility of the fruits of pomegranate depends on the fleshy outer seed coats and hard or soft inner seed coat. It is the key factor for the preferences by the consumers to particular varieties. The consumers' preference towards soft-seeded pomegranates has accelerated the breeding of new soft-seeded pomegranate cultivars. However, the seed coat development in pomegranate has not yet been defined. Seed hardness is an important trait in pomegranate that determines the edibility and quality of the fruit. It is a major factor for the economic value of the fruit as soft seeded fruits fetch a higher price in the market compared to the hard seeded ones.

Keywords: Pomegranate; Seed hardness; Molecular breeding; Marker; Genetic diversity

Introduction

Pomegranate *(Punica granatum* L.) is one of the most important minor fruit crops grown widely throughout the tropical and subtropical regions. It has a wider range of adaptability, hardy in growing nature with low maintenance cost and high yielding capacity (Bankar and Prasad, 1992). It is found cultivated since ancient times in the western parts of Asia and the Middle East (Mars, 2000; Damania, 2005). The historical evidence and presence of the wild genotypes scattered in the north and west forests of Iran, Afghanistan, Pakistan, India, and Oman (Al-said et al., 2009; Narzary et al., 2009), it seems that Iran and some of its neighboring countries have been considered to be the origin of pomegranate (Mars, 2000). 'Wonderful' is regarded as the oldest and the most leading variety of pomegranate grown in the USA. It was developed after mixing the varieties collected from Florida state (Levin, 2006b; Day and Wilkins,

2009). To date, vegetative propagation methods, ie. cuttings, are used in the Mediterranean regions for maintaining the different varieties of pomegranate (Ozguven, 1996; Mars and Marrakchi, 1998). In the Mediterranean and Central Asian regions, the wild relatives of pomegranate exist (IPGRI, 2001). Some reports on pomegranate were taken to the Indian peninsula from Iran (Ashton, 2006; Holland et al., 2009) and were introduced to China around 100 BC during the Han Dynasty by Zhang Qian (Jian et al., 2012).

The plant is an evergreen shrub, attains about 3 to 6 m in height. It has been commercially grown for its sweet-acidic fruits and cool refreshing juice. The juice has several medicinal properties since the traditional Asian medicine systems. It is raised in the tropical regions and temperate regions up to 1600 m above sea level (Chandra et al., 2010). The fruit is even known as the fruit of the arid region. It performs best in the dry and hot climate of arid regions and produces quality fruits compared to the fruits from the other climatic regimes (Chandra et al., 2008). Thus, India, Iran, China, the US, Turkey are regarded as the leading producer of pomegranates globally. From the past days, the pomegranate crops were selected as per their morphological characters. The fruit size, fruit color, flowers, aril color, sugar and acid content, seed hardness, yield, resistance to insect pests and diseases, symptoms of physiological disorders were the criteria for the selection of the ideal varieties (Harlan, 1992; Hancock, 2004; Levin, 2006a; Holland et al., 2009).

Genetics and molecular breeding

Genetic markers

During the early 1980s, these isozymes were replaced by DNA markers. RAPDs (Random Amplified Polymorphic DNA), RFLPs (Restriction Fragment Length Polymorphisms), AFLPs (Amplified Fragment Length Polymorphisms), SSRs (Simple Sequence Repeats), and SNPs (Single Nucleotide Polymorphisms) are the DNA markers used in due course of time to study variation in DNA sequences. After using these markers, the molecular studies are more accurate to find the mutations due to SNP insertions or deletions (Paterson, 1996). Due to the high polymorphism, the DNA markers play an important role in the molecular study (Winter and Kahl, 1995). Molecular markers are the essential tool for identifying and evaluating the genotypes for the genetic conservation, improvement, breeding programs, and commercialization of the identified superior genotypes. This technique can be further used to rapidly identify and produce the disease-free propagating material (Chauhan and Kanwar, 2012). The functional markers play an important role in polymorphism. Those markers are directly associated with the phenotypic trait variation in the organisms (Andersen and Lubberstedt, 2003). The DNA markers are used in the research as per the objectives of the investigation. In pomegranate RAPDs, SSRs, AFLPs, and SNPs markers have been used for genetic diversity studies (Zamani et al., 2013; Zhao et al., 2013; Ophir et al., 2014; Harel-Beja et al., 2015; Ravishankar et al., 2015; Singh et al., 2015; Owais and Abdel-Ghani, 2016; Badanes et al., 2017).

Microsatellites or Single Sequence Repeats (SSRs) are the tandemly repeated units of the short nucleotide motifs. Among the DNA markers, SSRs are better due to their codominant nature, locus specificity, and transferability between the closely related species. PCR and gel electrophoresis are used to confirm and analyze (Edwards et al., 1996; Santana et al., 2009). In the study with 27 pomegranate accessions sampled, Tunisia with 11 microsatellite markers (SSR) displayed 25 alleles where the number of alleles per locus ranged between 1 and 4. The heterozygosity observed ranged from 0.037 and 0.592 (Hasnaoui et al., 2010). Based on inter-simple sequence repeat (ISSR) markers in 49 accessions, 268 polymorphic bands, with 87.01% polymorphism was observed. The result indicates the ISSR is an informative and powerful method to assess genetic variability in pomegranate (Narzary et al., 2010). Thus, it can be concluded that the SSR markers are useful for determining the genetic diversity and population structure of pomegranate (Parvaresh et al., 2012). Genetic analysis identified 53 SSR loci suggesting that SSR markers could be an effective method to detect the genetic diversity of pomegranate (Ferrara et al., 2014). Random amplified microsatellite polymorphism (RAMP) technique genetic relationships among 46 pomegranate genotypes were studied in China. The results showed 127 bands amplified, among which 113 (88.90%) were polymorphic bands, and that the adequate number of alleles (Ne), Nei's gene diversity (H), and Shannon's information index (I) for pomegranate were 1.3345, 0.2126 and 0.2126, respectively. It provides evidence of the genetic diversity in the pomegranate germplasms in China (Lihuaa et al., 2013). Ophir et al. (2014) studied 105 worldwide pomegranate accession using Single Nucleotide Polymorphism (SNP) Markers and observed the genetic diversity was due to the geographical location of the crop.

Genetic transformation in pomegranate

The practice of genetic transformation in pomegranate is still in the beginning stage compared to the other crops. It might be due to less importance than the other fruits like apple, pear, peach, and other major fruit crops. Currently, few reports and studies are describing the genetic transformation in pomegranate cultivars. It has been reported that Terakami et al. (2007) successfully performed genetic transformation and achieved a dwarf pomegranate species ('Nana'). Likewise, Kanwar et al. (2008) have also reported the pomegranate crop's genetic transformation practice. He has transformed the gene into a wild pomegranate using *Agrobacterium* strain *LBA4404* and the expression vector pBI121 carrying β-glucuronidase (GUS) *nptII* genes. Similarly, Kaji et al. (2014) and Kaji and Abbasifar (2017) have also reported the Agrobacterium-mediated transformation and shoot regeneration practice to multiplicate pomegranate. In their studies, the explant's shoot was produced in the culture mediums while the rooting was performed *in vitro*.

Genetic diversity

Pomegranate has a great diversity in the cultivars and is estimated to be more than 500 cultivars globally. Among those cultivars, only a few of the cultivars less than 50 are commonly cultivated. This signifies a great diversity in the crops, but the cultivation over the available resources is very low

(Holland et al., 2009). Most of the countries in the world are focus on the collection, evaluation, and characterizations of the available genetic diversity. The genetic diversities of the pomegranate crops are maintained in Italy, Spain, Turkey, Egypt, Iran, USA, France, Germany, Israel, Greece, China, and India (Frison and Servinsky, 1995; Mars, 2000; Still, 2006; Zamani et al., 2007). In a genetic diversity study with 47 SSR markers, 3,154 alleles were amplified with an average of 105 alleles per genotype. The genetic similarities varied from 0.78 to 0.95 among the 30 pomegranate genotypes (Raina et al., 2013). A high genetic admixture was found among the different accessions collected from the different areas which are helpful for future use and breeding purpose (Zarei and Sahraroo, 2018). In the cultivated, semi-wild and wild genotypes, the greatest and the least distances were measured as 0.94 and 0.12, 0.97 and 0.24 and 0.95 and 0.38, respectively. It shows that the diversity in the pomegranate is rich (Ranade et al., 2009). Thus, the germplasm collection lets us a rich source of the genotypes for the pomegranate improvement program.

Economic importance

Nath and Singh (2000) have described the nutritional value and graded the fruits on a weight basis. The grading was as; 'A' grade (fruit weight > 350 g), 'B' grade (200–350 g), and 'C' grade (fruit weight < 200 g). The arils are the edible parts of pomegranate fruits used for fresh juice, canning, and other post-harvest products (beverages, jelly, jam, flavoring, and coloring products) (Fadavi et al., 2005; Mousavinejad et al., 2009). Pomegranate is even used for medicinal purposes, cosmetics, and food seasonings. Since ancient times, it is used as a "healing food" having various beneficial effects in curing several diseases (Vidal et al., 2003). As a result, the researchable area in pomegranate has been explored broadly and has experienced tremendous growth in a short duration of time (Jaiswal et al., 2010). Flowers and fruit cover extracts are used for the preparation of dyes for the textile industries. The mature, distinctive appearance and quality fruits are used in the table arrangements. This practice is widespread in the United States during Thanksgiving Day (Stover and Mercure, 2007). The peel of the fruit is estimated to be around 50% of the total fruit weight. The fruit peel is an important source of bioactive compounds; phenolics, flavonoids, ellagitannins (ETs), and proanthocyanidin (Aviram et al., 2000; Li et al., 2006; Tezcan et al., 2009). The seeds of pomegranate are rich in total lipids and contain proteins, crude fibers, vitamins, minerals, pectin, sugars, polyphenols, and others (El-Nemr et al., 2006; Syed et al., 2007).

Fruit quality and yield

Chatera et al., 2018 evaluated ten cultivars to determine the optimal harvest time for the physical traits of the fruits. Most of the value of the traits increased as per the maturity or time as; TSS (^{0}Brix), maturity index (MI), while some decreased as; antioxidant activity (AA), titratable acidity (TA). The right time of flowering followed by a higher percentage of bisexual flowers is ideal for obtaining the plants' optimum yield.

The transcriptomic analysis also revealed that the ethylene response signal genes, ETR (ethylene-resistant) and ERF1/2 (ethylene-responsive factor) are differentially expressed between FMF and BF (Chen et al., 2017). The intensity of flowering varies substantially as per the different climatic conditions. Pomegranate flowers throughout the year in the tropics, generally in central and western India. While in the sub-tropical areas, it flowers once a year (Babua et al., 2009). The quality and the productivity of the crop depend on the time of and the climatic condition of the areas. Patil et al. (2017) has characterized two repressors of floral transition in the pomegranate. The two TFL1s homologs; PgTFL1 and PgCENa. *A. thaliana* transformed with 35S-pre-pg-miR166a-3p verified the role of pg-miR166a-3p in ovule development, which indicated pg-miR166a-3p's potential role in pomegranate female sterility (Chen et al., 2020).

Fruit peel color

The combined iTRAQ-based proteome-level analysis and an RNA sequencing-based transcriptome-level analysis revealed 27 differentially abundant proteins and 54 differentially expressed genes (16 up-regulated and 38 down-regulated). They contributed to fruit peel color by regulating the biosynthesis of anthocyanins, gingerols, flavonoids, and phenylpropanoids (Luo et al., 2018a). Correspondingly, *DFR*, *F3H*, and *ANS* in both the peels and arils showed higher relative expression in hotter and drier regions than those grown in cooler and wetter conditions (Attanayak et al., 2018). The result indicated that *DFR*, *F3H*, and *ANS* affect the anthocyanin biosynthesis in pomegranate peels and arils. A deeper analysis proved that an insertion in the coding region of the leucoanthocyanidin dioxygenase (*LDOX*; *ANS*) gene caused white fruit peel with anthocyanin-less in pomegranate (Ben-Simhon et al., 2015).

Seed hardness

The seed hardness trait is related to the presence of a high level of lignin in the pomegranate's outer seed coat (Dalimov et al., 2003). Lignin is generally present in the secondary cell wall of the vascular plants. The amount and the status of the lignin content in the seed coat positively correlate to the seed hardness character in pomegranate (Cao et al., 2015; Qin et al., 2017; Zhang et al., 2015). The transcriptomic analysis revealed that; WRKY, MYB, and NAC transcription factors (TFs) expressed differently in soft and hard seed pomegranate varieties (Luo et al., 2019; Xue et al., 2017). The miRNA – mRNA regulated seed hardness by altering cell wall structure. This further supports the evidence that seed hardness results from a complex biological process controlled by a miRNA – mRNA network in pomegranate (Luo et al., 2018b). The soft-seeded variety showed lower lignin but higher cellulose biosynthesis at the early fruit developmental stage, suggesting that lignin and cellulose play opposing roles in cell wall formation in pomegranate seeds. These results indicated that seeded hardness in pomegranate might result from cell wall biosynthesis and cell wall degradation (Zarei et al., 2016; Niu et al., 2017). The lignin content in the seeds of pomegranate at 120 days after blooming was recorded to be 25.86% in the soft seeded variety 'Tunisia' and 29.81% in hard seeded variety 'Sanbai' which shows that the seed hardness in pomegranate seed might be due to the lignin content in the seeds (Xue et al., 2017). Xia et al., 2019 have reported that the NAC transcription factor *PgSND1-like* was cloned and found a base replacement at the 166-bp position of CDS from "Tunisia" and "Sanbai." This *PgSND1-like* gene may regulate two different functions, promoting lignin biosynthesis and seed hardness of pomegranate. Similarly, Poudel et al., 2020 have reported that cloning of pomegranate *SUT* gene *PgL0145810.1* showed lower lignin content in the transgenic plants and controlled the structure of xylem, thereby affecting the seed hardness in pomegranate.

Cao et al. (2015) used two-dimensional electrophoresis gels to compare the proteomic differences between Zhongnonghong (soft-seeded) and Sanbai (hard-seeded) pomegranates seeds on fruit maturation period. Recently, Niu et al. (2017) further investigated the proteins underlying pomegranate seed hardness by iTRAQ proteomics between soft- and hard-seeded varieties. The thick cell wall layer in the inner seed coat contains more lignins, cellulose, and hemicellulose (Zarei et al., 2016). In pomegranate, secondary metabolites including flavonoids, lignin, and other compounds derived from the phenylpropanoid pathway significantly differ between the inner and outer seed coats, and the lignin content of the inner seed coats of different pomegranate varieties correlates with their seed hardness (Zarei et al., 2016).

Conclusions

The trend of consuming fruits pomegranate has increased greatly due to its enormous health benefits. It has been commercially grown for its sweet-acidic fruits and cool refreshing juice. The arils are the edible parts of pomegranate fruits used for fresh juice, canning, and other post-harvest products (beverages, jelly, jam, flavoring, and coloring products). Pomegranate is even used for medicinal purposes, cosmetics, and food seasonings. Since ancient times, it is used as a "healing food" having various beneficial effects in curing several diseases. Breeding in fruit crops is time-consuming and costly due to the long duration of the fruit crops to enter into the production phase. The molecular breeding approach has been introduced for easy and fast breeding in fruit crops. Introduction of the ideal varieties in fruit crops as; high yielding and/or resistance-related traits is all possible within a short period is due to molecular breeding. Fruit quality traits in pomegranates are the basic criteria for the consumers in selecting the fruits. Fruit color, seed hardness, aril color, taste, etc. are the important trait considered for selecting the quality in the pomegranate crop. The edibility of the fruits of pomegranate depends on the fleshy outer seed coats and hard or soft inner seed coat.

References

[1] AL-SAID F A, OPARA L U, AL-YAHYAI R A, 2009. Physico-chemical and textural quality attributes of pomegranate cultivars (*Punica granatum* L.) grown in the Sultanate of Oman[J]. J. Food Eng., 90: 129-134.

[2] ANDERSEN J R, LUBBERSTEDT T, 2003. Functional markers in plants. Trends in Plant Science[J], 8(11): 554-560.

[3] ASHTON R, 2006. Meet the pomegranate[M]//Ashton R, Baer B, Silverstein D (Eds) The incredible pomegranate plant, fruit. Tempe, Third Millennium Publishing: AZ: 5-8.

[4] ATTANAYAKE R, EESWARAN R, RAJAPAKSHA R, et al, 2018. Biochemical composition and expression of anthocyanin biosynthetic genes of a yellow peeled and pinkish ariled pomegranate (*Punica granatum* L.) cultivar is differentially regulated in response to agro-climatic conditions[J]. J Agric Food Chem, 66(33): 8761-8771.

[5] AVIRAM M, DORNFELD L, ROSENBLAT M, et al, 2000. Pomegranate juice consumption reduces oxidative stress, atherogenic modifications to LDL, and platelet aggregation: studies in humans and in atherosclerotic apolipoprotein E-deficient mice[J]. Am. J. Clinl. Nutr, 71: 1062-1076.

[6] BABUA K D, CHANDRA R, JADHAV V T, et al, 2009. Blossom biology of pomegranate cultivar 'Bhagwa' under semi-arid tropics of Western India[C]. Proc. IInd IS on Pomegranate and Minor, including Mediterranean Fruits (ISPMMF - 2009) Acta Hort: 890.

[7] BADANES M L, ZURIAGA E, BARTUAL J, et al, 2017. Genetic diversity among pomegranate germplasm assessed by microsatellite markers[C]//IV International Symposium on Pomegranate and Minor Mediterranean Fruits book of abstracts: 19.

[8] BANKAR G J, PRASAD R M, 1992. Performance of important pomegranate cultivars in arid region[J]. Ann. Arid ZoneI, 31(3): 181-183.

[9] BEN-SIMHON Z, JUDEINSTEIN S, TRAININ T, et al, 2015. A "white" anthocyanin-less pomegranate (*Punica granatum* L.) caused by an insertion in the coding region of the leucoanthocyanidin dioxygenase (LDOX; ANS) gene[J]. PLoS ONE, 10(11): e0142777.

[10] CAO S, NIU J, CAO D, et al, 2015. Comparative proteomics analysis of pomegranate seeds on fruit maturation period (*Punica granatum* L.)[J]. JIA. 14(12): 2558-2564.

[11] CHANDRA R, DHINESH BABU K, JADHAV V T, et al, 2010. Origin, history and domestication of pomegranate[J]. Fruit, Vegetable and Cereal Science and Biotechnology, 4(2): 1-6.

[12] CHANDRA R, MARATHE R A, JADHAV V T, et al, 2008. Appraisal of constraints of pomegranate cultivation in Karnataka (*Punica granatum* L.)[C]. Proceedings of the 3rd Indian Horticulture Congress: New R, D Initiatives in Horticulture for Accelerated Growth and Prosperity, Orissa, India: 252 (Abstract).

[13] CHATERA J M, MERHAUTA D J, JIAA Z, et al, 2018. Fruit quality traits of ten California-grown pomegranate cultivars harvested over three months[J]. Scientia Horticulturae, 237: 11-19.

[14] CHAUHAN R D, KANWAR K, 2012. Biotechnological advances in pomegranate (*Punica granatum* L.)[J]. In Vitro Cell. Dev. Biol. Plant., 48: 579-594.

[15] CHEN L, ZHANG J, LI H, et al, 2017. Transcriptomic analysis reveals candidate genes for female sterility in pomegranate flowers[J]. Frontiers in plant science, 8: 1430.

[16] CHEN L, LUO X, YANG X, et al, 2020. Small RNA and mRNA sequencing reveal the roles of micro RNAs involved in pomegranate female sterility[J]. International Journal of

Molecular Sciences.

[17] DALIMOV D N, DALIMOV G N, Bhatt M, 2003. Chemical composition and lignins of tomato and pomegranate seeds[J]. Chemistry of Natural Compounds, 39(1): 37-40.

[18] DAMANIA A B, 2005. The pomegranate: its origin, folklore, and efficacious medicinal properties[C]//Nene, Y.L. (Ed.), Agriculture Heritage of Asia, Proceedings of the International Conference: 175-183.

[19] DAY K R, WILKINS E D, 2009. Commercial pomegranate production in California[C]. Proceedings of the 2nd International Symposium on Pomegranate and Minor Including Mediterranean Fruits: 33-41.

[20] EDWARDS K J, BARKER J H, Daly A, et al, 1996. Microsatellite libraries enriched for several microsatellite sequences in plants[J]. Biotechniques, 20(5): 758-760.

[21] EL-NEMR S E, ISMAIL I A, RAGAB M, 2006. Chemical composition of juice and seeds of pomegranate fruit[J]. Dic. Nahrung, 34(7): 601-606.

[22] FADAVI A, BARZEGAR M, AZIZI M H, et al, 2005. Physicochemical composition of ten pomegranate cultivars (*Punica granatum* L.) grown in Iran[J]. Food Sci. Technol. Int., 11: 113-119.

[3] FERRARA G, GIANCASPRO A, MAZZEO A, et al, 2014. Characterization of pomegranate (*Punica granatum* L.) genotypes collected in Puglia region, Southeastern Italy[J]. Scientia Horticulturae, 178: 70-78.

[24] FRISON E A, SERVINSKY J, 1995. Directory of European institutions holding crop genetic resources collections, vol 1, Holdings[M]. 4th Edn. Int Plant Genetic Resources Inst.

[25] HANCOCK J F, 2004. Plant Evolution and the Origin of Crop Species (2nd *Edn*) [M]. CABI Publishing, Cambridge, MA.

[26] HAREL-BEJA R, Sherman A, Rubinstein M, et al, 2015. A novel genetic map of pomegranate based on transcript markers enriched with QTLs for fruit quality traits[J]. Tree Genetics & Genomes, 11(5).

[27] HARLAN J R, 1992. Crops and man[C]. 2nd *Edn*. American Society of Agronomy and Crop Science Society of America, Madison, WI.

[28] HASNAOUI N, BUONAMICI A, SEBASTIANI F, et al, 2010. Development and characterization of SSR markers for pomegranate (*Punica granatum* L.) using an enriched library[J]. Conservation Genet. Resour, 2: 283-285.

[29] HOLLAND D, HATIB K, BAR-YAAKOV I, 2009. Pomegranate: Botany, horticulture, breeding[J]//Janick J (Ed) *Horticultural Reviews* (35): 127-191.

[30] IPGRI, 2001. Regional Report CWANA 1999-2000[R]. International Plant Genetic Resources Institute, Rome, Italy: 145-178.

[31] JAISWAL V, DER-MARDEROSIAN A, PORTER J R, 2010. Anthocyanins and polyphenol oxidase from dried arils of pomegranate (*Punica granatum* L.) [J]. Food Chem., 118: 11-16.

[32] JIAN Z H, LIU X S, HU J B, et al, 2012. Mining microsatellite markers from public expressed

sequence tag sequences for genetic diversity analysis in pomegranate[J]. J. Genet., 91: 353-358.

[33] KAJI B V, ABBASIFAR A, 2017. Transformation of pomegranate (*Punica granatum* L.) a difficult to transform tree[J]. Biocatal Agric. Biotechnol., 10: 46-52.

[34] KAJI B V, ERSHADI A, TOHIDFAR M, 2014. Agrobacterium–mediated transformation of pomegranate (*Punica granatum* L.) 'Yousef Khani' using the *gus* reporter gene[J]. Int. J. Hort. Sci. Tech., 1: 31-41.

[35] KANWAR K, DEEPIKA R, CHAUHAN R, 2008. *Agrobacterium tumefaciens* mediated genetic transformation and regeneration of *Punica granatum* L[C]// National Seminar on Physiological and Biotechnological Approaches to Improve Plant Productivity: 52.

[36] LEVIN G M, 2006A. POMEGRANATE (1st *Edn*) [M]. Third Millennium Publishing, East Libra Drive Tempe, AZ: 1-129.

[37] LEVIN G M, 2006b. Pomegranate roads: A Soviet botanist's exile from Eden (1st *Edn*) [M]. Floreant Press, Forestville, California: 15-183.

[38] LI Y, GUO C, YANG J, et al, 2006. Evaluation of antioxidant properties of pomegranate peel extract in comparison with pomegranate pulp extract[J]. Food Chem., 96(2): 254-260.

[39] LIHUAA Z, MINGYANGB L, GUANGZEC C, et al, 2013. Assessment of the genetic diversity and genetic relationships of pomegranate (*Punica granatum* L.) in China using RAMP markers[J]. Scientia Horticulturae, 151: 63-67.

[40] LUO X, CAO D, LI H, et al, 2018a. Complementary iTRAQ-based proteomic and RNA sequencing based transcriptomic analyses reveal a complex network regulating pomegranate (*Punica granatum* L.) fruit peel colour[J]. Scientific Reports, 8: 12362.

[41] LUO X, CAO D, ZHANG J, et al, 2018b. Integrated microRNA and mRNA expression profiling reveals a complex network regulating pomegranate (*Punica granatum* L.) seed hardness[J]. Scientific Reports, 8: 9292.

[42] LUO X, LI H, WU Z, et al, 2019. The pomegranate (*Punica granatum* L.) draft genome dissects genetic divergence between soft- and hard-seeded cultivars[J]. Plant Biotechnology Journal, doi:10.1111/pbi.13260.

[43] MARS M, MARRAKCHI M, 1998. Conservation at valorization des resources *genetiques du grenadier* (*Punica granatum* L.) in Tunisia[J]. Plant Genetic Resources Newsletter, 114: 35-39.

[44] MARS M, 2000. Pomegranate plant material genetic resources and breeding, a review[J]. Options Mediter. Ser. A., 42: 55-62.

[45] MOUSAVINEJAD G, EMAM-DJOMEH Z, REZAEI K, et al, 2009. Identification and quantification of phenolic compounds and their effects on antioxidant activity in pomegranate juices of eight Iranian cultivars[J]. Food Chem., 115: 1274-1278.

[46] NARZARY D, MAHAR K S, RANA T S, et al, 2009. Analysis of genetic diversity among wild pomegranate in Western Himalayas using PCR methods[J]. Sci. Hor., 121: 237-242.

[47] NARZARY D, RANA T S, RANADE S A, 2010. Genetic diversity in inter-simple sequence repeats profiles across natural populations of Indian pomegranate (*Punica granatum* L.) [J].

Plant Biology, 12: 806-813.

[48] NATH V, SINGH R S, 2000. Pomegranate: For health and wealth[J]. Intensive Agriculture, 15(2): 10-15.

[49] NIU J, CAO D, LI H, et al, 2017. Quantitative proteomics of pomegranate varieties with contrasting seed hardness during seed development stages[J]. Tree Genetics, Genomes, 14: 14.

[50] OPHIR R, SHERMAN A, RUBINSTEIN M, et al, 2014. Single-nucleotide polymorphism markers from de-novo assembly of the pomegranate transcriptome reveal germplasm genetic diversity[J]. PLoS ONE, 9(2):e88998.

[51] OWAIS S J, ABDEL-GHANI A H, 2016. Evaluation of genetic diversity among Jordanian pomegranate landraces by fruit characteristics and molecular markers[J]. Int. J. Agric. Biol., 18: 393-402.

[52] OZGUVEN A I, 1996. The genetic resources of pomegranate (*Punica granatum* L.) in Turkey[J]. Proceedings of 1st MESFIN Plant Genetic Resources Meeting, Tenerife, Spain: 269-284.

[53] PARVARESH M, TALEBI M, SAYED-TABATABAEI B, 2012. Molecular diversity and genetic relationship of pomegranate (*Punica granatum* L.) genotypes using microsatellite markers[J]. Scientia Horticulturae, 138: 244-252.

[54] PATERSON A H, WING R A, 1993. Genome mapping in plants[J]. Current Opinion in Biotechnology, Volume 4(2): 330.

[55] PATIL H B, CHAURASIA A K, AZEEZ A, et al, 2017. Characterization of two TERMINAL FLOWER1 homologs *PgTFL1* and *PgCENa* from pomegranate (*Punica granatum* L.)[J]. Tree Physiol., 38(5): 772-784.

[56] POUDEL K, LUO X, CHEN L, et al, 2020. Identification of the S*UT* gene family in pomegranate (*Punica granatum* L.) and functional analysis of *PgL0145810.1*[J]. Int. J. Mol. Sci., 21: 6608.

[57] QIN G, XU C, MING R, et al, 2017. The pomegranate (*Punica granatum* L.) genome and the genomics of punicalagin biosynthesis[J]. Plant J, 91(6): 1108-1128.

[58] RAINA D, DHILLON W S, GILL P P S, 2013. Molecular marker-based characterization and genetic diversity of pomegranate genotypes[J]. Indian J. Hort., 70(4): 469-474.

[59] RANADE S A, RANA T S, NARZARY D, 2009. SPAR profiles and genetic diversity amongst pomegranate (*Punica granatum* L.) genotypes[J]. Physiol. Mol. Biol. Plants, 15(1): 61-70.

[60] RAVISHANKAR K V, CHATURVEDI K, PUTTARAJU N, et al, 2015. Mining and characterization of SSRs from pomegranate (*Punica granatum* L.) by pyrosequencing[J]. Plant Breeding, 134: 247-254.

[61] SANTANA Q, COETZEE M, STEENKAMP E, et al, 2009. Microsatellite discovery by deep sequencing of enriched genomic libraries[J]. Bio-Techniques, 46(3): 217-223.

[62] SINGH N V, ABBURI V L, RAMAJAYAM D, et al, 2015. Genetic diversity and association mapping of bacterial blight and other horticulturally important traits with microsatellite markers in pomegranate from India[J]. Mol. Genet Genomics, 290: 1393-1402.

[63] STILL D W, 2006. Pomegranates: a botanical prospective[M]//Seeram N P, Schulman R N,

[64] STOVER E, MERCURE E W, 2007. The pomegranate: A new look at the fruit of paradise[J]. Hort Science, 42(5): 1088-1092.

[65] SYED D N, MALIK A, HADI N, et al, 2007. Photo-chemo preventive effect of pomegranate fruit extract on UVA-mediated activation of cellular pathways in normal human epidermal keratinocytes[J]. Photochem. Photobiol., 82(2): 398-405.

[66] TERAKAMI S, MATSUTA N, YAMAMOTO T, et al, 2007. *Agrobacterium* mediated transformation of the dwarf pomegranate (*Punica granatum* L. var. *nana*) [J]. Plant Cell Rep., 26: 1243-1251.

[67] TEZCAN F, GULTEKIN O M, DIKEN T, et al, 2009. Antioxidant activity and total phenolic, organic acid and sugar content in commercial pomegranate juices[J]. Food Chem., 115(3): 873-877.

[68] VIDAL A, FALLARERO A, PENA B R, et al, 2003. Studies on the toxicity of *Punica granatum* L. (Punicaceae) whole fruit extracts[J]. J. Ethnopharmacol., 89: 295-300.

[69] WINTER P, KAHL G, 1995. Molecular marker technologies for plant improvement[J]. World Journal of Microbiology and Biotechnology, 11(4): 438-448.

[70] XIA X, LI H, CAO D, et al, 2019. Characterization of a NAC transcription factor involved in the regulation of pomegranate seed hardness (*Punica granatum* L.) [J]. Plant Physiology and Biochemistry, 139: 379-388.

[71] XUE H, CAO S, LI H, et al, 2017. *De novo* transcriptome assembly and quantification reveal differentially expressed genes between soft-seed and hard-seed pomegranate (*Punica granatum* L.) [J]. PLoS ONE, 12 (6): e0178809.

[72] ZAMANI Z, ADABI M, KHADIVI-KHUB A, 2013. Comparative analysis of genetic structure and variability in wild and cultivated pomegranates as revealed by morphological variables and molecular markers[J]. Plant Syst Evol, 299: 1967-1980.

[73] ZAMANI Z, SARKHOSH A, FATAHI R, EBADI A, 2007. Genetic relationships among pomegranate genotypes studied by fruit characteristics and RAPD markers[J]. J. Hortic Sci. Biotechnol., 82: 11-18.

[74] ZAREI A, SAHRAROO A, 2018. Molecular characterization of pomegranate (*Punica granatum* L.) accessions from Fars Province of Iran using microsatellite markers[J]. Horticulture, Environment, and Biotechnology.

[75] ZAREI A, ZAMANIB Z, FATAHIB R, et al, 2016. Differential expression of cell wall related genes in the seeds of soft and hard seeded pomegranate genotypes[J]. Scientia Horticulturae, 205: 7-16.

[76] ZHANG Y M, GONG L Y, CAO D Q, et al, 2015. Cloning and expression of *PgCOMT* and lignin content of *PgCOMT* in pomegranate seed coat[J]. Journal of Tropical and Subtropical Botany, 23: 65-73.

[77] ZHAO L, LI M, CAI G, et al, 2013. Assessment of the genetic diversity and genetic relationships of pomegranate (*Punica granatum* L.) in China using RAMP markers[J]. Sci. Hortic., 151: 63-67.

基于全国石榴生产态势探讨峄城区的优势、问题及对策

郝兆祥，罗华，颜廷峰，毕润霞，陈颖，赵丽娜，侯乐峰
（山东省枣庄市石榴研究中心，山东枣庄 277300）

Discussion on the Advantages, Problems and Countermeasures of Pomegranate Industry in Yicheng District Based on the Situation of Pomegranate Production in China

HAO Zhaoxiang, LUO Hua, YAN Tingfeng, BI Runxia, CHEN Ying, ZHAO Lina, HOU Lefeng
(Zaozhuang Pomegranate Research Center, Zaozhuang 277300, Shandong, China)

摘　要：本文置身全国石榴生产态势，探讨、分析了峄城区石榴种植业的优势、问题、对策。2020年全国石榴种植业呈现出4个发展态势：一是发展中心南移，二是软籽石榴成为主流品种，三是"南果北卖"呈现新常态，四是设施栽培逐步提倡。基于以上态势，科学提出了峄城区石榴种植业存在的优势、问题。4个优势：一是种植历史悠久；二是优良品种丰富；三是产业门类齐全；四是政策环境优越。4个主要问题：一是规模扩张缓慢，管理粗放，效益不高；二是家庭小户经营与规模化、标准化生产的矛盾突出；三是抵御灾害能力较差；四是主栽品种老化，市场竞争力下降。最后针对性提出了4项建议、对策：一是适地适树，适度规模经营；二是对"冠世榴园"实行山水林田路高标准综合治理；三是提倡、鼓励、支持进行冷棚设施栽培；四是大力支持石榴盆景、盆栽产业发展和实行宽松的政策环境，处理好发展和保护的关系。

关键词：石榴；生产态势；优势；问题；对策

Abstract: This paper discussed the advantages, problems and countermeasures of pomegranate cultivation industry in Yicheng district based on the situation of pomegranate production in China. Pomegranate planting industry showed four development trends in 2020. First, the development center was moved south. Second, the soft seed pomegranate had become the mainstream variety. Third, "fruit from the south is sold to the north" has emerged a new normal. Fourth, facility cultivation is gradually advocated. Based on the above situation, the advantages and problems of pomegranate cultivation industry in Yicheng district were proposed. The four advantages are respectively long history of planting, rich fine variety, complete range of industries and excellent policy environment. The four main problems, first, slow scale expansion, extensive management and low efficiency. Second, the contradiction between small family management and production of scale change, standardization is outstanding. Third, poor ability to withstand disasters. Fourth, the main varieties are aging and the market competitiveness is declining. Finally, four suggestions and countermeasures are put forward, first, the pomegranate trees should be planted in a suitable place, and not on a large scale. Second, high standard comprehensive control of mountain, water, forest, field, road of the "World Crown Pomegranate Garden". Third, advocate, encourage and support cold shed facility cultivation. Fourth, vigorously support the development of the pomegranate bonsai, implement a relaxed policy environment, and strike a balance between development and protection.

Key words: Pomegranate; Production situation; Advantage; Problem; Countermeasures

基金项目：山东省技术创新引导计划（鲁科字[2020]94号）；枣庄市社科联应用研究课题重大课题（LX2020004）；枣庄市自主创新及成果转化计划（2020GH01）。
第一作者：郝兆祥（1968—），男，本科，高级工程师，主要从事石榴种质资源收集保存、创新利用及石榴产业发展研究。E-mail: 6776168@163.com。

为进一步加快峄城区石榴种植业发展，我们组成调研组，通过查阅资料、调研走访、电话问询等方式，在调查、研究2020年度全国石榴种植业发展态势的基础上，探讨、分析了峄城区石榴种植业的优势和问题，提出了峄城区石榴种植业发展的建议、对策。

1　2020年全国石榴生产态势

1.1　发展中心南移

全国石榴栽培面积变化呈现出发展中心南移，"南方快增、北方慢减"的态势[1]。

1.1.1 南方具有得天独厚的天时地利条件

南方石榴产区温差大、积温高、日照长和湿度低等良好的气候条件，加上土壤通透、通风良好等土壤条件，营造了适宜石榴生长的生态环境。比如，南方石榴平均比北方石榴早熟一个月以上，能够抢占北方石榴中秋、国庆销售市场，甚至春节市场，形成大体量的"南果北卖"，促进了南方石榴种植面积的不断扩大。

1.1.2 北方石榴产区自然灾害频发

冻害、干旱、高温高湿等自然灾害严重制约了北方石榴产业发展。软籽石榴不能在露天正常栽培，硬籽石榴也常受自然灾害的危害。尤其是冻害，秋季的骤然降温、冬季的极端低温、春季的倒春寒等异常天气频发，极易使石榴遭受冻害，基本上十年一大冻、两三年一小冻。比如，2015年11月和2016年1月，峄城区"冠世榴园"遭受了60年不遇的极端冻害，致使百年以上大树冻死40%以上，露地栽培冻伤率为100%，2016年石榴鲜果几近绝产。

1.1.3 北方土地资源不丰富

人多、地少，现行承包体制规模偏小，达不到适度规模经营，多是掠夺性经营，甚至放任不管，经济效益不断下降，随着城市化步伐加快，出现了老年人无力干、年轻人不愿干的劳力断层和部分老石榴园被抛荒的现象。

1.2　软籽石榴成为主流品种

1.2.1 软籽石榴优势突出

以'突尼斯软籽'为代表的软籽石榴，具有不可比拟的优势：果仁较软、可食，改变了人们吃石榴吐籽的传统习惯，特别适合儿童、老年人食用，鲜食市场较好[1]。

1.2.2 呈现"高需求强供应"局面

软籽石榴以其远胜于硬籽石榴的良好食用体验而迅速崛起，目前已发展到75万亩，占到全国石榴总面积的50%以上。近年来全国新增的石榴基地，其栽培品种大都以'突尼斯软籽'石榴为主。软籽石榴市场需求量逐年上升，带动了我国软籽石榴产业全方位快速发展。许多工商资本进入石榴产业，有力促进了软籽石榴产业的快速发展。

1.2.3 '突尼斯软籽'石榴适应性不强

'突尼斯软籽'石榴是"优点突出、缺点致命"的品种[2]，其致命的缺点就是不耐低温冻害，在秦岭--淮河以北露地栽培，常因冬季低温被冻死冻伤。另外，就是风味寡淡，不耐贮藏、货架期短。国内南方地区种植该品种，除了云南、四川等适宜种植石榴的区域之外，其他大部分地区因为降雨量较大，出现树势过旺、座果率低等问题。北方产区，除非像荥阳、潼关、淅川等地域局部小气候特别好的地块，绝大部分均不适宜在露天栽植，须实行保护地栽植模式。

1.2.4 软籽石榴研究发展趋势

近年来，中国农科院郑州果树研究所、南京林业大学等科研机构、大专院校和一大批企业家引进、试验、研究了大批量的国外软籽品种，特别是红皮、籽粒深红、抗性较强的软籽品种，有的已经取得新品种权和良种证书[3]，有的已经在附近地区推广。可能会出现超过'突尼斯软籽'石榴的品种，而且这些品种种仁会更软，市场会更好，消费者会更欢迎。预计在未来不长时间内，这些软籽石榴将取代'突尼斯软籽'石榴，成为我国石榴栽培品种中的主流品类。

1.3 "南果北卖"呈现新常态

1.3.1 "南果北卖"格局已形成

"南果北卖"不仅会继续拉动南方产区的鲜果销售，带动其石榴产业的快速发展，而且也会对北方产区转变发展理念和发展战略产生很大的冲击力[1]。

1.3.2 国民消费需求大

随着我国经济快速发展和人民生活水平的不断提高，北方的石榴鲜果生产能力远不能满足日益增长的消费市场需求。

1.3.3 石榴营销利润高

由于南方石榴鲜果当地销售的价位低，到达北方市场的价格提高，有较大的利润空间。"南果北卖"，即解决了南方石榴的卖果难问题，也带动了石榴鲜果采后的商品化处理，包括果品分级、智能包装、低温冷藏和冷链系统建设等行业的发展，助推全国石榴产业布局的合理调整，石榴的"南果北卖"已成为中国石榴鲜果销售的新常态。

1.4 设施栽培逐步提倡

1.4.1 栽培环境迎来巨大挑战

全国范围内最主要的自然灾害就是南方多雨、北方严寒、中部高温高湿。如何有效抵御南北不同的自然灾害，实现石榴栽培的优质、丰产、高效，除要选择抗性强、品质优的品种和不断提高管理水平外，大力发展石榴保护地设施栽培，将是今后全国石榴栽培共同的努力方向。

1.4.2 生产技术水平急需提高

国外先进的设施栽培已发展到用物联网管理阶段，而我国石榴的设施栽培刚刚起步。运用设施栽培可以有效解决防冻、避雨、防裂、防日灼果、减轻病虫害等诸多问题，对自然灾害多发的北方产区尤为重要[1]。目前，河南、山东、陕西、安徽、江苏、山西、新疆等石榴产区均出现了不同类型的设施栽培，在设施建造、土壤管理、品种选择、精细管理上，都进行了积极探索[4]。石榴设施栽培，将会成为全国石榴产业发展的战略方向之一。

2 峄城区石榴种植业的优势和问题

置身全国石榴产业发展大环境下，与四川、云南等南方主产区相比，我区石榴种植业发展的优势和问题同时存在。

2.1 发展优势

作为北方有代表性的石榴主产区，有着种植历史悠久、古树遗存多、种质资源丰富、选育良种多，产业门类齐全、发展优势多，政策环境优越、政府支持多的基础和优势。

2.1.1 种植历史悠久

峄城区是中国石榴古老、著名的生产基地之一，具有2000多年的栽培历史，从树龄上来看，存有百年以上古树、大树约2万株，分布集中连片，被誉为"冠世榴园"，这是峄城最大的特色，只有陕西临潼能相媲美。悠久的栽培历史，积累了丰富的栽培经验。

2.1.2 优良品种丰富

拥有国内唯一的国家级石榴种质资源库，现保存石榴种质370余份。选育出的国内唯一一个国审良种'秋艳'，因籽粒大、抗裂果、品质优良而深受种植者欢迎，目前呈现取代传统品种的趋势。选育的省审良种'峄州红''青丽'等，也具有很好的推广价值。

2.1.3 产业门类其全

经过40余年的产业化历程，已初步形成了一、二、三产业协调发展的产业化格局，成为国内最重要的石榴生产、销售、科研基地之一。从种质资源保存、科学研究、盆景盆栽、贮藏加工，到生态旅游以及石榴文化产业，每个链条都持续发力，把每一棵石榴树、每一个石榴果潜在的价值都"吃干榨净"。尤其是融合一产、二产、三产业特征的盆景盆栽产业，成就了"中国石榴盆景之都"的盛誉。

2.1.4 政策环境优越

市、区两级高度重视石榴产业发展，分别成立产业发展领导小组，每年分别设立500万元、1000万元的产业发展基金进行扶持，依托"冠世榴园"成功创建了省级现代农业产业园，得到了上级的政策、资金支持。

2.2 石榴种植业存在的主要问题

2.2.1 石榴种植规模扩张缓慢，管理粗放，效益不高

规模扩张缓慢，远不如四川、云南等石榴主产区。四川会理石榴栽植面积已达40万亩[5]，年产量达60万t，成为中国石榴第一大县。从单位面积产量看，我区仅700kg/亩左右，四川、云南平均单产2500kg/亩以上，最高可达到7000kg/亩，较上述两地产量低、效益差。从管理质量上看，比较粗放，果粮间作面积大，园片之间空档、断层多，连续少，低产园片比例高[6]。四川、云南处于我国最适宜的石榴栽培区，可以发展软籽、硬籽石榴，且人少、地多。而峄城处于石榴栽培的最北端，属于中国石榴的基本适宜区，即使发展硬籽石榴也容易遭受低温冻害，且人多、地少。从这个意义上讲，我区的石榴种植规模扩张缓慢、管理粗放，是石榴市场"南果北卖"冲击的结果，因而导致全国石榴的发展中心南移、北方石榴发展缓慢。

2.2.2 家庭小户经营与规模化、标准化生产的矛盾突出

家庭承包为主，这种经营方式因经营面积小，经营户不愿投入过多的人力、物力、资金进行管护，甚至放任不管。随着城镇化步伐的加快，劳动力价格不断增加，青壮年外出打工较多，出现了"青壮年不愿种，老人无力种"现象。一些果农思想保守，不愿接受新的科技知识。一些果农把石榴当作"懒汉庄稼"管理，经济效益低下。由此可见，家庭小户承包与规模化、标准化生产的矛盾越来越突出[6]。

2.2.3 抵御灾害能力较差

全球气候异常情况日益增多，冬季极端低温冻害、春季倒春寒、夏季高温多雨等灾害频繁发生，而硬籽石榴生产基础条件差，树体抗灾能力较低，成为石榴产业发展的制约因素。2015

年11月24日的骤然降温、降雪和2016年1月24日的"世纪寒潮",致使峄城石榴山坡下部和平地发生了毁灭性冻害,山坡中上部发生了灾难性冻害,结果枝组几乎全部被冻死,鲜果、树木、苗木的直接经济损失约3亿元[6]。2021年1月严寒,在榴花路两侧新植的1~3年生石榴树又发生严重冻害,其他地域石榴也出现不同程度的冻害情况。

2.2.4 主栽品种老化,市场竞争力下降

主栽硬籽品种'峄城大青皮甜',约占80%,虽然具有果个大、外观美、含糖量高的优点,但也存在籽粒小且硬、适口性差、易裂果的缺点,最近几年又存在严重的黑籽现象,严重影响了市场信誉。且属于中、晚熟品种,赶不上需求量大的中秋节前上市,被四川、云南石榴占领了先机[6]。虽然我们有着'秋艳''峄州红'等优良品种,但是品种更新需要几年、甚至数十年的经历,不是短期内能彻底改变的。

3 加快我区石榴种植业发展的建议、对策

我区石榴产业也随着全国石榴产业的发展态势,面临一个新的历史转型期。加快推进我区石榴种植业的高质量发展,要认真的分析石榴供销和旅游两个市场,建议走因"市"利导、融合发展的路子。

3.1 坚持适地适树,适度规模经营

石榴种植必须在适度规模经营的基础上,坚持因地制宜,适地适树。现阶段主要是进山上坡,山坡的中、上部,如"榴园路"两侧,适宜发展石榴;山坡下部,如"榴花路"两侧,除了西部外,东部大部分地段,不适宜种植石榴。要加快良种良法配套的石榴标准园建设,作为兑现奖励的依据。要坚持适度规模经营、户均10亩左右、保持长期稳定[7],或者吸收工商资本,这样才能调动起承包者的积极性,加上山水林田路综合治理、良种良法等手段配套,峄城石榴生产才会提质增效。

3.2 对"冠世榴园"实行山水林田路高标准综合治理

依据规划,依照现有地形和梯田,统一建设高标准梯田,加宽景区现有旅游道路,新建高标准生产道路,统一进行水、电配套和管护房建设。建设时尽量不改变现有承包管理方式,不改变现有地形地势,梯田、主要道路、生产道路的设计建设走势尽量与现状相吻合。对现有符合保护标准和范围的古树要严格保护,其他一律放开自主经营。提倡、支持高接换优,嫁接'秋艳''峄州红'等优良品种。对现行承包经营规模小、而行政调整难度很大的,提倡和支持群众自发转包,逐步实现由零星规模到适度规模转移。提倡、支持、鼓励群众转型发展,由单一的鲜果生产转移到苗木、鲜果、盆景、盆栽、工艺品制作、采摘游、休闲观光等综合开发,提高石榴生产的综合效益,调动社会发展石榴产业的积极性。对山坡中上部,不适宜种植石榴的地方,通过工程造林方式,实现更高标准的绿化、美化。同步、统一考虑旅游景点、道路、设施、标识、旅游厕所、农家乐等旅游设施配套建设。

3.3 提倡、鼓励、支持进行冷棚设施栽培

目前,以'突尼斯软籽'等为代表的软籽石榴,以果仁较软、可食用等优点,改变了人们

吃石榴吐籽的习惯，在鲜食石榴市场上广受消费者青睐。但'突尼斯软籽'缺点就是不耐低温冻害、风味寡淡、不耐贮藏、货架期短[2]。尽管中国农业科学院郑州果树研究所等科研机构、大专院校选育了诸多替代品种，但品种抗寒性较差的基本特性不会改变。这些品种和我们选育的'秋艳''峄州红''紫美''红烛'等，想在峄城区发展壮大，就必须实行冷棚保护地栽培模式。2016年以来，在冷棚设施建造、土壤管理、品种选择、精细管理上，我们都进行了积极探索。冬天防寒、夏天避雨，有效解决石榴冻害、裂果、日灼、病虫害严重的历史难题。通过近几年的试验结果，冷棚栽培技术已越来越成熟。但冷棚设施成本高，亩均成本增加3万～5万元，短期内的投入收益比不合算，影响了设施冷棚设施的发展。

3.4 大力支持石榴盆景、盆栽产业发展和实行宽松的政策环境

我区是国内规模最大、水平最高的石榴盆景、盆栽产地、集散地，石榴盆景制作者约4000人，盆景、盆栽总量30余万盆，代表着国内外石榴盆景最高水平[8]，先后在国内外各级花卉、林业、农业等展览会上斩获金银大奖400余块。发展石榴盆景、盆栽产业，是我区石榴产业发展最好、最大、最快的优势产业，也是石榴一、二、三产融合发展的直接体现。为支持这一产业发展，我区已经建设了几处石榴盆景园，但规模较小，满足不了市场需求，应学习借鉴如皋国际花木场等外地的先进、成功经验，规划建设一处大型、现代化石榴盆景、盆栽专业市场。一方面能促进城市及美丽乡村建设，一方面便于打造新的旅游景点，与"冠世榴园"景区相融合，更重要的是距离传统盆景盆栽市场较近，便于吸引盆景盆栽户入驻经营。在政策支持上，学习借鉴外地"放水养鱼"、该管的管死、管住，该放开的一律放开经营，做大产业的先进经验。比如在对石榴古树的保护上，《枣庄市古树名木保护条例》（2019年5月1日起执行）给予了很好的界定：峄城古石榴国家森林公园内地径超过20cm的石榴树，作为古树后续资源，严格保护。对没有列入保护范围的其他石榴资源一律允许依法依规自主经营。对冻害严重、老化衰弱、品种低劣、没有生产利用价值且不属于严管范围的石榴资源，经有关部门办理批准手续后，允许进入石榴盆景、盆栽市场；对由外地合法进入峄城市场的石榴树桩和大规格石榴树，一律放开允许经营。

参考文献

[1] 陶华云, 黄敏, 王秀兰. 我国石榴产业发展趋势分析与对策建议[J]. 中国果业信息, 2019, 36(7): 13-16.

[2] 侯乐峰, 郭祁, 郝兆祥, 等. 我国软籽石榴生产历史、现状及其展望[J]. 北方园艺, 2017(20): 196-199.

[3] 郭晓成, 杨莉. 陕西石榴产业区划与产业升级技术优化建议[J]. 西北园艺(果树), 2019(2): 4-7.

[4] 刘静敏, 冯玉增. 河南省石榴产业发展模式[C]//中国石榴研究进展(三). 北京: 中国林业出版社, 2018: 51-57.

[5] 李成成, 唐晏, 吴廷玉, 等. 会理县石榴产业发展现状及对策[J]. 四川农业科技, 2019(5): 61-63.

[6] 郝兆祥, 程作华, 侯乐峰, 等. 山东枣庄石榴产业发展现状、存在问题及对策[J]. 果树学报, 2017, 34(增刊): 26-32.

[7] 郝兆祥, 侯乐峰, 王艳琴, 等. 山东省石榴产业可持续发展对策[J]. 农业科技通讯, 2014(6): 18-21.

[8] 郝兆祥, 侯乐峰, 丁志强. 峄城石榴盆景、盆栽产业概况与发展对策[J]. 山东农业科学, 2015, 47(5): 126-131.

"枣庄市石榴国家林木种质资源库"的建设及发展应用

罗华，侯乐峰，毕润霞，陈颖，赵丽娜，王艳芹，郝兆祥*

（枣庄市石榴研究中心·枣庄市峄城区果树中心，山东枣庄 277300）

Construction and application of "National Forest Germplasm Resources Bank of Pomegranate in Zaozhuang City"

LUO Hua，HOU Lefeng，BI Runxia，CHEN Ying，ZHAO Lina，WANG Yanqin，HAO Zhaoxiang*

(Yicheng District Fruit Tree Center in Zaozhuang · Zaozhuang Pomegranate Research Center, Zaozhuang 277300, Shandong, China)

摘　要：种质资源是国家战略性资源，事关国家现代种业发展大局。种质资源库建设是保障种业安全的基础和关键。"枣庄市石榴国家林木种质资源库"作为国内唯一的国家级石榴种质资源库，承担着石榴种质资源遗传多样性保护的重任。本文详细介绍了枣庄市石榴国家林木种质资源库的立项与建设、发展现状及创新利用概况，提出了下步工作计划，为今后开展石榴种质资源收集保存、创新利用研究工作提供参考。

关键词：石榴；枣庄；资源库；建设；创新应用

Abstract: Germplasm resources are national strategic resources, which are related to the development of modern seed industry in China. The construction of germplasm resources bank is the basis and key to ensure the safety of seed industry. As the only national pomegranate germplasm bank in China, "National Forest Germplasm Resources Bank of Pomegranate in Zaozhuang City" undertakes the important task of protecting the genetic diversity of pomegranate germplasm resources. This article describes the project approval, construction, development status and innovative utilization of germplasm resources bank in detail, and put forward the next work plan. It will provide reference for future research on collection, conservation and innovative utilization of pomegranate germplasm resources.

Key words: Pomegranate; Zaozhuang; Germplasm resources repository; Construction; Innovative application

种质资源是国家战略性资源，是农业发展的科技"芯片"，事关国家现代种业发展大局，打好种业翻身仗，种质资源是关键。保存植物种质资源的目的首先是保证物种安全，通过维持物种种内遗传多样性来提高物种的生态适应多态性；其次是通过收集保存与育种目标相关的种质资源，为良种选育提供物质基础以及为生物学研究提供原始试验材料。保护生物种质资源，不断提升种质资源的遗传多样性水平，对突破优异基因发掘、优质品种选育等"卡脖子"问题至关重要。

种质资源库建设是保障种业安全的基础和关键。1983 年开始，农业部（原）陆续规划建设

基金资助：山东省技术创新引导计划（鲁科字[2020]94号）；山东省重点研发计划（2019GNC20413）；枣庄市自主创新及成果转化计划（2020GH01）资助。

作者简介：罗华，男，工程师，主要从事石榴种质资源收集保存、创新利用等研究。E-mail: luohua.lwc@163.com。

* 通讯作者：郝兆祥，Author for correspondence。Tel：0632-7712809，E-mail: 6776168@163.com。

了17个国家果树种质资源圃[1]。2009年、2016年，国家林业局（原）分两批共确定了99处国家林木种质资源库。2015年11月4日，国家修订《中华人民共和国种子法》，明确规定："国务院农业、林业主管部门应当建立种质资源库、种质资源保护区或者种质资源保护地。"2021年3月，农业农村部出台了《全国农业种质资源普查总体方案（2021—2023年）》，全面开展国内农作物、畜禽、水产种质资源普查。本文详细介绍了枣庄市石榴国家林木种质资源库的立项与建设、发展现状及创新利用概况，提出了下步工作计划，为今后开展石榴种质资源收集保存、创新利用研究工作提供参考。

1 枣庄市石榴国家林木种质资源库立项与建设

石榴种质资源的收集、保存，是整个石榴产业的基础性、关键性工作。目前，我国山东、河南、云南、安徽等均建有石榴种质资源圃[2]，新疆也正着手开建，种质资源的战略地位愈发受到重视。山东枣庄的石榴种质资源圃建设设想始于20世纪60年代，市、区两级林业、农业等部门的技术人员，开始呼吁立足石榴资源禀赋，建设石榴基因库。80年代开始，有目的地收集国内外石榴种质，进行石榴分类等基础研究。2009年，"中国石榴种质资源圃建设项目"获国家发展和改革委员会、国家林业局（原）批准建设，总投资584万元（中央财政投资350万元）。2013年完成建设，并通过了主管部门验收。2016年，资源圃被国家林业局（原）确立为"枣庄市石榴国家林木种质资源库"（以下简称"石榴国家库"），为国内唯一的国家级石榴种质资源库。2019年底，"枣庄市石榴国家林木种质资源库建设项目"列入国家发改委、国家林草局生态保护支撑体系专项支持，中央财政投资616万元，项目实施截止期限为2020年12月，主要开展四大建设工程：调查与收集工程，扩繁与保护工程，研究与开发工程，辅助工程。重点进行石榴种质资源调查收集，品种繁育圃建设，土壤改良，资源库扩建，温室及塑料大棚建设，实验室建设，仪器设备购置，水、电、桥、路、墙、绿化等的建设（表1）。地方层面，2018年12月，峄城区委、区政府出台《峄城区石榴产业发展三年行动计划（2019—2021年）》，2021年4月，枣庄市委、市政府出台《枣庄市石榴产业发展三年攻坚突破行动实施方案》，市、区战略的提出，为石榴国家库的运营提升提供了坚实政策保障。

表1 石榴国家库建设相关立项项目

Table 1 Projects related to the construction of "National Forest Germplasm Resources Bank of Pomegranate in Zaozhuang City"

序号 Number	项目名称 Project name	立项资金/万元 Project fund/ten thousand yuan)	立项单位 Project approving unit	立项时间/年 Project approval time/year
1	中国石榴种质资源圃建设项目 "Chinese pomegranate germplasm nursery" construction project	350（中央投资） (The central investment)	国家发改委、国家林业局（原） National Development and Reform Commission, State Forestry Administration (former)	2009

"枣庄市石榴国家林木种质资源库"的建设及发展应用

（续）

序号 Number	项目名称 Project name	立项资金/万元 Project fund/ten thousand yuan)	立项单位 Project approving unit	立项时间/年 Project approval time/year
3	枣庄市石榴国家林木种质资源库建设项目 "National Forest Germplasm Resources Bank of Pomegranate in Zaozhuang City" construction project	616（中央投资） (The central investment)	国家发改委、国家林草局 National Development and Reform Commission, State Forestry and Grassland Administration	2019
4	枣庄市石榴国家林木种质资源库提升工程 "National Forest Germplasm Resources Bank of Pomegranate in Zaozhuang City" promotion project	160（区投资） (District government investment)	峄城区人民政府 Yicheng District Government	2019
5	省级现代农业产业园建设项目 Provincial modern agricultural industrial park construction project	600（省投资） (Provincial government investment)	山东省农业农村厅 Shandong Provincial Department of Agriculture and Rural Affairs	2020
	合计 Total	1726	—	—

2018年以来，石榴国家库相继获批枣庄市科协"枣庄市创新战略研究基地"（2018）、枣庄市科技局"枣庄市石榴种质资源工程技术研究中心"（2018）、山东省科技厅"山东省科技教育基地"（2018）、枣庄市发改委"枣庄市石榴创新利用工程研究中心"（2018）、枣庄市科技局"枣庄市石榴种质资源高效利用技术创新中心"（2019）、山东省科技厅"山东省院士工作站"（2019）、山东省科技厅"山东省科技扶贫示范基地"（2019）、山东省科协"山东省科普教育基地"（2020）。目前，资源库内已保存国内外石榴种质404份，其中国内种质354份，国外种质50份，软籽种质16份，观赏种质55份（含微型观赏种质12份）（种质名录详见表2）。石榴国家库的成功建立，为开展石榴良种选育、生物特性研究、遗传学研究等工作奠定了坚实基础，为石榴种质创新提供了丰富的遗传材料，成为集教学、科研、科普为一体的石榴种质资源保护与创新利用基地。

2 枣庄市石榴国家林木种质资源库发展现状

进一步规范编制完成《资源库石榴种质目录》《资源库石榴种质定植图》。持续开展石榴国家库内石榴种质的植物学特征、果实性状、生物学习性等的系统调查，相关数据信息录入了国家林业和草原种质资源库网上平台（http://www.nfgrp.cn/），通过线上与线下两种形式实现信息的共享共用。

为提高石榴国家库的管理维护水平，制订了《峄城区石榴高标准栽植关键技术》《石榴土肥水管理技术》《峄城石榴病虫害周年防治历》《石榴冻害预防关键技术》等技术手册9部，科学指导种质资源管理与实际生产。2017年以来，累计投入财政管护资金208万元，开展资源库养护建设。其中，2017年开始，石榴国家库管理维护工作列入国家林草局"国家林木种质资源库良种培育补助"项目，中央财政实行"一年一申请、一年一拨付"形式滚动支持，截至2021年，共已投入168万元，重点采取小冠主干疏层形、宽行密植栽培、水肥一体化管理、园艺地布覆盖、病虫害绿色防控等技术措施持续抓好资源库的日常管理维护。利用山东省水利厅水肥一体化项目资金40万元，完成资源库内水肥一体化工程建设（表3）。目前，资源库内配备有基础试验室2处，总面积约260m^2，配套仪器设备104台（套），固定资产总值约600万元，能够满足石榴生长发育指标、果实品质指标、抗性生理指标等的测定需求。

表2 "枣庄市石榴国家林木种质资源库"种质名录

Table 2　Germplasm list of "National forest germplasm resources bank of pomegranate in Zaozhuang city"

序号 Number	引种地区 Introduction area	种质数量 Germplasm name	种质名称 Germplasm name
1	山东 Shandong	137	白皮红籽酸Baipihongzisuan、败育石榴（孙中元）Baiyushiliu（Sunzhongyuan）、败育石榴（周继广）Baiyushiliu（Zhoujiguang）、苍山红皮Cangshanhongpi、茶厂1号Chachang 1、茶厂2号Chachang 2、茶厂3号Chachang 3、茶厂4号Chachang 4、超红Chaohong、超青Chaoqing、岱红1号Daihong 1、岱红2号Daihong 2、短枝红Duanzhihong、岗榴Gangliu、冠榴Guanliu、红皮实生（张忠涛）Hongpishisheng(Zhangzhongtao)、红皮甜（杂交）Hongpitian(Zajiao)、红绣球Hongxiuqiu、黄金榴Huangjinliu、金红Jinhong、晶榴Jingliu、九洲红Jiuzhouhong、桔艳Juyan、巨籽蜜Juzimi、莱州酸Laizhousuan、临沂蒙阳红开张Linyimengyanghongkaizhang、临沂蒙阳红直立Linyimengyanghongzhili、鲁红榴2号Luhongliu 2、鲁红榴5号（曲阜）Luhongliu 5(Qufu)、鲁青1号Luqing 1、鲁青榴5号Luqingliu 5、蒙阳红Mengyanghong、蜜榴Miliu、青丽Qingli、秋艳Qiuyan、秋艳白皮Qiuyanbaipi、秋艳红皮Qiuyanhongpi、秋艳玛瑙Qiuyanmanao、曲阜大红Qufudahong、赛秋艳Saiqiuyan、山东大叶红皮Shandongdayehongpi、勺皮Shaopi、霜红宝石Shuanghongbaoshi、泰安大汶口无刺Taiandawenkouwuci、泰安三白甜Taiansanbaitian、泰山红Taishanhong、泰山金红Taishanjinhong、特大红皮甜Tedahongpitian、潍坊青皮Weifangqingpi、薛城景域无刺Xuechengjingyuwuci、伊201 Yi 201、伊202 Yi 202、伊203 Yi 203、峄城白楼无刺Yichengbailouwuci、峄城白皮大籽Yichengbaipidazi、峄城白皮马牙甜Yichengbaipimayatian、峄城白皮酸Yichengbaipisuan、峄城半口青皮酸Yichengbankouqingpisuan、峄城半口青皮谢花甜Yichengbankouqingpixiehuatian、峄城扁三白Yichengbiansanbai、峄城超大白皮Yichengchaodabaipitian、峄城超大青皮Yichengchaodaqingpitian、峄城大红皮酸Yichengdahongpisuan、峄城大红皮甜Yichengdahongpitian、峄城大个红皮甜（董）Yichengdagehongpitian(dong)、峄城大粒青皮岗榴Yichengdaliqingpigangliu、峄城大马牙甜Yichengdamayatian、峄城大青皮酸Yichengdaqingpisuan、峄城大青皮甜Yichengdaqingpitian、峄城多刺Yichengduoci、峄城发芽红Yichengfayahong、峄城丰产马牙Yichengfengchanmaya、峄城和顺庄无刺Yichengheshunzhuangwuci、峄城红皮大籽Yichenghongpidazi、峄城红皮马牙甜Yichenghongpimayatian、峄城红籽白石榴Yichenghongzibaishiliu、峄城厚皮甜Yichenghoupitian、峄城抗病青皮甜Yichengkangbingqingpitian、峄城抗寒1号Yichengkanghan 1、峄城抗寒2号Yichengkanghan 2、峄城抗寒3号（峄城大红皮实生）Yichengkanghan 3(Yichengdahongpishisheng)、峄城抗寒4号（坛山）Yichengkanghan 4(Tanshan)、峄城青厚皮Yichengqinghoupi、峄城青皮大籽1号Yichengqingpidazi 1、峄城青皮大籽2号Yichengqingpidazi 2、峄城青皮马牙酸Yichengqingpimayasuan、峄城青皮谢花甜Yichengqingpixiehuatian、峄城三白甜Yichengsanbaitian、峄城小青皮酸Yichengxiaoqingpisuan、峄城小籽三白Yichengxiaozisanbai、峄城胭脂红Yichengyanzhihong、峄州红Yizhouhong、峄城竹叶青Yichengzhuyeqing、峄城紫粒青皮甜Yichengziliqingpitian、峄红1号Yihong 1、峄青Yiqing、枣庄红Zaozhuanghong

（续）

序号 Number	引种地区 Introduction area	种质数量 Germplasm name	种质名称 Germplasm name
			重瓣红石榴 Chongbanhongshiliu*、红花重瓣青皮甜 Honghuachongbanqingpitian*、莱州重瓣粉红 Laizhouchongbanfenhong*、宁津单瓣玛瑙 Ningjindanbanmanao*、宁津红皮酸 Ningjinhongpisuan*、宁津三白酸 Ningjinsanbaisuan*、泰安红牡丹 Taianhongmudan*、晚霞 Wanxia*、峄城重瓣白花酸 Yichengchongbanbaihuasuan*、峄城重瓣粉红甜 Yichengchongbanfenhongtian*、峄城重瓣红皮酸 Yichengchongbanhongpisuan*、峄城重瓣玛瑙 Yichengchongbanmanao*、峄城单瓣白花酸 Yichengdanbanbaihuasuan*、峄城单瓣粉红青皮酸 Yichengdanbanfenhongqingpisuan*、峄城单瓣粉红青皮甜 Yichengdanbanfenhongqingpitian*、峄城单瓣粉红酸 Yichengdanbanfenhongsuan*、峄城单瓣玛瑙 Yichengdanbanmanao*、峄城粉红重瓣白皮甜 Yichengfenhongchongbanbaipitian*、峄城粉红牡丹 Yichengfenhongmudan*、峄城红花重瓣青皮酸 Yichenghonghuachongbanqingpisuan*、峄城红花重瓣紫皮酸 Yichenghonghuachongbanzipisuan*、峄城红牡丹 Yichenghongmudan*、峄城小红牡丹 Yichengxiaohongmudan*、峄城小叶重瓣红花石榴 Yichengxiaoyechongbanhonghuashiliu*、峄城小叶红皮甜 Yichengxiaoyehongpitian*、峄城绣球牡丹 Yichengxiuqiumudan*、紫皮甜 Zipitian* 白珍珠 Baizhenzhu**、重瓣粉红花月季 Chongbanfenhonghuayueji**、重瓣红花月季 Chongbanhonghuayueji**、大果月季石榴 Daguoyuejishiliu**、宫灯 Gongdeng**、宫灯（大果）Gongdeng(Daguo)**、红皮月季 Hongpiyueji**、墨石榴 Moshiliu**、青皮月季 Qingpiyueji**、日本看石榴 Ribenkanshiliu**、月季实生 Yuejishisheng** 赤艳 Chiyan※、红烛 Hongzhu※
2	河南 Henan	84	87-青7号 87-Qing 7、CK-1、CK-716、Xlb20（优系）Xlb20(Youxi)、Z500-1、安西大红袍 Anxidahongpao、白牡丹 Baimudan、白皮红籽 Baipihongzi、白皮酸 Baipisuan、白皮籽 Baipizi、白日雪 Bairixue、冰糖冻 Bingtangdong、冰糖石榴 Bingtangshiliu、大红山2号 Dahongshan 2、冬石榴 Dongshiliu、冬艳 Dongyan、短枝石榴 Duanzhishiliu、巩义 Gongyi、航北162Hangbei 162、河南大红皮甜（暂定）Henandahongpitian、河南大红甜 Henandahongtian、河南红皮甜 Henanhongpitian、河阴300Heyin 300、河阴薄皮 Heyinbopi、河阴花皮 Heyinhuapi、红宝石 Hongbaoshi、红脆石榴 Hongcuishiliu、红巨蜜 Hongjumi、红鲁豫 Hongluyu、红麻皮甜 Hongmapitian、红皮硬籽 Hongpiyingzi、黄色花果 Huangsehuaguo、姬川红 Jichuanhong、姜石榴 Jiangshiliu、金红早 Jinhongzao、玖籽红 Jiuzihong、俊红（多刺）Junhong(Duoci)、开封四季红 Kaifengsijihong、克300-1Ke 300-1、克300-2 Ke 300-2、克500-3 Ke 500-3、克500-34Ke 500-34、临选1号 Linxuan 1、临选14号 Linxuan 14、临选17号 Linxuan 17、鲁峪酸 Luyusuan、绿丰 Lvfeng、玛瑙 Manao、农300-3Nong 300-3、农1000-1Nong 1000-1、盘子石榴 Panzishiliu、皮亚曼2号 Piyaman 2、洒金丝 Sajinsi、天红蛋 Tianhongdan、甜绿籽 Tianlvzi、铜壳 Tongke、新大甜 Xindatian、新疆大红甜 Xinjiangdahongtian、盐水铜皮 Yanshuitongpi、杨井石榴 Yangjingshiliu、乙1000-3Yi 1000-3、乙2500-1Yi 2500-1、一串铃 Yichuanling、豫大籽 Yudazi、豫石榴3号 Yushiliu 3、豫石榴5号 Yushiliu 5、月亮白 Yueliangbai、早大甜 Zaodatian、张巨红石榴 Zhangjuhongshiliu、转村甜石榴 Zhuancuntianshiliu、醉美人 Zuimeiren 白牡丹 Baimudan*、河南粉红牡丹 Henanfenhongmudan*、花石榴 Huashiliu*、黄花石榴 Huanghuashiliu*、洛阳白马寺重瓣白 Luoyangbaimasichongbanbai*、园3（黄皮）Yuan 3(Huangpi)* 红皮软籽 Hongpiruanzi※、红双喜 Hongshuangxi※、中农红 Zhongnonghong※、中农1号 Zhongnong 1※、中农2号 Zhongnong 2※、中农3号 Zhongnong 3※、中农4号 Zhongnong 4※

（续）

序号 Number	引种地区 Introduction area	种质数量 Germplasm name	种质名称 Germplasm name
3	安徽 Anhui	56	淮北半口红皮酸 Huaibeibankouhongpisuan、淮北大青皮酸 Huaibeidaqingpisuan、淮北二白一红 Huaibeierbaiyihong、淮北丰产青皮 Huaibeifengchanqingpi、淮北红花红边 Huaibeihonghuahongbian、淮北红皮软籽 Huaibeihongpiruanzi、淮北红皮酸 Huaibeihongpisuan、淮北红皮甜 Huaibeihongpitian、淮北抗裂青皮 Huaibeikanglieqingpi、淮北玛瑙籽 Huaibeimanaozi、淮北青皮大籽 Huaibeiqingpidazi、淮北青皮甜 Huaibeiqingpitian、淮北软籽2号 Huaibeiruanzi 2、淮北软籽3号 Huaibeiruanzi 3、淮北软籽5号 Huaibeiruanzi 5、淮北软籽6号 Huaibeiruanzi 6、淮北三白 Huaibeisanbai、淮北石榴1号 Huaibeishiliu 1、淮北石榴2号 Huaibeishiliu 2、淮北石榴3号 Huaibeishiliu 3、淮北石榴4号 Huaibeishiliu 4、淮北塔山红 Huaibeitashanhong、淮北小红皮 Huaibeixiaohongpi、淮北小青皮酸 Huaibeixiaoqingpisuan、淮北一串铃 Huaibeiyichuanling、淮北硬籽青皮 Huaibeiyingziqingpi、怀远白玉石籽 Huaiyuanbaiyushizi、怀远白玉石籽（王家榴园）Huaiyuanbaiyushizi(Wangjialiuyuan)、怀远白玉石籽（王家庭院）Huaiyuanbaiyushizi(Wangjiatingyuan)、怀远薄皮糙 Huaiyuanbopicao、怀远大笨子 Huaiyuandabenzi、怀远大青皮甜 Huaiyuandaqingpitian、怀远二笨子 Huaiyuanerbenzi、怀远粉皮 Huaiyuanfenpi、怀远红玉石籽 Huaiyuanhongyushizi、怀远抗裂玉石籽（王家庭院）Huaiyuankanglieyushizi(Wangjiatingyuan)、怀远六棱（甜）Huaiyuanliuleng(Tian)、怀远玛瑙籽 Huaiyuanmanaozi、怀远玛瑙籽1号 Huaiyuanmanaozi 1、怀远玛瑙籽2号 Huaiyuanmanaozi 2、怀远美人娇 Huaiyuanmeirenjiao、怀远火凤凰 Huaiyuanhuofenghuang、怀远小叶甜 Huaiyuanxiaoyetian、怀远玉石籽 Huaiyuanyushizi、怀远珍珠红（王家庭院）Huaiyuanzhenzhuhong(Wangjiatingyuan)、黄里红皮1号 Huanglihongpi 1、黄里红皮2号 Huanglihongpi 2、黄里红皮3号 Huanglihongpi 3、黄里青皮大籽 Huangliqingpidazi、黄里青皮1号 Huangliqingpi 1、黄里青皮2号 Huangliqingpi 2、皖黑1号 Wanhei 1、小个玉石籽 Xiaogeyushizi、萧县大红袍酸 Xiaoxiandahongpaosuan、萧县大红袍甜 Xiaoxiandahongpaotian、萧县大籽 Xiaoxiandazi
4	陕西 Shannxi	34	大红乾 Dahongqian、董家外石榴 Dongjiawaishiliu、红皮一串铃 Hongpiyichuanling、净皮甜 Jingpitian、净皮甜（大个）Jingpitian(Dage)、临潼大白皮 Lintongdabaipi、临潼大红酸 Lintongdahongsuan、临潼大黄皮 Lintongdahuangpi、临潼红皮甜 Lintonghongpitian、临潼青皮软籽 Lintongqingpiruanzi、临潼三白 Lintongsanbai、临选1号（变异）Linxuan 1(Bianyi)、临选2号 Linxuan 2、临选2号（变异）Linxuan 2(Bianyi)、临选7号 Linxuan 7、临选8号 Linxuan 8、临选17号 Linxuan 17、临选18号 Linxuan 18、临选20号 Linxuan 20、农夫2号 Nongfu 2、农夫3号 Nongfu 3、七星湖石榴 Qixinghushiliu、乾陵石榴 Qianlingshiliu、陕西大籽 Shannxidazi、陕西红皮酸 Shannxihongpisuan、十里石榴 Shilishiliu、天红蛋 Tianhongdan、天红蛋（原生）Tianhongdan(Yuansheng)、铁炉红 Tieluhong、杨凌黑籽酸 Yanglingheizisuan、御石榴 Yushiliu 黄花粉瓣白石榴 Huanghuafenbanbaishiliu*、礼泉重瓣红花青皮酸 Liquanchongbanhonghuaqingpisuan* 玲珑牡丹 Linglongmudan**
5	云南 Yunnan	15	黑美人 Heimeiren、建水红玛瑙 Jianshuihongmanao、建水红珍珠 Jianshuihongzhenzhu、蒙自白花 Mengzibaihua、蒙自滑皮沙子 Mengzihuapishazi、蒙自红花白皮 Mengzihonghuabaipi、蒙自火炮 Mengzihuopao、蒙自厚皮沙子 Mengzihoupishazi、蒙自糯石榴 Mengzinuoshiliu、蒙自酸绿子 Mengzisuanlvzi、蒙自甜光颜 Mengzitianguangyan、蒙自甜绿子 Mengzitianlvzi、蒙自甜砂籽 Mengzitianshazi、蒙自小光颜 Mengzixiaoguangyan、盐水石榴 Yanshuishiliu

（续）

序号 Number	引种地区 Introduction area	种质数量 Germplasm name	种质名称 Germplasm name
6	四川 Sichuan	12	大绿籽 Dalvzi、会理红皮 Huilihongpi、会理青皮软籽 Huiliqingpiruanzi、会理水晶 Huilishuijing、江驿石榴 Jiangyishiliu、四川海棠石榴 Sichuanhaitangshiliu、四川红皮酸 Sichuanhongpisuan、四川黄皮酸 Sichuanhuangpisuan、四川黄皮甜 Sichuanhuangpitian、四川黄皮胭脂 Sichuanhuangpiyanzhi、四川青皮酸 Sichuanqingpisuan 四川粉红牡丹 Sichuanfenhongmudan*
7	河北 Hebei	5	大满天红甜 Damantianhongtian、大叶满天红 Dayemantianhong、满天红酸 Mantianhongsuan、太行红 Taihanghong、小满天红甜 Xiaomantianhongtian
8	新疆 Xinjiang	6	洛克4号 Luoke 4、皮亚曼1号 Piyaman 1、新疆大甜 Xinjiangdatian、新疆红皮 Xinjianghongpi、新疆和田酸 Xinjianghetiansuan、新疆和田甜 Xinjianghetiantian
9	其他 Others	5	长沙石榴（湖南）Changshashiliu(Hunan)、拉丁村石榴（西藏）Ladingcunshiliu(Xizang)、邳州重瓣三白甜（江苏）Pizhouchongbansanbaitian*(Jiangsu)、日码村石榴（西藏）Rimacunshiliu(Xizang)、武汉石榴 (Wuhanshiliu)
10	国外 Foreign	50	Dente、G2、Gulaosha、Mohlarde、Qini、Rabat、Red sweet、Veles、White、Wonderful（意大利）Wonderful(Italy)、澳蓝宝石 Aolanbaoshi、荷兰巨型黑 Helanjuxinghei、黑籽甜 Heizitian、美国001Meiguo 001、美国002 Meiguo 002、美国003 Meiguo 003、美国004 Meiguo 004、美国005 Meiguo 005、美国0010 Meiguo 0010、美国0082 Meiguo 0082、美国0134 Meiguo 0134、美国0139 Meiguo 0139、美国051 Meiguo 051、美国300-2 Meiguo 300-2、美国普兰甜 Meiguopulantian、美国青皮酸 Meiguoqingpisuan、美国喜爱 Meiguoxiai、美国紫皮酸 Meiguozipisuan、缅甸巨型 Miandianjuxing、图西大学 Tuxidaxue、以色列1号 Yiselie 1、以色列2号 Yiselie 2、以色列3号 Yiselie 3、以色列4号 Yiselie 4、以色列硬籽酸 Yiselieyingzisuan、以色列早熟 Yiseliezaoshu Ambrosia*、美国重瓣白 Meiguochongbanbai（榴花雪 Liuhuaxue）*、美国重瓣粉红 Meiguochongbanfenhong（榴花粉 Liuhuafen）*、美国重瓣红 Meiguochongbanhong（榴花红 Liuhuahong）*、美国红花复瓣酸 Meiguohonghuafubansuan*、美国重瓣玛瑙 Meiguochongbanmanao（榴缘白 Liuyuanbai）*、美国优系红花复瓣大果 Meiguoyouxihonghuafubandaguo* Wonderful※、Wonderful 116※、七月红 Qiyuehong※、突尼斯软籽 Tunisiruanzi※、伊朗软籽 Yilangruanzi※、以色列软籽酸 Yiselieruanzisuan※、以色列软籽甜 Yiselieruanzitian※
-	合计 Total	404	-

注：* 代表观赏种质，其中，** 代表微型观赏种质；※ 代表软籽种质。
Note: * represent ornamental germplasm. ** represent mini reornamental germplasm; ※ represent soft-seed germplasm.

表3 石榴国家库管理相关立项项目
Table 3　Projects related to the management of "National Forest Germplasm Resources Bank of Pomegranate in Zaozhuang City"

序号 Number	项目名称 Project name	立项资金/万元 Project fund/ten thousand yuan)	立项单位 Project approving unit	立项时间/年 Project approval time/year
1	国家林木种质资源库良种培育补助项目 "National Forest Germplasm Resources Bank" variety breeding subsidy project	168（中央投资）(The central investment)	国家林草局 National Forestry and Grassland Administration	2017—2021（一年一立项）(Once a year)
2	国家林木种质资源库水肥一体化项目 "National Forest Germplasm Resources Bank" water and fertilizer integration project	40（省投资）(Provincial government investment)	山东省水利厅 Shandong Provincial Department of Water Resources	2019
	合计 Total	208	—	—

3　枣庄市石榴国家林木种质资源库创新利用概况

以石榴国家库平台为基础，结合对外科研合作、高层次人才引进、对外学术交流等活动，持续开展石榴种质资源评价及创新利用工作，不断加大科研创新工作力度。2013年以来，我们争取到各级财政研发资金共计188万元（表4），重点在品种选育、抗寒性评价、遗传多样性分析等方面开展科学研究。

表4 石榴国家库创新利用相关立项项目
Table 4　Projects related to the innovative use of "National Forest Germplasm Resources Bank of Pomegranate in Zaozhuang City"

序号 Number	项目名称 Project name	起止时间 Start-stop time	立项资金/万元 Project fund/ten thousand yuan)	项目来源 Project source	承担方式 Bear the way
1	微型观赏石榴种质资源及其利用研究 Study on the germplasm resources and utilization of miniature ornamental pomegranate	2013.12—2015.12	4	枣庄市科技发展计划 Zaozhuang city science and technology development plan	主持 Preside
2	大粒高出汁率抗裂果晚熟石榴新品种选育 Breeding of a new variety of pomegranate with large grain, high juice yield, late ripening resistance to cracking fruit	2014.06—2017.06	20	山东省农业良种工程 Shandong province agricultural good seed project	主持 Preside

（续）

序号 Number	项目名称 Project name	起止时间 Start-stop time	立项资金/万元 Project fund/ ten thousand yuan)	项目来源 Project source	承担方式 Bear the way
3	石榴新优品种培育及传统品种改良 Cultivation of new and superior pomegranate varieties and improvement of traditional varieties	2015.06—2018.06	20	山东省农业科技成果转化项目 Agricultural science and technology achievements transformation project of Shandong province	主持 Preside
4	石榴抗寒性评价与抗寒新种质选育研究 Evaluation of cold resistance of pomegranate and breeding of new cold resistance germplasm	2018.01—2018.12	20	山东省重点研发计划 Shandong provincial key research and development program	主持 Preside
5	石榴种质创新利用及新型栽培模式研究 Study on innovative utilization of pomegranate germplasm and new cultivation mode	2016.01—2018.12	30	枣庄英才集聚工程 Zaozhuang talents agglomeration project	主持 Preside
6	石榴抗寒新品种选育及配套栽培技术研究 Study on the breeding of new cold-resistant varieties of pomegranate and related cultivation techniques	2018.01—2018.12	6	枣庄市科技计划 Zaozhuang city science and technology development plan of	主持 Preside
7	枣庄市石榴产业发展方向及对策的研究 Study on the development direction and countermeasure of pomegranate industry in Zaozhuang city	2018.01—2018.12	1	枣庄市科协重点研究课题 Key research subject of Zaozhuang science and technology association	主持 Preside
8	枣庄石榴设施栽培技术集成研究与示范 Integrated study and demonstration on facility cultivation technology of pomegranate in Zaozhuang city	2018.10—2019.12	75	山东省西部经济隆起带人才项目 Talent project of economic uplift zone in western of Shandong Province	主持 Preside
9	石榴种质资源遗传多样性分析及良种选育 Genetic diversity analysis and breeding of pomegranate germplasm resources	2019.01—2020.12	5	山东省重点实验室开放课题 Shandong provincial key laboratory open project	主持 Preside
10	石榴全产业链技术集成创新与示范 Pomegranate whole industry chain technology integration innovation and demonstration	2020.11—2022.10	7	枣庄市自主创新及成果转化计划 Zaozhuang city independent innovation and achievement transformation plan	参与 participate
	合计 Total	—	188	—	—

3.1 品种研究

致力于解决山东传统石榴品种籽粒小、出汁率低、裂果严重、不耐贮藏、市场竞争力弱等问题，有目的性地开展石榴品种选育及研究工作，"特色浆果良种选育与产业化关键技术创新及应用"荣获了 2018 年度山东省科技进步一等奖。2020 年成功选育出省级石榴良种 3 个，国家林业植物新品种 2 个。其中，石榴良种'峄州红'[3]和'江石榴'的突出特点是果皮红色、籽粒大、出汁率高、可溶性固形物含量高，中秋节前后成熟上市，鲜食价值高，市场竞争力强，'峄州红'石榴鲜果荣获了 2019 北京世界园艺博览会金奖，为石榴产品类的唯一金奖，峄城石榴鲜果首获世界金奖殊荣；石榴良种'碧榴'的突出特点是抗寒性强，可作为抗寒砧木，嫁接石榴良种适当发展[4]；石榴新品种'赤艳'的突出特点是果个大、果皮紫红、籽粒软、风味酸甜、可溶性固形物含量高、抗裂果、晚熟、耐贮、丰产；石榴新品种'红烛'的突出特点是籽粒软、风味纯甜、可溶性固形物含量高、晚熟。需要特别说明的是，'赤艳'和'红烛'的抗寒性均较弱，在北方传统石榴产区需采取冷棚设施栽培，由此制定了"石榴设施（冷棚）防寒避雨栽培技术规程"[5]，对涉及的冷棚建造与管理、园地选择与规划、栽植、土肥水管理、整形修剪、花果管理、病虫害防治、草害防治和果实采收等九项技术进行了详细、可操作性的介绍。

另外，联合中国农业科学院郑州果树研究所曹尚银研究员课题组，共同编辑出版了《中国石榴地方品种图志》，该书对国内地方石榴品种的生境状况、植物学特征、果实性状、生物学习性等进行了全面评价，为下一步石榴的遗传学研究和品种选育提供了重要参考价值。

3.2 抗寒性评价

为避免单一指标评价石榴抗寒性可能带来的片面性问题，选取形态学指标及抗寒生理指标两类指标数据，利用模糊数学中的隶属函数法和差异显著性分析方法进行统计分析，建立了石榴抗寒性综合评价技术指标体系，为开展石榴抗寒育种提供了一种可行思路。利用该体系，创新性、系统性筛选出了石榴抗寒新种质 8 份，即'峄城抗寒 2 号''峄城抗寒 1 号''峄城多刺''青丽''秋艳''潍坊青皮''泰安三白甜''峄城单瓣粉红酸'。其中，'峄城抗寒 2 号'抗寒性最强[6]。

3.3 遗传多样性研究

对资源库内的 35 个观赏石榴品种利用 ISSR 分子标记技术进行遗传关系分析，利用 UPGDA 法构建分子树状图，以遗传相似系数（GS）0.668 为阈值，将 35 个观赏石榴品种分为了 6 个类群[7]。采用 ISSR 分子标记技术，对自主选育的'秋艳''青丽'和'桔艳'3 个石榴良种进行 ISSR-PCR 扩增分析，分别获得了 3 个品种的特异性分子标记引物及特征图谱[8]。

3.4 标准制订

依托石榴国家库，积极开展石榴相关标准的制定工作。联合山东省林业科学研究院制订了国家标准《植物新品种特异性、一致性、稳定性测试指南 石榴属》（GB/T 35566—2017），修订了国家林业行业标准"石榴质量等级"（LY/T 2135—2018）。另外，针对枣庄市地方实际，制订了枣庄市地方标准《峄城石榴生产技术规程》（DB 3704/T 001—2020）。

3.5 科研成果的转化应用

以创建国内高标准的石榴精品园、样板园为目标，结合资源库的平台优势，依托各级各类财政推广项目（表5），持续开展成果转化工作，重点抓好石榴良种及技术的示范与推广，发挥好资源库的社会效益。扶持建设完成石榴设施栽培试验、示范园5处。年均开展技术指导500余人次，举办培训班、现场观摩会9场次，受众人数800余人。

表5　石榴国家库成果转化相关立项项目

Table 5　Projects related to achievement transformation of "National Forest Germplasm Resources Bank of Pomegranate in Zaozhuang City"

序号 Number	项目名称 Project name	起止时间 Start-stop time	立项资金／万元 Project fund/ten thousand yuan)	项目来源 Project source	承担方式 Bear the way
1	石榴良种示范与推广 Pomegranate fine variety demonstration and promotion	2017.11—2019.12	40	中央财政林业推广项目 The forestry promotion project financed by the central government	参与 participate
2	山东农科驿站峄城区贾泉村站建设 Yicheng district Jiaquan village agricultural science station construction	2016.12—2017.12	10	山东省科技扶贫项目 Science and technology poverty alleviation project of Shandong province	主持 Preside
3	石榴良种技术集成与示范应用 Integration and demonstration application of pomegranate fine seed technology	2019.11—2020.12	10	山东省重点研发计划 Shandong provincial key research and development program	主持 Preside
4	峄城区榴园镇贾泉农科驿站 Yicheng district Jiaquan village agricultural science station construction	2020.12—2021.12	10	山东省技术创新引导计划 Technical innovation guide plan of Shandong province	主持 Preside
	合计		70		

3.6 学术交流活动

为进一步增强国内石榴行业管理者、专家学者、生产者之间的学术和产业交流，促进国内石榴各行业的科学发展，依托石榴国家库，相继承办了一系列具有一定影响力的学术活动。2018年9月，召开了国家石榴产业科技创新联盟成立筹备暨设施栽培技术交流会议。2019年7月，召开了2019中国（枣庄）农民丰收节庆祝活动暨中国石榴产业发展工作交流会议。2020年，由于新冠疫情影响，缩小了活动范围，举办了"冠世榴园欢乐季"石榴产业系列活动，包括"石榴王"评选、石榴盆景盆栽园艺展评、中国（枣庄峄城）农民丰收节、石榴采摘直播行、文创艺术集市等系列活动。

3.7 文化研究

站在全国石榴产业全局的高度，以石榴文化为视角，将十余年研究石榴文化的成果积淀汇编出版了《中国石榴文化》，该书系统介绍了世界和中国石榴的起源、传播，中国石榴文化的历史与现状、内涵与外延，以及石榴资源与石榴文化、石榴科技与石榴文化、节庆和民俗与石榴文化、文化艺术和民间工艺与石榴文化、功能利用与石榴文化、峄城地域石榴文化等内容，最后简要介绍了部分国外的石榴文化。该书填补了国内石榴文化研究领域的空白，对于进一步弘扬石榴文化、加快石榴文化产业发展等具有里程碑式的意义。

4 枣庄市石榴国家林木种质资源库下步主要工作

按照枣庄市石榴国家库"十四五"发展规划要求，结合地方石榴产业发展，重点做好以下四项主要工作。

4.1 围绕增量，进一步做好资源收集保存工作

以进一步丰富石榴种质资源遗传多样性为目的，持续加强与石榴种质资源保存单位的合作，加大引种力度。持续做好国内各石榴产区的资源普查工作。通过多种途径，扩大石榴种质资源数量，丰富种质资源的遗传多样性，保护石榴种质资源物种安全。利用各级财政项目支持，提高资源库建设水平及资源管护质量。通过项目实施，力争将资源库打造成国内一流的种质资源数据库、精品库、样板库，国内外独一无二的石榴科技文化展示基地，大幅提升资源库整体的基础设施建设水平、科技水平和景观效果。

4.2 围绕提质，进一步做好资源管护工作

利用好国家发改委、国家林草局的"枣庄市石榴国家林木种质资源库建设项目"、国家林木种质资源库良种培育补助项目和地方石榴产业"十四五"规划支持措施，不断提升资源库的建设水平及资源管护质量。通过项目实施，力争将资源库打造成国内一流的种质资源数据库、精品库、样板库，国内外独一无二的石榴科技文化展示基地，大幅提升资源库整体的基础设施建设水平、科技水平和景观效果。

4.3 围绕创新，进一步做好资源利用工作

做好种质资源的评价及创新利用研究。对石榴生产中存在的问题，针对性选育具备红皮、软籽、中熟、可溶性固形物含量高、耐贮性强等优良特性的石榴良种或新品种。做好种质资源的形态学评价及分子鉴定评价，理清种质间的遗传关系。开展石榴核心种质构建。继续开展石榴"分子身份证"的鉴定工作。

4.4 围绕扩面，进一步做好科技推广工作

充分借助国家及地方乡村振兴战略实施的东风，利用好各级各类财政支持项目，严格落实好地方石榴产业发展规划要求，加大石榴科技推广力度，做好科技成果转化工作，提升石榴第一产业的档次和水平。

参考文献

[1] 王力荣. 中国国家果树种质资源圃建设成就20年回顾[J]. 果农之友, 2004(5): 4-5.

[2] 赵丽华. 石榴(*Punica granatum* L.)种质资源遗传多样性及亲缘关系研究[D]. 重庆: 西南大学, 2010.

[3] 罗华, 丁志强, 张春山, 等. 大粒中熟红皮石榴新品种'峄州红'的选育[J/OL]. 果树学报: 1-6[2021-06-08]. https://doi.org/10.13925/j.cnki.gsxb.20200506.

[4] 毕润霞, 赵丽娜, 罗华, 等. 抗寒石榴新品种碧榴的选育[J/OL]. 果树学报: 1-5[2021-06-08]. https://doi.org/10.13925/j.cnki.gsxb.20200537.

[5] 罗华, 侯乐峰, 李体松. 石榴冷棚栽培标准化生产技术规程[J]. 山西果树, 2019(4): 61-63.

[6] 罗华, 王庆军, 郝兆祥, 等. 石榴抗寒种质筛选研究[J]. 中国果树, 2018(4): 46-52.

[7] 王庆军, 马丽, 郝兆祥, 等. 观赏石榴种质资源遗传多样性的ISSR分析[J]. 浙江农业学报, 2018, 30(2): 236-241.

[8] 王庆军, 罗华, 毕润霞, 等. 3个石榴良种的ISSR分子鉴别[J]. 贵州农业科学, 2019, 47(1): 94-100.

石榴种质资源研究进展及分子技术的应用

夏鹏云，郭磊，王文战，李万里
（河南省国有济源市南山林场，河南济源 459000）

Research Progress on Pomegranate Germplasm Resources

XIA Pengyun, GUO Lei, WANG Wenzhan, LI Wanli
(*Nanshan Forest Farm of State-owned Jiyuan City, Henan Province, Jiyuan, Henan 459000*)

摘　要：石榴作为一种古老的果树，被称为"地球美丽的衣裳"，在我国已有2000多年的栽培历史。国内外石榴种质资源丰富多样，随着石榴产业化与分子生物学的迅速发展，对石榴种质资源的关注与研究也越来越多，越来越深入。通过对国内外石榴种质资源的研究进展及分子技术在石榴中的应用进行综述，分析国内外石榴种质资源研究与利用中存在的问题，并提出一些建议与展望，以期为石榴种质资源的创新研究与利用提供借鉴和参考。
关键词：石榴；种质资源；研究进展；分子技术

Abstract: Pomegranate, as an ancient fruit tree, is called 'the beautiful clothes of the earth' and has been cultivated for more than 2,000 years in China. Pomegranate germplasm resources are rich and diverse at home and abroad. With the rapid development of pomegranate industrialization and molecular biology, more and more attention has been paid to pomegranate germplasm resources. This paper summarizes the research progress of pomegranate germplasm resources at home and abroad, analyzes the problems existing in the research and utilization of pomegranate germplasm resources at home and abroad, and puts forward some suggestions and prospects, in order to provide reference for the innovative research and utilization of pomegranate germplasm resources. And reference.
Key words: Pomegranate; Germplasm resources; Research progress; Moleculai technolgies

1 引言

石榴（*Punica granatum* L.）是石榴科（Punicaceae）石榴属（*Punica* L.）落叶灌木或小乔木，原产于伊朗和阿富汗及其周边地区，在我国已有2000多年的栽培历史，近年来在我国得到迅速发展的优良小杂果类果树之一[1]。因其经济价值较高、营养丰富及较高的医药价值和保健功能等，越来越受到消费者的喜爱。尤其软籽石榴果实色泽艳丽，种仁退化变软，食之无渣，品质优良，而更加受到关注和欢迎，市场售价是硬籽石榴的3～4倍，是增加农民收入和农民脱贫致富的重要途径之一。石榴适应性较强，在东经98°～122°，北纬20°～40°范围内均有分布。经过长期的自然选择和人工引种、驯化、筛选，形成新疆叶城、陕西临潼、河南开封、安徽怀远、山东枣庄、云南蒙自和四川会理等七大石榴主产区[2]。随着我国石榴产业的迅猛发展，我国石榴栽

作者简介：夏鹏云(1982—)，男，硕士，工程师，研究方向：园林植物与观赏园艺，Tel:15803910397，E-mail: 33132550@qq.com。

植面积高达 100 万余亩，超过伊朗，位居世界第一[3]。随着消费者对石榴需求量和品质要求的增加，对石榴育种和科研的要求也越来越高。本文通过对石榴种质资源的研究进展及分子技术在石榴中的应用进行综述，旨在更好地利用石榴种质资源，及优良品种的培育与栽培提供良好的科学依据，进而促进石榴产业的可持续发展。

2 石榴种质资源的研究进展

2.1 石榴种质资源的收集与利用

同其他果树一样，石榴是一种古老的果树，是由野生石榴经过长期的自然选择和人工选择及驯化栽培而逐渐形成栽培种的。在伊朗、阿富汗等地，现在仍可以找到成片的野生石榴丛林。由于地理、环境及气候条件等的差异，野生石榴通过自然杂交，发生基因突变等变异情况，逐渐形成了如今的多种类型、品系和品种。因此，通过资源调查与收集，进而发掘优良品种用于石榴生产是目前石榴育种的主要途径之一。国外非常重视石榴种质资源的收集与保存，早在 1934 年，土库曼斯坦就成立了植物遗传资源试验站，收集了 1117 份石榴资源，是世界上收集、保存石榴种质资源数量最多的国家。伊朗石榴资源也很丰富，有 700 余份，是世界上石榴生产与出口的大国之一；印度有 3 个石榴资源圃，收集、保存了 300 余份石榴资源，目前印度石榴可以达到全年生产供应给欧洲各国；美国收集 200 余份石榴资源，并且非常重视石榴资源的创新利用，这些种质极大地丰富了世界石榴种质资源的类型。而且不同国家通过对石榴种质资源进行分类评价，并根据不同标准将石榴进行了分类，如根据风味不同，可分为酸、酸甜、甜石榴品种，成熟期不同分为早熟、中熟和晚熟品种，籽粒软硬程度不同分为软籽和硬籽等，并根据它们的原产地或果皮颜色进行命名，形成了众多品种[4,5]。中国石榴种质资源的收集保存起步较晚，从 20 世纪 70 年代才逐渐开展对全国主要石榴产区的种质资源的调查与利用。目前在山东峄城的国家石榴种质资源圃中已收集石榴资源约 290 份，在河南郑州的农家品种资源圃中已收集的石榴资源约 240 份，为我国的石榴育种提供了良好的遗传材料。而且各地在种质资源调查的基础上，通过筛选与鉴定，推广了一批优良品种，如河南的'豫石榴 1-3 号'，山东'大青皮甜''泰山红'，陕西'临选 1-3 号''净皮甜'，安徽'玉石籽'，云南'火炮'等。

2.2 石榴种质资源的创新

除通过对种质资源进行鉴定和评价，从而筛选出适合当地种植的优良品种外，还可以对种质资源进行创新性利用，如利用芽变、杂交、引种和诱变育种等方法进行遗传改良，从而培育出适合各地栽培的优良石榴新品种。如'Granada'和'Early Wonderful'作为美国的主栽品种，就是由'Wonderful'芽变中选育的；'中农红'和'红如意'软籽均是从'突尼斯'软籽芽变中选育的；'87-青7'特大果是由'青皮甜'自然芽变中选育的；'大绿籽'是'四川青皮软籽'的芽变品种。而通过人工杂交将双亲优良基因重新进行整合，而使杂交后代性状优于亲本的杂交选育也是石榴遗传改良的重要手段之一，在如中国、土库曼斯坦和印度等国家均有石榴杂交选育的报道[6]。如'豫大籽'石榴是由'河阴铜皮'和'大红袍'石榴通过人工杂交选育的；'世纪红'矮化石榴是由'新疆大红袍'和'早红甜'石榴通过人工杂交选育的；'山东抗寒红皮甜'是由美国的一个红皮石榴与山东的一个地方农家品种通过杂交选育而成；土库曼斯坦试验站用近 70 个品种作材料进行杂交，选育矮化石榴品种[7]；印度石榴品种'Ruby'是由'Ganesh'和'Kabul'通过多代杂交筛选出的软籽石榴新品种[8]。在 1986 年以前中国是没有栽培软籽石榴的，'突尼斯'软籽石榴就是在 1986 年由突尼斯国家赠送给我国的，目前该品种已占全国软籽石榴栽培面积的 92.5%，充分说明引种也是进行石榴遗传改良的重要途径之一。随着软籽石榴的迅速发展，我国从其他国家也引进了一些软籽石榴种质资源，如'以色列 1-3 号''以色列 M 号'和'以色列 Y 号'等软籽石榴资源[9]，'美国黑籽甜'半软籽石榴品种，'澳大利亚蓝宝石'硬籽石榴品种，'美国 wonderful'和'以色列 wonderful'等石榴品种，极大的丰富了我国的石榴种质资源。另外，通过对石榴组织进行化学或物理诱变，从而选育石榴新品种也得到了较好的发展，如用 γ 射线对矮生石榴品种'Nana'的叶片进行辐射诱变，获得软籽、早熟、果型好、果汁含量高等优良性状的株系[10]。用秋水仙素对'Nana'进行处理，获得四倍体石榴株系，且能正常开花[11]。刘丽等对'豫大籽'石榴进行秋水仙素处理，初步判断石榴加倍成功[12]。但总体而言，与国外育种方法相比，国内仍注重于优选上，杂交育种较少，还未见诱变育种和多倍体育种有成功的报道。因此，中国要充分利用多种育种方法相结合的手段培育更多的石榴优良新品种，而且要加快优良品种的推广速度。

3 分子技术的应用

3.1 分子标记研究

长期以来，石榴品种的分类处于模糊不清，标准不统一的状态，且主要依据果实的外观、大小、颜色、风味、含糖量等对石榴进行分类，导致石榴品种混乱，同物异名和同名异物的现象极为严重，对石榴种质资源的收集与利用，石榴的引种栽培、新品种的推广与产业化发展造成极大的影响。近年来，随着分子生物学的迅速发展，分子标记技术在石榴上的应用研究也得到了快速发展。与传统标记相比，分子标记具有多种优势，如不受外界环境因素的影响，可用标记多，多态性丰富，方法简单、成本低、重复性好等[13]。而且随着分子标记技术的不断发展与完善，把石榴种质资源、品种鉴定与分子标记辅助选择育种等研究提高到了一个新的水平，已发展成为研究复杂性状遗传的强有力的工具[14, 15]。Zarei 等[16]利用 SSR 分子标记技术对伊朗 5 个地区的 50 份石榴种质资源进行了遗传多样性分析，认为在不同地区的石榴资源间存在较高水平的遗传交换。Luo 等[17]利用荧光标记 SSR 技术构建了 136 份农家品种石榴资源的分子身份证，并对 136 份资源的亲缘关系进行了分类。苑兆和[18]等利用荧光 AFLP 标记技术分析了 25 份山东石榴资源的亲缘关系远近和遗传多样性。王庆军等[19]利用 ISSR 分子标记技术对 35 个观赏石榴品种进行了遗传关系分析，并将它们分为了 6 个类群。Ophir 等[20]利用 de novo 组装获得大量 SNP 位点，并利用获得的 480 个 SNP 位点对农业研究组织收集的石榴种质资源的遗传结构进行了研究。Noormohammadi 等[21]采用 RAPD、ISSR 和 SSR 三种分子标记技术对 36 个伊朗石榴的基因型进行遗传多样性评价，发现石榴遗传变异可能是由群体内差异引起的。巩雪梅[22]利用 RAPD 分子标记技术分析了 50 份石榴资源的遗传多样性，并建立指纹图谱，对石榴变种及种子硬度的划分提出了新的见解。卢龙斗等[23]利用 RAPD 分子标记技术对 55 个石榴栽培种进行了分类，认为石榴品种分类与花色、果味没有相关性，而是与瓣型相关。Singh 等[24]利用 SSR 分子标记技术分析了 51 份印度野生石榴资源和 37 个栽培品种的亲缘关系与遗传多样性，发现石榴栽培群体与喜马拉雅山的自然群体可能具有更近的亲缘关系。这些研究为阐明石榴种质资源的亲缘关系、品种分类及石榴育种提供了宝贵的信息。

3.2 品质发育研究

3.2.1 石榴果皮颜色分子机制研究

石榴果皮色泽是石榴果实品质的重要组成部分，重要的经济性状及影响果品商品价值的重要因素之一。花青苷主要构成果实的表皮颜色，一般在果实成熟时大量积累，是决定果色的主要色素。研究表明二氢黄酮醇 4 还原酶（*DFR*）、香豆酰辅酶 A、查尔酮异构酶（*CHI*）、类黄酮 -3- 羟基化酶（*F3H*）、苯丙氨酸解氨酶（*PAL*）、无色花青素加双氧酶（*LDOX*），以及 *MYB*、*MYC*、*WD40* 等是花青苷生物合成的关键蛋白 / 基因[25, 26]。Ono 等[13]利用转录组测序技术在 mRNA 水平鉴定出花青素、类黄酮、萜类和脂肪酸生物合成和调控的候选基因。Luo 等[27]利用 iTRAQ 和 RNA sequencing 技术相结合，检测出 *PAL*，*DFR*，*LDOX/ANS*，*CHS*，*F3'5'H* 等是与石榴果皮颜色发育相关的蛋白和基因。Cao 等[28]利用双向电泳技术分析在石榴果实成熟时果皮的差异蛋白表达，认为细胞色素、叶绿素等相关蛋白可能与果皮颜色的变化具有相关性。Zhao 等[29]对石榴果皮中分离得到花青素生物合成涉及的查尔酮合酶（*CHS*）、*CHI*、*F3H*、*DFR*、花青素合酶（*ANS*）、UDP- 葡萄糖 - 黄酮类 3-O- 葡萄糖基转移酶、*MYB* 转录因子等基因进行克隆与 q-RTPCR 分析，认为 *PgMYB* 在类黄酮生物合成中发挥着重要作用，而 *PgANS* 表达缺失可能是白石榴花青素缺失的主要原因。Khaksar 等[30]利用 RACE 技术克隆一个黑皮石榴的 *MYB* 转录因子，发现成熟石榴果皮色泽与 *PgMYB* 转录本有较强的相关性，并认为该基因与花青苷的积累成正相关。Harel-Beja 等[31]利用 'Nana' 和 'Black' 的 F_2 杂交群体构建一个高密度的石榴遗传图谱，并获得 5 个籽粒颜色相关的位点，为石榴的果实改良提供了重要的标记库。

3.2.2 石榴籽粒硬度分子机制研究

石榴有软籽石榴和硬籽石榴，硬籽石榴的种皮木质化程度较高，而软籽石榴木质化程度低，可食率高，其售价是硬籽石榴的 3～4 倍，说明石榴籽粒的软硬程度高低对果实品质具有重要的影响。研究表明籽粒软硬的形成与细胞壁的合成与降解具有重要关系，而细胞壁主要由木质素和纤维素组成，因此，研究木质素和纤维素的合成通路对于阐明石榴软硬形成具有至关重要的作用[32]。其中木质素合成通路研究的较多，如 *PAL*、肉桂酸 -4- 羟化酶（*C4H*）、4- 香豆酰辅酶 A 连接酶（*4CL*）、对香豆酸 3- 羟化酶（*C3H*）和肉桂酸醇基脱氢酶（*CAD*）等基因是木质素单体合成的关键基因[33]。Xue 等[34]利用转录组测序技术对不同石榴品种、不同时期的籽粒进行分析检测出 *MYB*、*NAC*、*CCR*、*CCoA-OMT* 等转录因子及木质素合成相关基因与石榴种子软硬形成具有重要关系。肖巍[35]利用转录组测序技术对 '泰山红' 石榴籽粒进行 mRNA 水平上的分析，发现 4021 个基因参与苯丙氨酸、类黄酮等次生代谢途径。Cao 等[36]利用双向电泳技术分析不同石榴品种籽粒的蛋白质组差异，发现 PDHE1-β 家族蛋白、丙氨酸氨基转移酶 2 和线粒体甘氨酸脱羧酶复合物 P 蛋白等蛋白可能与石榴籽粒软硬形成相关。Niu 等[1]利用 iTRAQ 技术对不同石榴品种、不同时期籽粒进行差异蛋白组学分析，发现木质素和纤维素在石榴种子细胞壁的形成中起着相反的作用，而且软籽和硬籽石榴种子硬度的差异可能既与细胞壁生物合成相关，与细胞壁降解也具有重要关系。曹丹琴[37]以不同软籽石榴品种为材料，利用 RACE 技术克隆木质素合成相关基因 CCR、COMT、LAC 和 MYB 转录因子，并通过表达量分析发现这些基因的表达模式基本相同，且与石榴籽粒硬度和总木质素含量成正相关。张孟伟等[38]研究认为石榴木质素合成相关基因的偏好以 G/C 结尾的密码子为主，而且这些基因的进化存在着明显的种系特异性。

3.2.3 石榴雌蕊败育相关研究

石榴花有可育花与败育花之分，石榴败育花的比例高低对石榴产量的高低具有重要影响。石榴可育花与败育花的内部构造与环境因素是影响石榴产量的主要因素，而且不同品种、同一品种不同树龄败育花的比例都存在较大的差异，且树龄越大，其败育花的比例可能更高[39]。但是目前对于雌蕊败育的研究较多的物种是拟南芥、牵牛花、果梅等物种，在石榴中的研究刚刚起步，仅有 Chen 等[40]利用转录组测序技术及胚胎学等方面对石榴雌蕊败育的分子机制进行了初步的研究，找到了可育花和不可育花中胚珠发育终止的关键阶段，认为 ANT、AG-like 和 SPL 等调控珠发育的相关基因可能导致石榴败育的关键因素；陈利娜等[41, 42]以'突尼斯'软籽石榴为材料，分析引起石榴雌蕊败育的关键时期，并克隆了胚珠发育的关键基因 AGL，并将含该基因的过表达载体转入拟南芥中，确定了引起雌蕊败育的关键时期及初步证明了该基因可能与石榴雌蕊败育具有重要关系。

3.3 石榴起源与进化研究

一直以来，大家都认为石榴是属于石榴科石榴属桃金娘目的一种多年生落叶果树。而且由于其生命周期长、基因组杂合度高、重复序列多、遗传背景复杂等因素，限制了石榴的驯化、起源与演化、生长发育等分子机理的研究[43]。随着近年来测序技术的迅速发展和果树全基因组测序工作的开展，是我们对果树物种的驯化、起源与进化有了更为深入的了解，如认为植物在进化过程中会发生全基因的复制事件[44]；双子叶植物进化的主要动力是全基因组的复制过程中会伴随基因的丢失和基因新功能的产生[45]；桃[46]、葡萄[47]、甜橙[48]等果树经历了古老的全基因组复制事件，在分化后未发生近代全基因组复制事件等。对石榴基因组的研究也越来越多，对石榴的起源与进化也得到了更为深入的了解。如 Yuan 等[49]通过以'泰山红'石榴为材料，对其基因组进行测序组装，认为石榴应属于千屈菜科，石榴与巨桉发生一次古四倍化事件和双子叶植物共有的古八倍化事件。Qin 等[50]以'大笨籽'石榴为材料，对其基因组进行测序组装，发现在石榴基因组中在石榴与桉属植物分化之前，出现一次桃金娘目特有的全基因组复制事件。石榴基因组的完成，为我们系统地解释了石榴基因组重复序列的进化和功能，并通过基因组与转录组的联合分析，发现软籽和硬籽石榴品种中的细胞壁合成相关基因也有差异表达，为我们下一步研究石榴果实品质的分子机理提供了重要的理论基础，为加速石榴遗传与育种研究提供了宝贵的参考基因组资料。

4 石榴种质资源研究中存在的问题

4.1 软籽石榴种质资源较为匮乏，研究基础较为薄弱

与硬籽石榴相比，软籽石榴种仁退化可食，食之无渣，易吞咽，可食率高，适宜鲜食或加工，近年来越来越受到消费者的喜爱，售价较高，是硬籽石榴的 3～4 倍，是促进农民增收的重要途径之一。但是与硬籽石榴资源相比，目前国内外软籽石榴种质资源的数量极少，如土

库曼斯坦收集的1000多份资源中软籽石榴品种仅十余个，以色列、伊朗和印度等国的软籽石榴品种更少，还不足十个。美国和土耳其相对较多，但也不足20个，而且有一部分是引自其他国家的。中国目前栽培的软籽石榴品种仍是1986年从突尼斯国家引进的'突尼斯'软籽石榴，栽培面积占全国软籽石榴面积的92.5%，全国石榴栽培面积的5%[51]。至于其他软籽石榴品种，如'四川青皮软籽''淮北软籽''陕西临选软籽'等，大多在石榴主产区栽培较多，其他地方栽培面积不多，且这些品种大多为半软籽，食之有渣，种仁难以下咽，品质不是很理想。而且主栽品种'突尼斯'软籽石榴在我国存在抗寒性较差、易受冻、果实贮藏期短、耐贮性差，易出现大小年现象等缺陷，但一直没有更好的软籽石榴品种将其替代。与硬籽石榴相比，不仅软籽石榴的种质资源数量较少，分子生物学研究也较为薄弱，对软籽石榴重要性状的分子机制及遗传改良的研究还处于探索阶段，严重制约了软籽石榴的品质改良和高效育种工作的开展。

4.2 石榴种质资源亲缘关系不确定

丰富的种质资源是果树育种的重要材料基础及基因资源利用的前提。国内外的石榴种质资源非常丰富，在土库曼斯和伊朗等国家收集保存的石榴种质资源约上千份，我国的石榴种质资源也不少，从世界各地收集的资源200余份，地方农家品质资源200余份，为种质资源的创新利用提供了重要的物质基础。但是各国在收集保存，及从起源地传播引进至其他地区时，同一基因型的资源在不同国家或不同地区有可能出现命名不同的现象，种质资源的亲缘关系较为混乱[52]。此外，目前我国审定和有新品种权认证书的石榴品种不多，有些所谓的新品种如'以色列软籽甜''以色列软籽酸''蓝宝石'等，在没有进行品种审定，也没有进行区域性试验及科学鉴定就开始大面积进行推广，导致品种混杂。而且国内外品种分类大多根据形态学、孢粉学等进行分类和鉴定，极易造成品种混杂、同物异名、同名异物的现象，误导生产者和消费者。种质资源之间的亲缘关系模糊不清，给石榴种质资源的收集、保存与创新利用，引种栽培与示范推广等造成很大的困难和损失。

4.3 缺乏必要的引种试验，盲目发展

近年来，软籽石榴在全世界得到了大面积栽培，面对国内外对软籽石榴旺盛的市场需求，不论是传统的石榴主产区还是非主产区，全国各地引种栽培软籽石榴的热情高涨，发展非常迅猛。由于软籽石榴不耐低温，秦岭黄河以北地区，遇到冬季骤然降温，温度在-4℃以下或春季倒春寒等情况，常导致果农经营多年的石榴园出现大面积冻死现象，年年冻死后又重新发芽，很难得到收益和收成。而在长江中下游等南方地区，花期雨水较多和高温多湿，虽然引种可以开花结果，但严重影响授粉和坐果率，年日照时间较短，积温较低，高温多雨等，果实生长和品质等均会受到影响，且裂果严重[53]。在一些软籽石榴次适宜栽培区或不适宜栽培区，在没有进行引种试验和科学鉴定的情况下，不少单位或个人就盲目进行大面积引种栽培而造成不必要的损失。其次，近年来随着软籽石榴的迅猛发展，软籽石榴新品种的选育越来越混乱和不正规。大家在园里看到有果形、果实、籽粒大小和颜色不同，或杂交F_1代在某些性状上与亲本有所差异的株系或果实，就随意起个名当是新品种来误导大家。也不对株系的品质、丰产性、抗逆性、适应性等进行严格的区域性试验或引种鉴定，有些甚至没有通过新品种审定就开始卖苗推广，

而导致市场混乱，品种混杂，给石榴的推广和产业化发展造成巨大影响。

4.4 石榴种质资源创新利用率较低

国内外石榴种质资源非常丰富，但创新利用率不高。如存在抗寒性较差、裂果问题突出、缺乏矮化石榴品种等亟需解决的问题。石榴抗寒性较差，尤其软籽石榴，冬季温度达到 –4℃ 以下，极易产生冻害，给石榴生产造成巨大损失[54]。而且在石榴果实成熟过程中极易发生裂果，尤其在南方高温多湿地区，有些地区的果实裂果高达 40%～60%，大大降低了果实的商品价值与食用价值。且果实开裂后极易产生腐烂和病害，降低果实贮藏期和保鲜期。虽然冬季绑缚棉被稻草、果实套袋栽培是预防石榴产生冻害和裂果的有效措施，但也存在着费工、费时、费力、增加成本等问题。另外，由于目前可利用的土地越来越少，果树矮化育种和矮化栽培越来越受到研究者的重视和果农的喜爱。但是目前石榴育种的研究还主要集中在高产、果实大小、果实颜色和籽粒软硬等方面，种质资源的有效利用和核心种质的构建速度较慢。如何充分利用国内外丰富的石榴种质资源和多种育种方法相结合的手段，培育出抗寒、抗裂果、耐贮运而又高产、优质的矮化软籽石榴新品种是我们目前主要的研究任务和亟需解决的问题。

5 石榴种质资源研究与利用的建议

5.1 加强石榴种质资源的收集与保存，创建石榴核心种质

虽然我国目前收集的石榴种质资源约 400 份，但与国外相比，对种质资源的利用率并不高，良种普及率较低。如抗性强的品种极少、早熟和晚熟品种较少、软籽和超软籽品种极少、加工和观赏性品种不多等问题。且不同国家的消费者对石榴风味的要求不同，如亚洲和中东等地多喜甜型和酸甜型品种，而美国、欧洲等地多喜酸型品种[55]。因此，需要进一步强化国内外种质资源的收集保存与引进工作，不断丰富我国石榴种质资源多样性，积极创建石榴核心种质，为石榴种质资源的保存与创新利用提供良好的材料基础。同时，根据不同的栽培目的和消费群体，加强石榴种质资源的创新利用，将多种育种方法进行有效结合，在满足鲜食、加工、鲜食加工两用目标的同时，又兼顾丰产优质、抗性强、适应性强等综合性状均优的矮化石榴新品种，为石榴生产和推广提供优异的品种支持。

5.2 加强石榴种质资源亲缘关系研究，统一品种名称

明确石榴种质资源的亲缘关系，随石榴品种进行统一命名对石榴种质资源的收集、保存与创新利用及石榴的大面积推广具有重要作用。但是由于长期的自然选择和人工选择及异花授粉，不同国家和地区的相互引种和互换，新品种数量的迅速增长，种质交流和基因突变的日趋频繁等原因，极易导致品种混杂或系谱不清，同物异名或同名异物的现象。为确保品种纯度和品种安全，亟需对石榴种质资源的亲缘关系进行鉴定，对品种进行统一分类。虽然目前国内外有不少关于这方面的研究报道，但由于地理、环境和气候差异、材料和方法等不同而导致研究结果的可比性并不高。因此，急需将形态学和基因型相结合，将多种标记与重要农艺性状相结合，建立全国石榴种质资源基因库，对石榴种质资源的亲缘关系进行准确有效的鉴定。同时加强国际国内的交流与合作，减少不必要的重复研究和不同地方研究成果的相互补充，最好将现有的

石榴品种建立一套完整的分子身份证，统一品种名称，为石榴种质资源的创新利用提供更加科学的指导。

5.3 加强引种试验，强化适地适树

针对目前国内外软籽石榴的发展趋势，石榴研究和相关推广机构应根据当地地理、气候、环境、土壤及石榴植物学特性等因素，进行针对性、有目的的石榴引种试验和区域性示范推广。在引种试栽、区域性试验与品种审定之前，不能向大家灌输"性状不一样的植株就是新品种，新品种就是好品种"的错误观念[56]。必须在对国内外软籽石榴资源进行考察调研、引种、区域性试栽及新品种审定的基础上，果农有发展需求时，指导果农在适宜的栽培区域选择适宜的栽培品种，使得软籽石榴稳步而长远的发展与推广。其次，在一些不适宜栽培软籽石榴的地区，可以选择一些半软籽或硬籽石榴品种进行引种栽培，要适地适树，而不是盲目发展。而且石榴除具有较高的经济价值外，还具有较高的观赏价值和生态价值，具有美化修饰庭院、公园、道路或防风固沙、水土保持的功能。而且石榴树根干形奇特，花色花形具有多样化，也是一种天然盆栽花卉品种。在一些石榴老产区或者要想更新换代品种的地方，在不浪费资源的同时，还可有效利用现有的石榴资源，建立和发展石榴盆景的制作工艺和盆景产业。

5.4 加强石榴种质资源的创新利用

首先，加强石榴野生种质资源和地方农家品种资源的收集与利用。在伊朗、阿富汗等石榴原产国及我国西藏地区，现在仍可以找到成片的野生石榴丛林。不论是野生资源还是地方品种资源都具有丰富的遗传多样性和变异类型，这些变异类型可作为抗性砧木、矮化砧木或者育种的原始材料。因此，对野生石榴资源和地方农家品种资源的调查与调研、收集与保存、研究与利用显得极为重要。现在世界各国都很重视野生果树资源的研究与利用，而且很多果树都建立了国际性的协作组织重点研究抗性种质和矮化种质。种质资源对新品种选育、种质创新和产业发展等具有重要作用，是宝贵的财富，但目前野生种质和农家品种资源在我国还没有得到足够的重视，我们必须积极开展这项研究，使丰富的野生资源得到充分利用，为人类造福。随着石榴基因组测序的完成和分子生物学研究的迅速发展，除了利用种质资源的鉴定评价来筛选出新品种的途径之外，也可利用先进的分子手段与常规育种紧密相结合，为石榴育种开辟一条新的途径。利用基因工程手段可使果树在保持原有优良性状的基础上，引入新的优良性状，培育出符合人们特定要求的果树品种，不但扩展了育种范围，打破了物种之间杂交的障碍，还可将丰富的外源基因结合到所需改良的果树品种中，大大缩短育种年限。但是由于石榴叶片再生体系还不是很成功，大大限制了石榴的遗传转化。目前仅 Shingo 等[57]以矮化石榴'Nana'离体叶片为外植体，将携带有 *NPT* II 和 *GFP* 基因的植物表达载体 pBin19-sgfp 导对'Nana'石榴进行遗传转化，获得了转化植株和果实。Helay 等[58]对 4 个埃及石榴品种进行体外再生，将携带有 *NPT-11* 基因和 35S 启动子的载体对石榴进行遗传转化，发现再生转基因植株在含有 50mg/L 卡那霉素的培养基中生长旺盛，具有较高的基因稳定性。其他还未见有获得转化石榴果实成功的案例。但从目前的研究结果中可以看出，遗传转化体系是可以应用到石榴研究中的。而且从石榴基因组、转录组和蛋白质组中获得的遗传信息，为石榴分子遗传学、发育生物学和生石榴重要性状分子机制的研究提供了大量的数据支持，石榴分子生物学研究必会达到新的高度和深度。

因此，我们应根据现有的理论支持，与丰富的种质材料，深入开展石榴的抗性机制、矮化机制及重要农艺性状的分子机制研究。解放思想，不怕失败，不断总结经验教训，将先进的分子手段与常规育种有效结合，尽快培育出优质、高产、矮化、抗性强和适应性强等综合性状优良的石榴新品种，为我国石榴的产业化发展和迅速推广提供准确、可靠的理论基础，为增加农民收入和农村脱贫致富提供更多、更好的优良石榴品种。

我国适宜栽培石榴的地域广阔，种质资源丰富，土地较多，有众多热爱石榴科研的工作者和喜爱石榴的消费者，在大家的关注与努力下，中国很有希望成为世界石榴生产和出口大国和强国。

参考文献

[1] NIU J, CAO D, LI H X, et al. Quantitative proteomics of pomegranate varieties with contrasting seed hardness during seed development stages[J]. Tree Genetics, Genomes, 2018, 14(1): 1-14.

[2] LINGUISTICHE F. Bibliometric Analysis on the Situation and Tendency of Pomegranate Research in the World[J]. Acta Horticulturae, 2015, 1089(1089): 43-51.

[3] 冯立娟, 苑兆和, 尹燕雷. 国内外石榴产业发展现状[C]. 全国石榴生产与科研研讨. 郑州, 2010.

[4] VARASTEH F, ARZANI K. Classification of some Iranian pomegranate (*Punica granatum*) cultivars by pollen morphology using scanning electron microscopy.[J]. Horticulture Environment, Biotechnology, 2009, 50:24-30.

[5] MALFA SL, GENTILE A, DOMINA F, et al. Primosole: a new selection from Sicilian pomegranate germplasm[J]. Acta Horticulturae, 2009, 818(15):125-132.

[6] HOLLAND D, HATIB K, BAR-YA'AKOV I. Pomegranate: Botany, Horticulture, Breeding[M] Horticultural Review, Volume 35, John Wiley, Sons, Inc. 2009.

[7] 李丹, 石榴优良品系筛选及遗传多样性分析[D]. 西安: 西北农林科技大学, 2008.

[8] KUMAR GK AND ÖZGÜVEN AL. Pomegranate cultivation in Karnataka State, India - a profitable venture[J]. Acta Horticulturae, 2009, 818(818):55-60.

[9] 姚方, 吴国新, 马贯羊. 利用隐芽嫁接以色列软籽石榴引进新品种试验研究[J]. 中国园艺文摘, 2014, 11(31): 129.

[10] LEVIN GM. Induced mutagenesis in pomegranate[J]. Life, Earth, Health Science, 1990, 14:126-128.

[11] SHAO J, CHEN C, DENG X. *In vitro* induction of tetraploid in pomegranate (*Punica granatum*)[J]. Plant Cell Tissue and Organ Culture, 2003, 75(3):241-246.

[12] 刘丽, 陈延惠, 曹尚银. 大籽石榴倍性育种研究初探[C]. 全国石榴生产与科研研讨会. 郑州: 2010.

[13] ONO NN, BRITTON MT, FASS JN, et al. Exploring the transcriptome landscape of pomegranate fruit peel for natural product biosynthetic gene and SSR marker discovery[J]. Journal of Integrative Plant Biology, 2011, 53(10):800-813.

[14] 王雪,赵登超,时燕.石榴遗传标记研究进展[J].中国农学通报,2010,26(1):36-39.

[15] 汪小飞,向其柏,尤传楷.石榴品种分类研究进展[J].果树学报,2007,24(1):94-97.

[16] ZAREI A, AND SAHRAROO A. Molecular characterization of pomegranate (*Punica granatum* L.) accessions from Fars Province of Iran using microsatellite markers[J]. Horticulture Environment, Biotechnology, 2018, 59(2):1-11.

[17] LUO X, CAO S, HAO Z, et al. Analysis of genetic structure in a large sample of pomegranate (*Punica granatum* L.) using fluorescent SSR markers[J]. The Journal of Horticultural Science and Biotechnology, 2018:1-7.

[18] 苑兆和,尹燕雷,朱丽琴,等.山东石榴品种遗传多样性与亲缘关系的荧光AFLP分析[J].园艺学报, 2008, 35(1): 107-112.

[19] WANG Q, LI MA, HAO Z, et al. Analysis on germplasm genetic diversity of ornamental pomegranate(*Punica granatum* L.)by ISSR markers[J]. Acta Agriculturae Zhejiangensis, 2018, 30(2):236-241.

[20] OPHIR R, SHERMAN A, RUBINSTEIN M, et al. Single-nucleotide polymorphism markers from de-novo assembly of the pomegranate transcriptome reveal germplasm genetic diversity[J]. PLoS ONE, 2014, 9(2):e88998.

[21] NOORMOHAMMADI Z, FASIHEE A, HOMAEE-RASHIDPOOR S, et al. Genetic variation among Iranian pomegranates (*Punica granatum* L.) using RAPD, ISSR and SSR markers[J]. Australian Journal of Crop Science, 2012, 6(2):268-275.

[22] 巩雪梅.石榴品种资源遗传变异分子标记研究[D].安徽:安徽农业大学,2004.

[23] 卢龙斗,刘素霞,邓传良.RAPD技术在石榴品种分类上的应用[J].果树学报,2007,24(5):634-639.

[24] SINGH NV, ABBURI VL, RAMAJAYAM D, et al. Genetic diversity and association mapping of bacterial blight and other horticulturally important traits with microsatellite markers in pomegranate from India[J]. Molecular Genetics, Genomics, 2015, 290(4):1393-1402.

[25] YUAN Y, MA X, SHI Y, et al. Isolation and expression analysis of six putative structural genes involved in anthocyanin biosynthesis in Tulipa fosteriana[J]. Scientia Horticulturae, 2013, 153(3):93-102.

[26] GEEKIYANAGE S, TAKASE T, OGURA Y, et al. Anthocyanin production by over-expression of grape transcription factor gene VlmybA2 in transgenic tobacco andArabidopsis[J]. Plant Biotechnology Reports, 2007, 1(1):11-18.

[27] LUO X, CAO D, LI H, et al. Complementary iTRAQ-based proteomic and RNA sequencing-based transcriptomic analyses reveal a complex network regulating pomegranate (*Punica granatum* L.) fruit peel colour[J]. Scientific Reports, 2018, 8.

[28] 曹尚银.石榴果实成熟期不同品种果皮蛋白质表达的双向电泳分析[J].果树学报,2015, 32(6): 1062-1069.

[29] ZHAO X, YUAN Z, FENG L, et al. Cloning and expression of anthocyanin biosynthetic genes in red and white pomegranate[J]. Journal of Plant Research, 2015, 128(4):687-696.

[30] KHAKSAR G, ARZANI A, GHOBADI C, et al. Functional Analysis of a Pomegranate (*Punica granatum* L.) MYB Transcription Factor Involved in the Regulation of Anthocyanin Biosynthesis[J]. Iran J Biotechnol, 2015, 13(1):17-25.

[31] HAREL-BEJA R, SHERMAN A, RUBINSTEIN M, et al. A novel genetic map of pomegranate based on transcript markers enriched with QTLs for fruit quality traits[J]. Tree Genetics, Genomes, 2015, 11(5):109.

[32] COSGROVE D J. Growth of the plant cell wall[J]. Nat Rev Mol Cell Biol, 2005, 6(11):850-861.

[33] BARROS J, SERK H, GRANLUND I, et al. The cell biology of lignification in higher plants[J]. Annals of Botany, 2015, 115(7):1053-1074.

[34] XUE H, CAO S, LI H, et al. De novo transcriptome assembly and quantification reveal differentially expressed genes between soft-seed and hard-seed pomegranate (*Punica granatum* L.)[J]. Plos One, 2017, 12(6):e0178809.

[35] 肖巍. 石榴果皮和籽粒转录组分析及MYB基因克隆[D]. 南京: 南京林业大学. 2017.

[36] CAO S Y, NIU J, CAO D, et al. Comparative proteomics analysis of pomegranate seeds on fruit maturation period (*Punica granatum* L.)[J]. Journal of Integrative Agriculture, 2015, 14(12):2558-2564.

[37] 曹丹琴. 石榴木质素生物合成关键基因及MYB转录因子的克隆与表达[D]. 合肥: 安徽农业大学, 2015.

[38] 张孟伟, 张太奎, 刘翠玉. 石榴木质素合成途径进化与密码子使用偏好性分析[J]. 分子植物育种, 2018, 16(7): 2131-2138.

[39] MARS M. Pomegranate plant material: Genetic resources and breeding, a review[J]. Options Mediterraneennes Serie A Seminaires Mediterraneens, 2000, 30(2):55-62.

[40] CHEN L, ZHANG J, LI H, et al. Transcriptomic Analysis Reveals Candidate Genes for Female Sterility in Pomegranate Flowers[J]. Front Plant Sci, 2017, 8:1430.

[41] 陈利娜, 张杰, 牛娟, 等. 石榴花发育相关基因*PgAGL11*的克隆及功能验证[J]. 园艺学报, 2017(11): 2089-2098.

[42] 陈利娜. 基于转录组测序探讨石榴花雌蕊败育的相关调控基因[D]. 北京: 中国农业科学院. 2017.

[43] SAMINATHAN T, BODUNRIN A, SINGH N V, et al. Genome-wide identification of microRNAs in pomegranate (*Punica granatum* L.) by high-throughput sequencing[J]. BMC Plant Biology, 2016, 16(1):122.

[44] ZHANG Q, CHEN W, SUN L, et al. The genome of Prunus mume[J]. Nature Communications, 2012, 3(4):1318.

[45] SHULAEV V, SARGENT D J, CROWHURST R N, et al. The genome of woodland strawberry (*Fragaria vesca*).[J]. Nature Genetics, 2011, 43(2):109-116.

[46] VERDE I, ABBOTT A G, SCALABRIN S, et al. The high-quality draft genome of peach (*Prunus persica*) identifies unique patterns of genetic diversity, domestication and genome evolution[J]. Nature Genetics, 2013, 45(5):487-494.

[47] JAILLON O, AURY J M, NOEL B, et al. The grapevine genome sequence suggests ancestral hexaploidization in major angiosperm phyla.[J]. Nature, 2007, 449(7161):463-467.

[48] XU Q, CHEN LL, RUAN X, et al. The draft genome of sweet orange (*Citrus sinensis*)[J]. Nature Genetics, 2013, 45(1):59-66.

[49] YUAN Z, FANG Y, ZHANG T, et al., The pomegranate (*Punica granatum* L.) genome provides insights into fruit quality and ovule developmental biology[J]. Plant Biotechnology Journal, 2017. 16(7):1363-1374.

[50] GAIHUA, Q, CHUN Y, et al. pomegranate (*Punica granatum* L.) genome and the genomics of punicalagin biosynthesis[J]. Plant Journal, 2017, 91(6): 1108-1128..

[51] 曾雪梅, 杨帆, 裴敬, 等. 我国石榴产业发展现状及其战略选择[J]. 农业研究与应用, 2015, 157(2)46-52.

[52] BHANTANA P, LAZAROVITCH N. Evapotranspiration, crop coefficient and growth of two young pomegranate (*Punica granatum* L.) varieties under salt stress[J]. Agricultural Water Management, 2010, 97(5):715-722.

[53] 童晓利, 唐冬兰, 韩金龙, 等. 突尼斯软籽石榴在南京地区适应性研究[J]. 安徽农业科学, 2016(6)50-51.

[54] 薛华柏, 曹尚银, 郭俊英, 等. 突尼斯软籽石榴气候区划北限及次适宜区的防寒栽培[J]. 中国果树, 2010(2): 63-64.

[55] SINGH D B. Screening of pomegranate (*Punica granatum*) cultivars for arid ecosytem[J]. Indian Journal of Agricultural Sciences, 2004, 74(11): 604-606.

[56] 罗华, 刘娜, 郝兆祥, 等. 我国软籽石榴研究现状、存在问题及建议[J]. 中国果树, 2017(1): 96-100.

[57] TERAKAMI S, MATSUTA N, YAMAMOTO T, et al. Agrobacterium-mediated transformation of the dwarf pomegranate (*Punica granatum* L. var. nana)[J]. Plant Cell Reports, 2007, 26(8):1243-51.

[58] HELALY M N, EL-HOSIENY H, NTULI TM, et al. *In vitro* studies on regeneration and transformation of some pomegranate genotypes[J]. Australian Journal of Crop Science, 2014, 8(2):307-316.

枣庄石榴产业发展的思考

朱薇
（枣庄市农业农机技术推广中心，山东枣庄 277000）

Thoughts on the development of pomegranate industry in Zaozhuang

ZHU Wei
(Zaozhuang Agricultural and Mechanical Technology Promotion Center, Shandong 277800)

摘 要：石榴是枣庄独具特色的宝贵资源，枣庄作为"中国石榴之乡"，具有得天独厚的产业基础和发展优势，如何立足资源优势，适应市场需求，将石榴产业做大做优做强，提升产业化经营水平，已成为枣庄特色经济发展的重要课题。

关键词：枣庄市；石榴；产业发展

Abstract: Pomegranate is a unique valuable resource in Zaozhuang. As a ' hometown of pomegranate in China ', Zaozhuang has a unique industrial foundation and development advantages. How to base on resource advantages, adapt to market demand, make pomegranate industry bigger, better and stronger, and improve the level of industrial management, has become an important topic in the development of characteristic economy in Zaozhuang.

Key words: Zaozhuang；Pomegranate；Industry development

石榴（*Punica granatum* L.），属石榴科（Punicaceae）或千屈菜科（Lythraceae）石榴属（*Punica* L.）落叶灌木或小乔木树种，原产于古波斯到印度西北部的喜马拉雅一带，其中心为波斯及其附近地带，即现在的伊朗、阿富汗、高加索等中亚地区，并在地中海和中东地区驯化栽培[1-3]。石榴在公元前138—前125年张骞出使西域引入我国，先传入新疆，再由新疆传入陕西，枣庄石榴由汉丞相匡衡在成帝时，从皇家上林苑带出，并引入其家乡丞县，即今山东省枣庄市峄城区栽培，由峄城区向薛城区、市中区、山亭区等地逐渐发展形成了枣庄石榴，枣庄石榴栽培历史悠久，成为我国古老的石榴八大主产区之一，是枣庄特色果品之一，是山东石榴的集中产地和代表产区[4]。

1 枣庄石榴产业现状

枣庄石榴产业是国内石榴一、二、三产业链条发展最为齐全的地区，石榴第一产业主要有石榴种植、石榴苗木、石榴盆景盆栽、石榴贮藏等，第二产业主要有石榴酒、石榴醋、石榴茶、石榴汁、石榴蜂蜜等加工业，第三产业主要有文化旅游等。

基金项目：山东省果树生物技术育种重点实验室开放课题（2018KF06）。
作者简介：朱薇，女，农艺师，硕士，主要从事石榴栽培及种质创新利用工作。Tel：18263265679，E-mail:18263265679@163.com。

1.1 石榴种植

枣庄市位于山东省南部，地跨东经116°48′~117°49′，北纬34°27′~35°19′。属中纬度暖温带季风型大陆性气候区，兼有南方温湿气候和北方干冷气候的特点。枣庄市地处鲁中南低山丘陵南部地区，属于黄淮冲击平原的一部分，以低山丘陵为主，是山东省物候期最早和年平均气温最高的地区，石榴主要栽植在向阳南坡上，现有石榴栽培面积1.04万 hm²，年平均产量约9万t，总产值约3.3亿元[5]。石榴产业已经成为当地农业农村经济发展的支柱产业、特色产业，发挥着小水果大产业的作用。现栽培品种60多个，以'大青皮甜''大红袍''大马牙'等传统为主。近年来，选育了适合我们枣庄的石榴良种如早熟大粒优质石榴良种'秋红宝石'，大粒中熟红皮石榴良种'峄州红'，大粒晚熟抗裂良种'秋艳'[6]、'霜红宝石'[7]，出汁率高、中晚熟、抗裂果优良石榴良种'桔艳'[8]，抗旱、抗裂果石榴优良良种'青丽'[9]，优良红皮石榴品种'江'石榴，优良青皮石榴品种'碧榴'等。近年来，枣庄市作为石榴主产区由于气候异常现象（大风、高温、雹灾、倒春寒、极端低温等）频发，给石榴种植业造成了极大的损失，严重打击了果农发展石榴的积极性，为进一步降低特色产品石榴种植户灾害损失，稳定收入预期，保护石榴种植户利益，推动石榴产业的持续发展。枣庄市在峄城区从2019年开始试点探索特色石榴种植业政策性保险工作，成功申请省市区三级财政对石榴地方优势特色农产品保险奖补政策，果农个人每亩承担40元，省级财政每亩承担30元、市级财政每亩承担15元、区级财政每亩承担15元，每亩共100元的参保费用，保险石榴的果树每亩保险金额为4000元，果实每亩保险金额为2000元。

1.2 石榴苗木

随着石榴特色产业的迅速崛起，对石榴良种苗木的需求量急剧上升，枣庄抢抓商机，创新传统嫁接繁育苗木方法，在生产上大力推广石榴"三当苗"（当年栽植一二年生砧木、当年春季嫁接、当年达到成苗出圃标准）嫁接繁育技术，不仅可以提高苗木的繁殖效率，而且该技术与传统扦插技术相比，当年一级苗产出比例高，出圃后第2年开花结果率达到90%以上，第3年平均株产3kg以上[10]。

已经建成并投产石榴高标准繁育中心1处，包含占地面积6670m²玻璃连栋温室2座和占地面积1200 m²薄膜连栋温室1座，配套安装全自动感温、喷淋、遮阳等相应育苗设施，采用石榴微体繁殖方法，实现全年嫩枝扦插，极大的提高育苗产量。石榴苗木主要以'霜红宝石''秋艳''峄州红''白花玉石籽'等鲜食石榴良种为主。

1.3 石榴盆景盆栽

枣庄地区的石榴盆景盆栽产业主要分布在峄城区，是我国艺术水平最高、规模产值最大、影响带动力最强的石榴盆景盆栽产业重要集散地之一。石榴盆景培植技艺成为省级非物质文化遗产，成立了枣庄市峄城区盆景艺术家协会，石榴盆景在全国性各类盆景、花卉展上多次荣获金奖，出版石榴盆景专业书籍达十余部，从事石榴盆景盆栽培植200多家，从事石榴盆景盆栽制作超过4000余名，年销售各类石榴盆景盆栽50万盆，石榴盆景盆栽形成了"买全国、卖全国"格局，销售额达5亿~8亿元[11]。石榴盆景盆栽产业带动了上下游的石榴盆景种植、物流运输、文化艺术、设施及制盆等产业的迅速发展，成为乡村振兴、农民增收、发家致富的一个好产业，石榴盆景盆栽成为对外宣传的一张靓丽名片。

1.4 石榴鲜果销售

枣庄成为石榴鲜果的重要集散地之一，石榴市场每年从 8 月到春节期间都是销售的季节，在中秋节前后以销售四川、云南等地石榴为主，每年销售外地石榴约 2 万 t 左右，零售价 4～12 元 /kg，石榴销售、批发专业大户每 1kg 鲜果的纯利润为 0.5～1.0 元，每户每年利润 20 万～40 万元，形成了"南果北卖"的格局[12]。在 9 月中下旬以枣庄本地'大红袍甜''大青皮甜''秋艳'等品种为主，尤其是通过晚熟品种 + 贮藏保鲜技术销售时间延长到春节前后，大粒晚熟抗裂石榴品种如'秋艳'可以挂果到 11 月中下旬，再通过气调库贮藏技术提高石榴鲜果保鲜质量，延长销售时间。全市建设了 60 个气调库，每库贮藏量可达 15～20t，年贮藏量约 1000t[13,14]。

1.5 枣庄市石榴国家林木种质资源库

枣庄市从 2009 年开始规划建设中国石榴种质资源圃，到 2016 年 10 月被国家林业局命名为"枣庄市石榴国家林木种质资源库"。保存国内外石榴种质 298 份，保存种质数量位居全国第一位、世界第五位[15]。国内种质保存 270 份，主要为山东种质 105 份、河南种质 58 份、安徽种质 51 份、陕西种质 22 份、云南种质 12 份、四川种质 11 份、河北种质 5 份、新疆种质 5 份、江苏种质 1 份等石榴产区；国外种质保存 28 份，主要为美国种质、以色列、伊朗、突尼斯、缅甸等国家。种质资源库保存观赏石榴种质 45 份（含微型观赏石榴种质 10 份），软籽石榴种质 12 份[16,17]。枣庄市石榴国家林木种质资源库丰富的石榴种质，为石榴良种选育、抗性品种选育以及生物分子学研究等工作奠定了坚实基础。

1.6 石榴加工业初具规模

枣庄以其强大的石榴影响力吸引了枣庄市亚太石榴酒有限公司、穆拉德生物医药科技有限公司、峄州石榴产品开发公司、山东海石花蜂业有限公司等加工企业落户枣庄。这些企业以生产石榴汁、石榴酒、石榴醋、石榴饮料、石榴草本茶、石榴乌龙茶、石榴红茶、石榴蜂蜜、石榴蜂王浆为主，这些石榴产品畅销国内外市场。

1.7 文化旅游业蓬勃发展

枣庄文化旅游资源丰富，主编出版国内首部石榴文化研究领域的专著《中国石榴文化》，有被誉为镶嵌在鲁南的青山绿水之间一颗璀璨明珠的 4A 级景区"冠世榴园风景名胜区"，全球首家以石榴为主题园林"中华石榴文化博览园"，国内首家以石榴为专题的博物馆"中国石榴博物馆"，以石榴精品化、艺术化为主题石榴盆景园，古石榴国家森林公园，万福园，石榴融创园，榴园绿道、榴花绿道，秋艳石榴采摘园，卧虎山庄，云颐山庄等景区形成了特色旅游、生态旅游、采摘旅游、田园风光旅游。

2 枣庄石榴产业存在的问题

2.1 传统品种滞后

枣庄石榴主栽品种以'大青皮甜''大红袍甜''青皮马牙甜'等为主[18]，约占整个栽培面积的 80% 以上，这些主栽石榴品种存在的主要问题有'大青皮甜'籽粒小、籽粒硬、口感涩味较重、果实生理成熟前裂果十分严重、鲜果出汁率低、不耐贮藏、中秋节前适口性差等[19]；'大红袍甜'籽粒小、籽粒硬、果实生理成熟前易裂果、难管理、抗病性差、不耐贮藏等；'青皮马牙甜'坐果率低、产量低且不稳、果实易裂果严重、大小年严重。传统品种更新换代慢，品种改良度底，优良石榴良种推广缓慢制约石榴高质量发展。

2.2 良种标准园区和标准化种植建设落后

石榴抗干旱耐瘠薄的传统认知导致石榴大多在缺水且贫瘠的山岭地发展，加之果园水、电、路等基础设施落后，无法达到标准化统一种植管理，果实的商品性参差不齐，严重影响了石榴产业新良种、标准化种植技术的推广。园区缺乏标准园规划和建设，无法将良种和标准化种植技术相互结合，无法对果农起到示范和带头作用。

2.3 石榴规模化经营管理水平偏低

枣庄地区石榴园以家庭为单位分散小户经营为主体，小户经营劣势有经营成本高（生产材料、人工成本、交易成本）、经营风险大（自然风险、市场风险、技术风险）、经营收益低，导致小户经营从事石榴园生产的积极性不高。在石榴园流转制度不完善，分散小户经营向新型农业经营主体（石榴种植大户、石榴家庭农场、石榴合作社、龙头石榴企业）发展缓慢，规模化、现代化、机械化、标准化、专业化、精品化等程度底，亟需提升其发展质量和示范带动效应。

2.4 气候异常频发

石榴属于暖温带、亚热带果树，温度对栽培区域影响较大，冬季休眠期能耐 –16℃ 以上的低温，在 –17℃ 时会出现冻害，在 –20℃ 时大部分已冻死[20, 21]。枣庄石榴产区基本上属于石榴适宜栽培区的北端，石榴种植多为露天粗放式栽培，然而由于气候异常、倒春寒等现象频发，每隔几年都要发生不同程度的冻害，个别年份冻害达 50% 以上，严重年份高达 90% 以上，果农经济效益损失严重。如在 2015 年 11 月发生了深秋突然降温型冻害，仅峄城区据不完全统计完全冻死石榴幼树约 1140hm²，盛果期树约 253.33hm²；严重冻害幼树约 60hm²，盛果期树约 520hm²；轻微冻害盛果期树约 360hm²；石榴苗木冻死约 113.33hm²；严重冻害约 533.33hm²；石榴盆栽、盆景冻死、冻伤约 1 万盆[22]。

2.5 营销宣传方式单一

枣庄石榴鲜果、石榴苗木、石榴盆景盆栽、石榴加工产品等营销模式以线下实体经济为载体的传统方式为主，没有与淘宝、京东、苏宁易购、美团等线上销售平台建立密切合作关系，对快手、抖音等新兴媒体营销缺乏足够重视。而山西临潼、云南蒙自石榴线上电商销售占比较高，枣庄线上电商销售差距较大[23]。在石榴品牌建设上缺乏足够重视，在石榴包装上还是以传统石榴品种为主，没有创新包装。在石榴运输中外地电商主要采用单果泡沫隔断或充气袋等 2 种方式进行磕碰伤防控运输，而枣庄石榴运输直接装箱进行运输容易磕碰伤，影响枣庄石榴品牌建设。

2.6 石榴加工业产业链条短

枣庄石榴加工业多为初级加工产品，石榴原材料以国外进口为主，缺少石榴保健品、石榴化妆品、石榴药品等石榴精深加工企业，没有建立石榴精深加工研发机构，与国内外石榴研发机构、科研院所、高校等合作交流力度底，导致石榴产品附加值底，不利于石榴加工业的长远发展。

2.7 石榴一二三产业融合发展不足

石榴一二三产业融合发展不足，一二三产业发展存在短板，主导产业转型升级缓慢，未形成"生产+加工+科技+营销+旅游"的发展模式，未能满足满游客不断增长的多元化、多样化、多层次的旅游需求。

3 枣庄石榴产业良性发展的对策

3.1 走石榴良种化道路

加快对传统主栽石榴品种的改良，走石榴良种化道路。对于石榴大树通过多年逐渐嫁接方法更新替代传统品种。新规划建设的石榴园，一定要做到适地适树栽植石榴良种，在枣庄地区露天栽植石榴建议选择背风向阳、排灌便利、土层深厚的1°~15°坡度向阳山坡。假如选择离向阳山坡较远的地方或者平原地栽植石榴，必须采用塑料大棚或者冷棚进行防寒栽植。露天栽植石榴品种要选择适合当地硬籽石榴良种如'秋红宝石''峄州红''秋艳''霜红宝石''青丽''桔艳'等良种，如果在冷棚或塑料大棚者进行栽植石榴也可以选择'紫美'。无论是对石榴大树还是新规划建设的石榴园都要做到以早、中、晚不同成熟期搭配为原则改良石榴品种，如早熟大粒优质石榴良种'秋红宝石'、大粒中熟红皮石榴良种'峄州红'、大粒晚熟抗裂良种'秋艳'、'霜红宝石'进行合理搭配，有利于提早或者延长石榴的鲜果采摘期。

3.2 规划建设标准园区、采用标准化种植

石榴园区要依据石榴树种的生态习性及其环境因素的自然条件而决定，石榴喜温好光、抗旱、抗盐碱、耐瘠薄，不耐严寒，石榴根系发达，再生能力强，其在适宜环境寿命较长。要合理规划、科学建园，必须根据其生态适应性和自然环境选择适宜栽培地，要充分考虑地形地势、交通位置、土壤状况、水利设施等因素。标准化种植采用起垄栽培、水肥一体化、宽行密株、支撑绑缚、覆盖园艺地布、果园生草、配方施肥、病虫害绿色防控、花果管理、科学修剪、"Y"形、柱状等技术。通过规划建设标准园区、采用标准化种植，积极引导果农向标准化、规模化、现代化、机械化方向发展。

3.3 探索石榴设施高效栽培技术

针对目前枣庄冷棚石榴栽培仅为越冬防寒这一现状，可以参观、学习葡萄、桃等设施高效栽培技术，结合枣庄石榴设施栽培实际，真正探索石榴设施高效栽培技术，达到早开花、早结果、早上市的目的，形成自由采摘游。

3.4 构建多元化的营销体系

高标准规划建设中国石榴交易中心石榴特色农产品展示交易大厅,具备展示销售石榴鲜果、石榴盆景、盆栽、石榴苗木、石榴加工产品(石榴汁、石榴酒、石榴饮品、石榴茶、石榴蜂蜜等)、石榴艺术(石榴根雕、石榴剪纸、石榴书法)、石榴手工艺品等功能现代化市场体系,加强市场基础设施和配套设施(市场道路、交易场地、停车场、住宿餐饮、储藏保鲜、加工包装、物流配送、管理服务)建设,提高市场服务功能,优化市场交易环境,打造成为中国石榴大型交易中心。创新"互联网+"思维,建立健全网络销售平台,与淘宝、京东、苏宁易购、美团、微店、快手、抖音等线上销售平台建立密切合作关系,做强石榴交易市场实现线上线下营销体系的多元化,做大"买全国、卖全国、卖世界"格局。

3.5 加大政策扶持力度

加大对石榴产业双招双引的力度,加大项目引进和投资建设的力度,加快完善云深处飞行小镇、水起云墅等项目设施,加快推进水木石田园综合体、榴宝庄园、卡尔斯小镇等项目建设,加快升级改造青檀寺、中华石榴文化博览园、中国石榴博物馆等景区项目。积极创建国家级现代农业产业园、国家级农产品区域公用品牌、中国石榴全产业链技术集成创新示范基地、五A级旅游景区、农文旅综合体、田园综合体、融合创新园。引进石榴保健品、石榴化妆品、石榴药品、石榴食品等石榴精深加工企业,加大技术研发力度,加强与国内外石榴研发机构、科研院所、高校等合作交流力度,建立石榴精深加工研发机构,拉长石榴加工业产业链,提高石榴产品附加值。加快推进石榴林权制度改革,在种植托管上下功夫,培育更多石榴类龙头企业、家庭农场、合作社、种植大户、联合社等主体形成规模化、标准化生产。应借力丰富的旅游文化资源,加大产品的营销和宣传力度,不断提高产业知名度,进而促进石榴产业发展,促进区域石榴品牌的形成。

3.6 注重一二三产业深度融合发展

一产是基础、二产是支撑、三产是增长点,一二三产业不能割裂开来,应该向着融合化方向发展,拉长石榴鲜果、苗木、盆景、盆栽、贮藏、加工、销售、文化、科技、旅游等一二三产业链,打通石榴上中下游市场,形成全产业链融合发展新格局。

参考文献

[1] FARIA A, CALHAU C. The Bioactivity of Pomegranate: Impact on Health and Disease[J]. Critical Reviews in Food Science and Nutrition, 2011, 51(7): 626-634.

[2] 王庆军, 罗华, 赵丽娜, 等. 24个石榴品种的抗寒性评价[J]. 山东农业科学, 2018, 50(1): 50-54, 59.

[3] OZGUVEN A L, YILMAZ C, KELES D. Pomegranate biodiversity and horticultural management[J]. Acta Horticulturae, 2012, 940: 21-27.

[4] 曹尚银, 侯乐锋. 中国石榴志石榴卷[M]. 北京: 中国林业出版社, 2013: 45.

[5] 郝兆祥, 程作华, 侯乐锋, 等. 山东枣庄石榴产业发展现状、存在问题及对策[J]. 果树学报,

2017, 34(增刊): 26-32.

[6] 侯乐峰, 郝兆祥, 孙蕾, 等. 石榴大粒抗裂果新品种秋艳的选育[J]. 中国果树, 2015(2): 9-10, 26, 85.

[7] 安广池, 张庆, 王亮, 等. 石榴大粒晚熟新品种霜红宝石的选育[J]. 中国果树, 2013(2): 9-10, 77.

[8] 郝兆祥, 侯乐峰, 罗华, 等. 石榴新品种'桔艳'的选育[J]. 中国果树, 2016(5): 88-90, 101.

[9] 侯乐峰, 郝兆祥, 丁志强, 等. 抗旱、抗裂果石榴新品种'青丽'的选育[J]. 果树学报, 2016, 33(11): 1460-1463.

[10] 罗华, 李体松, 毕润霞, 等. 石榴"三当苗"嫁接繁育技术[J]. 北方果树, 2020(6): 34-35.

[11] 李新. 榴光溢彩, 增辉盆坛——枣庄市峄城区盆景艺术家协会正式成立[J]. 花木盆景(盆景石), 2021(1): 98.

[12] 侯乐峰, 罗华, 李体松. 山东峄城石榴市场2017年销售情况分析与建议[J]. 山西果树, 2018(6): 41-42, 46.

[13] 郝兆祥, 侯乐峰, 王艳琴, 等. 山东省石榴产业可持续发展对策[J]. 农业科技通讯, 2014(6): 18-21.

[14] 姬明. 发展特色石榴产业, 助推乡村振兴战略——打造峄城石榴产业新高地[J]. 果树实用技术与信息, 2019(10): 41-43.

[15] 苑兆和, 招雪晴. 石榴种质资源研究进展[J]. 林业科技开发, 2014, 28(3): 1-7.

[16] 罗华, 侯乐峰, 赵亚伟, 等. 枣庄市石榴国家林木种质资源库建设现状及展望[J]. 林业科技, 2017, 42(6): 27-29.

[17] 罗华, 侯乐峰, 赵亚伟, 等. 枣庄市石榴国家林木种质资源库创新利用进展[J]. 山西果树, 2017(6): 10-13.

[18] 王庆军, 韩腾, 朱薇. 山东枣庄石榴果实常见病虫害及防治措施[J]. 果树实用技术与信息, 2018(11): 33-34.

[19] 耿道鹏, 侯乐峰. 基于SWOT分析的峄城石榴特色产业发展战略组合研究[J]. 农业研究与应用, 2016(3): 70-75.

[20] 马俊, 蒋锦标. 果树生产技术北方本[M]. 北京: 中国农业出版社, 2006: 349-354.

[21] 陈克永, 褚伟. 预防石榴树冻害的关键技术[J]. 果农之友, 2019(12): 23-24.

[22] 侯乐峰. 有机石榴高效生产技术手册[M]. 北京: 中国农业科学技术出版社, 2018: 113-114.

[23] 刘艳, 沈秋吉, 倪忠泽, 等. 云南蒙自石榴产贮销现状及发展对策分析[J]. 中国果树, 2021(4): 89-91, 102.

中国石榴品种选育现状与进展

曹家乐，廖光联，黄春辉，徐小彪*
（江西农业大学，江西南昌，330045）

Status and Progress of Selection and Breeding of Pomegranate cultivars in China

Cao Jiale, Liao Guanglian, Huang Chunhui, Xu Xiaobiao*
(*Kiwifruit Institute of Jiangxi Agricultural University, Nanchang 330045*)

摘　要： 为了解我国石榴选育现状与产业发展前景，本文对我国可食用石榴品种进行了统计分析。从品种概况、选育方法、育种目标等方面对统计的308个石榴品种进行了归纳描述，并讨论石榴研究相关问题及其展望，以期为我国石榴新品种的育种工作和种质资源的研究提供理论依据。

关键词： 石榴；品种；选育；分类

Abstract: In order to understand the current status of pomegranate selection and industrial development prospects in China, this paper provides statistics on edible pomegranates in China. The 308 pomegranate cultivars were summarized and described in terms of variety profiles, selection methods and breeding objectives, and the problems related to pomegranate research and their prospects were discussed, with a view to providing theoretical basis for the breeding work of new pomegranate cultivars and the research of germplasm resources in China.

Keywords: Pomegranate; Cultivars; Selection and breeding; Classification

石榴（*Punica granatum* L.）为石榴科（*Punicaceae*）石榴属（*Punica* Linn.）乔木或灌木，兼具食用、药用和观赏价值。石榴属下仅有两个种，作为栽培的只有一个种，即石榴。另外一个种为在印度洋的索克特拉岛发现的一个野生种，命名为索克特拉野石榴，无栽培价值。石榴原产古代波斯，即现在的伊朗等中亚地带[1]，因其种质资源丰富和适应性广，在全世界的温带至热带地区都有种植。石榴在中国各地都有栽培，经过2000多年的栽培历史，形成了以山东、安徽等为代表的主要石榴产区。石榴优秀的食用、观赏价值以及其蕴含的丰富文化使其成为热门的研究对象。本文通过查阅资料文献，全面统计我国可食用石榴品种，并对统计的308个石榴品种进行归纳整理，以期为今后我国石榴新品种的育种工作提供理论依据。

1　统计方法

我国石榴品种及其系谱资料主要来自《中国果树志·石榴卷》[2]《中国石榴品种地方图志》[3]、期刊文献和国家及各省农作物品种审定公告等。统计时既通过新品种保护权又通过审定

第一作者简介：曹家乐，男，在读硕士研究生，研究方向：果树种质资源与生物技术。Email：jialecao@163.com
* 通讯作者：徐小彪，教授，博导。Email：xbxu@jxau.edu.cn

（或备案、登记、鉴定、认定、选出）的品种仅统计一次，既通过国家审定（或备案、登记、鉴定、认定、选出）又通过省（市、区）审定（或备案、登记、鉴定、认定、选出）的品种也仅统计一次，均以最早的审定（或备案、登记、鉴定、认定、选出）时间为准。在文献资料中仅有名称、无详细介绍的品种（类型）不进行统计。

由于石榴大部分都是原始品种（地方品种、国外引进品种以及无法再进一步追溯其亲本来源的品种、品系或材料），新品种的选育也都以本地品种为原材料，除引种外暂无利用外地品种作为亲本的选育工作，也少有被多次利用的品种，因此只进行归纳分析。

2 结果与分析

2.1 我国石榴品种概况

石榴经长期的人工栽培和驯化，已出现了许多变异类型，现有 11 个变种。经不完全统计，我国现有石榴约 359 个品种，其中可食用品种 308 种，观赏品种 51 种。目前育种工作的重点在食用品种的选育上。中国部分可食用石榴品种及选育单位见表 1。石榴虽然品种繁多，但地方性明显，大部分都是地方农家品种，新品种的选育也都以本地品种为原材料，除引种外暂无利用外地品种作为亲本的选育工作。我国石榴新品种选育较多的单位有中国农业科学院郑州果树研究所、山东省枣庄市石榴研究中心、新疆维吾尔自治区农业科学院园艺研究所等。

表 1 中国部分石榴品种及其选育单位

序号	品种（系）名	育种单位	序号	品种（系）名	育种单位
1	中农红软籽	中国农业科学院郑州果树研究所	13	峄青 11 号	山东省枣庄市峄城区石榴开发中心
2	中石榴 2 号	中国农业科学院郑州果树研究所	14	峄榴 88-1	山东省枣庄市峄城区石榴开发中心
3	中石榴 5 号	中国农业科学院郑州果树研究所	15	峄榴 88-6	山东省枣庄市峄城区石榴开发中心
4	中石榴 8 号	中国农业科学院郑州果树研究所	16	青优 1 号	枣庄市农业科学研究所石榴课题组
5	白丰	山东省枣庄市峄城区石榴开发中心	17	短枝红	山东省枣庄市林业局
6	超红	山东省枣庄市峄城区石榴开发中心	18	冠榴	山东省枣庄市农科院
7	超青	山东省枣庄市峄城区石榴开发中心	19	枣庄玛瑙	山东省枣庄市农科院
8	青丰 1 号	山东省枣庄市峄城区石榴开发中心	20	枣庄软仁	山东省枣庄市农科院
9	青丰 2 号	山东省枣庄市峄城区石榴开发中心	21	九洲红	山东省枣庄市农科院
10	峄红 1 号	山东省枣庄市峄城区石榴开发中心	22	绿宝石	山东省果树研究所
11	峄白 2 号	山东省枣庄市峄城区石榴开发中心	23	红宝石	山东省果树研究所
12	峄青 7 号	山东省枣庄市峄城区石榴开发中心	24	水晶甜	山东省果树研究所

(续)

序号	品种（系）名	育种单位	序号	品种（系）名	育种单位
25	泰山红	山东省果树研究所	55	红双喜	河南省农业科学院
26	孟里矮红	山东省邹城市林业局	56	豫农早艳	河南农业大学园艺学院
27	郓州红	山东省菏泽市郓城县林业局	57	豫大籽	河南省林业技术推广站等
28	枣选-018	山东省枣庄市薛城区林业局	58	蜜宝软籽	河南省开封市农林科学研究院
29	枣选-027	山东省枣庄市薛城区林业局	59	蜜宝软籽1号	河南省开封市农林科学研究院
30	枣选1号	山东省枣庄市果树科学研究所	60	蜜宝软籽2号	河南省开封市农林科学研究院
31	枣选3号	山东省枣庄市果树科学研究所	61	蜜宝软籽3号	河南省开封市农林科学研究院
32	枣庄红	山东省枣庄市果树科学研究所	62	蜜露软籽	河南省开封市农林科学研究院
33	晶榴	山东省林业科学研究院	63	豫石榴1号	河南省开封市农林科学研究院
34	蜜榴	山东省枣庄市石榴研究中心	64	豫石榴2号	河南省开封市农林科学研究院
35	红绣球	山东省枣庄市石榴研究中心	65	豫石榴3号	河南省开封市农林科学研究院
36	秋艳	山东省枣庄市石榴研究中心	66	豫石榴4号	河南省开封市农林科学研究院
37	青丽	山东省枣庄市峄城区果树中心、枣庄市石榴研究中心	67	豫石榴5号	河南省开封市农林科学研究院
38	桔艳	山东省枣庄市峄城区果树中心、枣庄市石榴研究中心	68	临选14号	陕西省西安市临潼去石榴研究所
39	峄州红	山东省枣庄市石榴研究中心、枣庄市石榴国家林木种质资源库	69	临选1号	陕西省西安市临潼去石榴研究所
40	碧榴	山东省枣庄市石榴研究中心、枣庄市石榴国家林木种质资源库	70	临选2号	陕西省西安市临潼去石榴研究所
41	赛柠檬	新疆维吾尔自治区农业科学院园艺研究所	71	临选8号	陕西省西安市临潼去石榴研究所
42	皮亚曼	新疆维吾尔自治区农业科学院园艺研究所	72	陕西大籽	陕西省杨凌稼禾绿洲农业有限公司
43	尼雅1号	新疆维吾尔自治区农业科学院园艺研究所	73	红玉石籽	安徽农业大学
44	伽依2号	新疆维吾尔自治区农业科学院园艺研究所	74	白玉石籽	安徽农业大学
45	藏桂3号	新疆维吾尔自治区农业科学院园艺研究所	75	红玛瑙籽	安徽农业大学
46	固玛4号	新疆维吾尔自治区农业科学院园艺研究所	76	淮北软籽1号	安徽省淮北市林业局
47	洛克4号	新疆维吾尔自治区农业科学院园艺研究所	77	淮北软籽2号	安徽省淮北市林业局
48	叶选4号	新疆维吾尔自治区农业科学院园艺研究所	78	淮北软籽3号	安徽省淮北市林业局
49	皮亚曼1号	新疆维吾尔自治区农业科学院园艺研究所	79	淮北软籽5号	安徽省淮北市林业局
50	皮亚曼2号	新疆维吾尔自治区农业科学院园艺研究所	80	大绿籽	攀枝花市农林科学研究院

(续)

序号	品种（系）名	育种单位	序号	品种（系）名	育种单位
51	木奎拉5号	新疆维吾尔自治区农业科学院园艺研究所	81	红玉软籽	攀枝花市农林科学院、四川省农科院园艺研究所
52	冬艳	河南农业大学	82	紫美	攀枝花市农林科学研究院、四川省农科院园艺研究所
53	公斤	河南农业大学	83	大叶满天红	河北省石家庄市元氏县林业局
54	红如意	河南省农业科学院	84	华墅大红	浙江省富阳市林业局

2.2 我国石榴选育方法

统计我国由人工选育的118个常见可食用石榴品种的育种方式（原始地方农家品种不进行统计）（图1），目前我国石榴品种选育方法有实生选种、芽变选种、杂交育种、国外品种引种驯化等。结果显示，统计品种中73个品种通过实生选种（包括无性系变异）获得，占比62%；芽变选种22个，占比19%；通过杂交育种获得品种13个，占比11%；国外引入驯化品种10个，占比8%。结果表明，我国培育石榴新品种主要通过实生选种获得优良变异品种，例如从山东枣庄峄城石榴园中优选的'霜红宝石''峄州红'等，而其他育种方式较少。石榴常以无性繁殖进行，芽变频率较高，芽变现象普遍存在于石榴野生种群和栽培群体中，不少优良新品种都是通过芽变选育，例如由'突尼斯软籽'芽变选育的'豫农早艳'。通过杂交育种获得的新品种如'豫石榴2号'为母本、'豫石榴3号'为父本培育的'绿丰'。国外引入驯化品种中表现突出的'突尼斯软籽'等。目前我国石榴新品种的选育方法偏向传统，加上石榴种质资源的研究尚不完善，基于分子遗传等的现代生物技术在石榴品种的选育上应用较少，相比其他果树资源，研究水平相对滞后。因此，诱变育种、组织培养与基因遗传转化技术可成为石榴育种的新途径。此外，为解决由于长期的无性繁殖和人类的定向选育引起的石榴基因型趋于单一、品种区域化严重等问题，适当进行外地引种和远缘杂交育种对石榴品种的选育也具有重要意义。

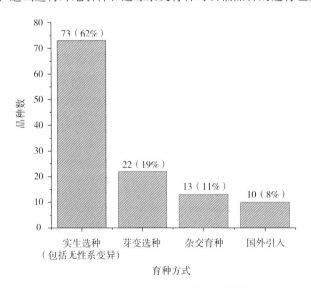

图1 中国可食用石榴品种选育方式统计图

2.3 我国石榴特异种质与主要育种目标

我国石榴品种繁多，在多年的驯化栽培过程中选育出了许多特异种质。软籽石榴籽粒柔软、粒大多汁、食之无渣[4]，受到消费者的青睐，是当今热门的石榴种类。国内许多石榴生产基地都将地方品种换种为软籽石榴，目前我国推广栽培最为广泛的软籽石榴品种是从国外引入驯化的'突尼斯软籽'[5]。现阶段我国软籽石榴品种选育发展迅速，如2020年通过河南省林木品种审定委员会审定的超软籽石榴新品种'中石榴5号'[6]。

低温是制约中国石榴发展的重要因素，尽管石榴适应性较强，但越冬冻害制约着石榴丰产[7]，软籽石榴尤其难适应低温环境。因此石榴抗寒性的选育是当前的重点目标性状。当前我国表现较突出的抗寒品种有'峄城抗寒1号''青丽'等。同时，裂果也是石榴生产过程极其影响产量的因素，选育抗裂果的品种也有利于石榴产业的发展。我国选育的抗裂果品种有'青丽''峄州红'等。

石榴短枝品种具有矮化、早熟丰产、抗寒抗旱性强等特异性状[8-9]，也可作为选育的重点。我国选育的短枝品种有'短枝红''孟里矮红'等。

以上分析表明未来我国石榴产业发展的趋势即是具有抗寒性强、抗裂果、品质高且丰产的软籽石榴品种。此外，观赏品种的适应性、花瓣数量等也是当前育种工作的目标之一。部分品种如'满天红酸'等就因其果实小、风味酸等不佳品质性状而濒临淘汰。从山东青皮石榴中选育出的'秋艳'因其籽粒大、抗裂果、果皮薄等极佳性状，成为国内石榴属唯一一个国家级良种[10]。

3 问题与展望

3.1 石榴的分类研究

品种分类对种质资源研究和品种选育具有重要意义。我国石榴传统分类通常依据风味、果皮颜色、籽粒硬度、成熟期长短、花色、花瓣数量等进行分类。各地生产上有的根据籽粒口感分为甜、甜酸、酸、涩籽；有的按果皮颜色分为白皮、黄皮、青皮、红皮、紫皮。但目前我国石榴的分类尚无系统的统一分类方法，各地石榴品种常冠以地名，研究时不同的研究者大多孤立地研究一个地区的品种，缺乏全国品种的比较，使不同地区、不同研究者记载的品种很难或无法统一进行比较[11]。不同园艺工作者对石榴分类也有不同见解。巩雪梅等[12]将我国鲜食石榴品种划分为软籽（籽粒硬度小于$3.67kg/cm^2$）、半软籽（籽粒硬度介于$3.67\sim4.20kg/cm^2$）和硬籽（籽粒硬度大于$4.20kg/cm^2$）。汪小飞认为石榴的花瓣（瓣型）、花色、结实性、果色、平均单果重是品种分类主要依据[13]。因此，建立系统完善的石榴品种分类方法对我国石榴品种选育十分必要。卢龙斗等经研究发现RAPD分子标记能够用于石榴栽培品种的多态性分析[14]。此外，已在火龙果[15]、苹果[16]、梨[17]等多种果树种质资源的研究上获得利用的分子身份证构建对品种的区分有重要意义，而其在石榴种质上暂无有效的利用。以上表明应用分子生物学技术等方法可能为石榴品种的分类研究提供新方向。

3.2 石榴品种选育存在的问题

我国石榴虽然种类繁多，但研究起步较晚，在品种选育上存在许多阻碍。第一，由于缺少完善的分类方法，导致石榴品种混杂，繁多的地方品种中也存在良莠不齐的现象。第二，长期的无性繁殖和人类的定向选育，使各地主栽品种较为单一。石榴基因型趋于单一造成基因多样性降低，出现品种退化现象[18]。第三，由于品质优良但抗寒较差的软籽石榴的流行，而我国北方寒冷的气候易使石榴发生冷害，所以导致了我国南北方石榴产业发展不均衡。

针对以上问题提出几点建议。第一，建立统一完善的石榴品种分类方法和种质资源收集系统，同时淘汰表现劣势的品种，为优良新品种的选育提供良好的基础。第二，多发掘、选育、引入特异种质；远缘杂交育种可以丰富基因多样性、促进新品种的选育，或可作为石榴新品种选育的重要方向。第三，选育抗性强、适应性广的软籽石榴新品种，同时采用设施栽培等受外界气候环境影响较小的栽培方法。

4　展望

我国石榴研究起步较晚，相比其他主要果树研究水平也相对滞后，但2000多年的栽培历史和丰富的地方品种种质使石榴产业有着极大的发展潜力。部分我国石榴产区省份现已建立石榴种质资源圃，为我国石榴选育工作提供了育种基础，其中山东省枣庄市石榴国家林木种质资源共保存国内外品种298份，中国农业科学院郑州果树研究所保存国内外石榴品种300份[19]。在中国，石榴是多子、团圆的象征，其蕴含的丰富的营养价值、观赏性能和文化内涵使石榴在我国市场占有一席之地。在广阔的市场需求、丰富的种质资源、多样的育种方式和快速发展的科技等背景下，石榴有着美好广阔的发展前景。

参考文献

[1] 汪小飞, 向其柏, 尤传楷, 等. 石榴品种分类研究[J]. 南京林业大学学报(自然科学版), 2006(4): 81-84.

[2] 李好先, 侯乐峰, 等. 中国果树志 石榴卷[M]北京: 中国林业出版社, 2013.

[3] 曹尚银, 李好先, 等. 中国石榴品种地方图志[M]. 北京: 中国林业出版社, 2018.

[4] 刘威, 刘博, 蔡卫佳, 等. 国内软籽石榴栽培品种及研究进展[J]. 北方农业学报, 2020, 48(4): 75-82.

[5] 陈延惠, 史江莉, 万然, 等. 中国软籽石榴产业发展现状与发展建议[J]. 落叶果树, 2020, 52(3): 1-4, 79-80.

[6] 李好先, 曹尚银, 骆翔, 等. 超软籽石榴新品种'中石榴5号'的选育[J]. 果树学报, 2020, 37(12): 1987-1990.

[7] 姚方, 王宁, 曹尚银, 等. 不同软籽品种石榴抗寒性综合评价[J]. 森林与环境学报, 2016, 36(3): 373-379.

[8] 卜现勇, 王永春, 黄鑫, 等. 石榴短枝型新品种孟里矮红的选育[J]. 中国果树, 2005(6): 7-8, 63.

[9] 刘家云. 石榴短枝型新品种——短枝红[J]. 中国果树, 2003(6): 6-7, 172.

[10] 孟健, 马敏, 褚衍成, 等. 山东峄城石榴产业发展优势与发展方向[J]. 北方果树, 202(4): 51-52, 55.

[11] 汪小飞, 向其柏, 尤传楷, 等. 石榴品种分类研究进展[J]. 果树学报, 2007(1): 94-97.

[12] 陆丽娟, 巩雪梅, 朱立武. 中国石榴品种资源种子硬度性状研究[J]. 安徽农业大学学报, 2006(3): 356-359.

[13] 汪小飞. 石榴品种分类研究[D]. 南京: 南京林业大学, 2007.

[14] 卢龙斗, 刘素霞, 邓传良, 等. RAPD技术在石榴品种分类上的应用[J]. 果树学报, 2007(5): 634-639.

[15] 武志江, 邓海燕, 梁桂东, 等. 利用荧光标记SSR构建火龙果种质资源分子身份证[J]. 中国南方果树, 2020, 49(4): 20-28.

[16] 李慧峰, 王涛, 冉昆. 利用SSR荧光标记构建41份山东省苹果资源分子身份证[J]. 沈阳农业大学学报, 2020, 51(1): 70-77.

[17] 薛华柏, 赵瑞娟, 王磊, 等. 梨品种SSR特征指纹图谱与分子身份证构建[J]. 中国南方果树, 2018, 47(S1): 42-49, 97.

[18] 马丽, 侯乐峰, 郝兆祥, 等. 82个石榴品种遗传多样性的ISSR分析[J]. 果树学报, 2015, 32(5): 741-750.

[19] 陈利娜, 敬丹, 唐丽颖, 等. 新中国果树科学研究70年——石榴[J]. 果树学报, 2019, 36(10): 1389-1398.

PART TWO

石榴栽培与生产

不同气候条件对石榴成花质量的影响及提高石榴头茬花坐果率的有效措施

陈利娜,李好先,唐丽颖,曹尚银*
(中国农业科学院郑州果树研究所,郑州 450009)

Effects of Different Climatic Conditions on Flower Bud Differentiation and Effective Measures to Improve Fruit-setting Rate of Pomegranate

CHEN Lina, LI Haoxian, TANG Liying, CAO Shangyin*
(*Zhengzhou fruit research institute, Chinese Academy of Agricultural Sciences, Zhengzhou, 450009 China*)

摘 要:【目的】为探索不同气候条件对石榴成花质量的影响,及提高石榴头茬花坐果率的有效措施。【方法】以'突尼斯软籽'石榴为试材,分析不同气候条件对'突尼斯软籽'石榴成花质量影响,分析 GA_3 和人工授粉对石榴坐果率的影响。【结果】①石榴开花与坐果率与4月平均气温呈负相关(相关系数 -0.92),4月平均温度越高越不利于成花;②9月、10月、11月最高气温呈负相关(相关系数 -0.92,-0.93,-0.92,-0.81),最高气温越高越不利于成花;③2月、7月平均温度与成花呈负相关(相关系数 -0.82,-0.88),2月、7月平均气温越高越不利于成花;④2月及12月累计降雨量有利于石榴成花;⑤头花盛花期喷施 GA_3 (30mg/L)+ 硼砂(0.3%)+ KH_2PO_4 (0.5%) 和头花盛花期涂抹 GA3 (30mg/L) 并辅助人工授粉是提高石榴头茬花坐果率的最佳处理方式,坐果率达到 75% ± 0.13% 和 70% ± 0%,较对照 20% ± 0.05% 分别提高 55% 和 50%。【结论】温度为影响石榴花芽分化的关键因素。在 7 月平均气温高于 25℃;9、10月最高气温高于 35℃;11月平均温度高于 25℃;2月平均气温高于 15℃;4月平均气温高于 21℃的地区栽植石榴时应慎重选择品种。

Abstract:【Objective】The objective of this study was to figure out the effects of different climatic conditions on flower bud differentiation of pomegranate, effective measures to improve fruit-setting rate of pomegranate was also explored.【Methods】'Tunisiruanzi', one of the most popular varieties in China with serious fruit dropping problem, was selected as the sample materials. The effects of temperature and rainfall on pomegranate flower bud different were analyzed, Treatments with GA3 (30.0mg/L) were applied to bisexual flower stalks, some flowers were treated with hand-pollinate.【Results】① There was a negative correlation between flowering/fruit-setting rate of pomegranate and average temperature in April (correlation coefficient -0.92). ② The maximum temperature in September, October and November were negative correlation with flowering (correlation coefficients -0.92, -0.93, -0.92, -0.81). ③ The average temperature in February and July was negatively correlated with flower formation (correlation coefficient -0.82, -0.88). ④ Accumulated rainfall in February and December is benefit for pomegranate blossom. ⑤ the effects of different concentrations of T1-T7 on the fruit setting were studied. The results showed that fruit setting rate of T2 and T6 harbored 55% and 50% higher than the control 20% ± 0.05%.【Conclusion】Temperature is a key factor affecting the flower bud differentiation of pomegranate.

石榴是集高经济、生态、文化价值于一身的优良树种[1]。近年我国石榴发展面积不断壮大,其中'突尼斯软籽'商品价格是硬籽石榴品种的 2～4 倍[2]。但'突尼斯软籽'石榴生产过程中存在严重的雌蕊败育及落果现象,自然坐果率极低,仅 2%[3],成为制约其发展的一个重要因素。

石榴总花量大，依据形态不同，可分为"两性花"和"功能性雄花"2种类型[4]，两性花雌蕊发育正常，最终发育为果实；功能性雄花雌蕊发育异常，不能正常结实，最终脱落[5]，功能性雄花比例与石榴坐果率呈反比[4]。依据开花时间不同，石榴开花存在3个高峰期，称为"头花""二花""三花"[6]，此三茬花具有不同特点："头花"两性花比例高，所结果实大，成熟期早，但头花坐果率极低；"二花"花量大，功能性雄花比例高，但两性花结实可靠；"三花"两性花比例高，但所结果实小，在生产上一般疏除[6]。'突尼斯软籽'石榴坐果率低是限制其发展的重要因素。影响'突尼斯软籽'坐果率的因素主要有两方面：①雌蕊败育花比例高；②生理落果严重。本研究团队通过2015—2018年连续4年研究出适合于河南荥阳地区提高石榴可育花比例及减轻生理落果现象的重要措施。花蕾期叶面喷施150mg/L乙烯利[7]、多效唑100～300倍液均能有效提高石榴可育花比例[3]；头花盛花期（5月5日）叶面喷施GA_3（30mg/L）可有效提高石榴坐果率，且不影响石榴品质；二花盛花期不适合通过叶面喷施激素类物质提高坐果率；花柄涂抹GA_3（10mg/L、20mg/L、30mg/L）+2,4-D（10mg/L）能显著性提高石榴头花和二花坐果率，但会导致石榴籽粒硬度变硬[8]。云南地区部分花发育良好，头花可育花比例高，但坐果率极低，研究云南地区气候资料发现，引起坐果率低的因素主要可能是雨水多石榴花受精不良、生理落果严重引起的。但部分地区成花质量不佳，气候条件对石榴成花质量的影响较大，因此本研究分析云南不同地区气候条件对石榴成花质量的影响，并采用相应的措施尝试提高云南地区石榴坐果率，为石榴花雌蕊败育机理研究及提高石榴坐果率研究奠定基础。

1 材料和方法

1.1 气象资料获得

云南省丽江市永胜县涛源镇、三川镇和片角镇地区的气象资料均有当地工作人员提供。

1.2 云南地区提高石榴坐果率实验

以云南省丽江市永胜县桃源镇5a生石榴苗为研究对象，采用随机区组试验设计，单株处理，每个处理重复3次，选择长势一致的单株，研究喷施GA_3组合、涂抹GA_3组合、人工授粉对石榴头茬花坐果率的影响。对照喷施清水，处理见表1和表2。

表1 喷施试验处理组合

Table 1 Treatments of spraying experiment

处理组合	GA_3（30mg/L）+硼砂（0.3%）+KH_2PO_4（0.5%）（头花盛花期）	人工授粉（头花盛花期）
T1	+	+
T2	+	-
T3	-	+
Ck	-	-

表2　GA₃处理
Table 2　Treatments of GA₃

处理组合	GA₃(10-30mg/L)+2,4-D(10mg/L)（头花盛花期）	人工授粉
T4	10mg/L	+
T5	10mg/L	-
T6	30mg/L	+
T7	30mg/L	-
Ck	-	-

2　结果与分析

2.1　不同气候条件对石榴成花质量的影响

2015—2017年间云南永胜县3个不同乡镇地区'突尼斯软籽'石榴花芽分化表现出不同形态。其中三川镇、片角镇花芽分化正常，可育花比例高，石榴坐果率高；但涛源镇部分地区石榴营养生长旺盛，石榴花芽分化异常，败育花比例高，石榴坐果率低。分析2015—2017年间3个地区不同月份月最高温度、月平均温度、月累计降雨量差异，利用R-package corrplot，通过计算不同因素间皮尔森相关系数，计算不同因素影响'突尼斯软籽'石榴花芽分化的因素，从而分析云南省永胜县涛源镇石榴营养生长旺盛、花芽分化异常败育花比例高的原因，为'突尼斯软籽'石榴生产推广提供依据。

温度、降雨量为影响果树花芽分化的关键因素，分析云南省永胜县涛源镇、三川镇、片角镇不同月份温度、降雨量显示：涛源镇、三川镇、片角镇三个地区1～12月月平均温度、最高温度、最低温度及月累计降水量变化趋势一致。涛源镇月平均温度、最高温度及最低温度均高于三川镇、片角镇（图1 A，B，C），月累计降雨量于片角镇类似，低于三川镇（图1 D）。涛源镇月平均温度、最高温度及最低温度偏高可能为影响'突尼斯软籽'石榴花芽分化的关键因素。

为挖掘影响'突尼斯软籽'石榴花芽分化及坐果率的关键因素，利用R-package corrplot包，计算不同因素与坐果率间皮尔森相关系数确定影响'突尼斯软籽'石榴花芽分化及坐果率的关键因素。结果显示（图2），石榴开花与坐果率与4月平均气温呈负相关（相关系数-0.92）、4月平均温度越高越不利于成花；同时与9月、10月、11月最高气温呈负相关（相关系数-0.92，-0.93，-0.92，-0.81），最高气温越高越不利于成花；其次2月、7月平均温度与成花呈负相关（相关系数-0.82，-0.88），2月、7月平均气温越高越不利于成花。适当的累计降雨量有助于石榴成花，其中，2月及12月累计降雨量有利于石榴成花。

2.2　GA₃对提高石榴头茬花坐果率的影响

差异显著性分析结果表明：与对照相比，除了T1不能显著性提高石榴头茬花坐果率外，其余处理均能显著性提高石榴头茬花坐果率，其中T2和T6是提高石榴头茬花坐果率的最佳处理方式，坐果率达到75%±0.13%和70%±0%，较对照20%±0.05%分别提高55%和50%（$P<0.01$）；其次为T3、T4和T5坐果率61.6%±0.03%、50%±0.01%和56.7%±0.08%，较对

不同气候条件对石榴成花质量的影响及提高石榴头茬花坐果率的有效措施

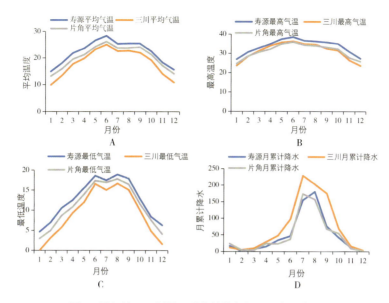

图1 涛源镇、三川镇及片角镇的气候因子变化曲线
A：月平均温度；B：月最高温度；C：月最低温度；D：月累计降水量变化曲线图

Fig. 1 The curve revealed the difference of the climate condition among Taoyuan, Sanchuan and Pianjiao.
A: average temperature; B: the high temperature; C: the low temperature; D: accumulated precipitation.

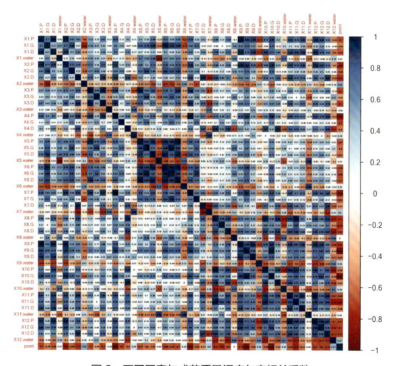

图2 不同因素与成花质量间皮尔森相关系数

Fig. 2 The Pearson correlation coefficient between climate conditions and the quality of flowers

照分别提高 41.6%、30% 和 36.7%，同样为提高石榴头茬花坐果率的良好选择（$P < 0.01$）；T6处理下石榴坐果率为 46.7% ± 0.06%，虽不如 T2，T6，T3，T4，T5 坐果率高，却较对照显著性提高了石榴头茬花坐果率（$P < 0.05$）。因此，在生产中可选择 T2 和 T6 两种处理方式提高石榴头茬花坐果率。

表 3 不同处理对提高石榴头茬花坐果率影响

Table 3 The effects of different treatments on the fruit setting rate of pomegranate first-blooming flowers

处理方式	坐果率 /%
T1	30 ± 0.05 d
T2	70 ± 0 ab
T3	61.6 ± 0.03 bc
T4	50 ± 0.01 bc
T5	56.7 ± 0.08 bc
T6	75 ± 0.13 a
T7	46.7 ± 0.06 c
CK	20 ± 0.05 d

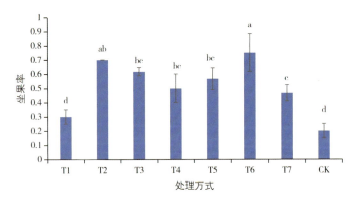

图 3 不同处理对提高石榴头茬花坐果率影响

Fig. 3 The effects of different treatments on the fruit setting rate of pomegranate first-blooming flowers

3 讨论

温度与降雨量为影响'突尼斯软籽'石榴花芽分化及坐果的关键因素，对比云南永胜县 3 个地区气候资料发现，温度为影响石榴花芽分化的关键因素。石榴花分为三茬花，故石榴花芽分化分为 3 个高峰时期：当年的 7 月上旬，9 月下旬和次年的 4 月上、中旬。花芽分化高峰期温度过高可导致石榴花芽分化异常、败育花比例高。因此涛源镇 7 月、4 月平均温度，9～11 月最高温度高于三川、片角为影响涛源镇'突尼斯软籽'石榴花芽分化的关键因子。此外，云南地区石榴 2 月中旬花芽萌动，因此，2 月平均温度及月累计降雨量是另一个影响石榴花芽分化的关键因素。

结合云南省永胜县 3 个地区气候因子分析结果可知，温度为影响石榴花芽分化的关键因素。在 7 月平均气温高于 25℃；9、10 月最高气温高于 35℃；11 月平均温度高于 25℃；2 月平均气温高于 15℃；4 月平均气温高于 21℃的地区栽植石榴时应慎重选择品种。

参考文献

[1] 曹尚银, 侯乐峰. 中国果树志·石榴卷[M]. 北京: 中国林业出版社, 2013: 1-3.

[2] 薛辉, 曹尚银, 牛娟, 等. 花粉直感对'突尼斯'石榴坐果及果实品质的影响[J]. 果树学报, 2016, 2: 196-201.

[3] 司守霞, 牛娟, 陈利娜, 等. 不同药剂对石榴可育花比率及产量和品质的影响[J]. 西北林学院学报, 2017, 32(4): 111-116.

[4] WETZSTEIN H Y, RAVID N, WILKINS E, ADRIANA P M. A morphological and histological characterization of bisexual and male flower types in pomegranate[J]. Journal of the American Society for Horticultural Science, 2011, 136(2): 83-92.

[5] HOLLAND D, HATIB K, BAR-YAAKOV I. Pomegranate: botany, horticulture, breeding[J]. Horticultural Reviews, 2009, 35: 127-191.

[6] 蔡永立, 卢心固, 朱立武, 等. '粉皮'石榴花芽分化研究[J]. 园艺学报, 1993(1): 23-26, 107.

[7] CHEN L N, ZHANG J, LI H X, NIU J, XUE H, LIU B B, WANG Q, LUO X, ZHANG F H, ZHAO D G, CAO S Y. Transcriptomic analysis reveals candidate genes for female sterility in pomegranate flowers[J]. Frontiers in Plant Science, 2017, 8: 1430.

[8] 陈利娜, 牛娟, 刘贝贝, 等. 不同花期喷施植物生长调节剂对石榴坐果及果实品质的影响[J]. 果树学报, 2020, 37(2): 92-101.

设施栽培下两个石榴品种光合与荧光参数日变化研究

冯立娟[1]，杨雪梅[1]，王嘉艳[2]，鹿英[3]，尹燕雷[1*]

([1]山东省果树研究所，泰安 271000；[2]荣成市农业农村事务服务中心，荣成 264300；[3]山东省肥城市石横镇政府，肥城 271612)

Study on the Diurnal Changes of Photosynthetic and Fluorescence Parameters of Two Pomegranate Cultivars in Protected Cultivation

FENG Lijuan[1], YANG Xuemei[1], WANG Jiayan[2], LU Ying[3], YIN Yanlei[1*]

([1]Shandong Key Laboratory of Fruit Tree Biotechnology Breeding, Shandong Institute of Pomology, Taian, Shandong 271000, China; [2]Rongcheng Agricultural and Rural Affairs Service Center, Rongcheng, Shandong 264300, China; [3]Shiheng Town Government, Feicheng, Shandong 271622, China)

摘 要：【目的】明确不同石榴品种设施栽培光合和荧光特性的差异及变化趋势。【方法】以石榴品种'泰山红'和'突尼斯软籽'为试材，利用 CIRAS-3 型便携式光合仪和 Pocket PEA1.13 型便携式植物荧光仪测定两个品种光合和荧光参数的日变化，利用相关分析进行综合评价。【结果】两个品种光合有效辐射和大气温度随时间的增加均先升高后降低。净光合速率、气孔导度和蒸腾速率日变化均为典型的双峰曲线，存在光合"午休"现象。细胞间 CO_2 浓度和水分利用效率呈先降低后升高的变化趋势，水蒸气压亏缺先升高后降低再升高。'泰山红'净光合速率、气孔导度和蒸腾速率整体上高于'突尼斯软籽'。随着时间的增加，Fo 先升高后降低，Fm、Fv/Fm、Fv/Fo 和 PI 先降低后升高，Vj 先升高后降低再缓慢升高。相关性分析表明，大气温度与细胞间 CO_2 浓度、水分利用效率极显著负相关。光合有效辐射与 Fo 显著正相关，与 Fm、Fv/Fm、Fv/Fo 显著负相关。净光合速率与气孔导度极显著正相关。细胞间 CO_2 浓度与水分利用效率、PI 显著正相关。Fo 与 Fm、Fv/Fm、Fv/Fo 极显著负相关。Fm、Fv/Fm、Fv/Fo 与 PI 互为显著正相关关系。【结论】石榴光合能力受气孔和非气孔限制的影响，与光合有效辐射、气孔导度、蒸腾速率密切相关，'泰山红'光合性能显著高于'突尼斯软籽'。

关键词：石榴；设施栽培；光合；荧光；相关分析

Abstract:【Objective】The aim of the study is to clarify the differences and changing trends of photosynthetic and fluorescence characteristics of different pomegranate cultivars in protected cultivation.【Methods】The pomegranate cultivars 'Taishanhong' and 'Tunisiruanzi' were used as the experiment materials in protected cultivation. The diurnal changes of photosynthesis and fluorescence parameters of two cultivars were measured by CIRAS-3 portable photosynthesis instrument and Pocket PEA1.13 portable plant fluorometer, respectively. The correlation analysis of photosynthetic and fluorescence indicators was used for comprehensive evaluation.【Results】The photosynthetic active radiation and atmospheric temperature of the two cultivars increased first and then decreased with the increaseing of time. The diurnal variation of net photosynthetic rate, stomatal conductance, and transpiration rate were all typical double-peak curves. "Midday break" phenomenon in photosynthesis appeared at around 12h noon. The intercellular CO_2 concentration and water use efficiency showed the trend of first decreasing and then increasing. The water vapour pressure deficit first increased, then decreased and then increased. The net photosynthetic rate, stomatal conductance and transpiration rate of 'Taishanhong' were generally higher than that of 'Tunisiruanzi'. With the increase of time, Fo of two cultivars first increased and then decreased. The diurnal variation of Fm, Fv/Fm, Fv/Fo and PI first decreased and then increased. Vj first

---

基金项目：山东省农业科学院农业科技创新工程新兴交叉学科项目（CXGC2021A29），山东省重点研发计划项目（2018JHZ003），山东省农业良种工程项目（2017LZN023）。

作者简介：冯立娟，女，博士，副研究员，主要从事石榴种质资源评价与创新利用研究。E-mail: fenglj1230@126.com。

*通信作者：尹燕雷，男，研究员，主要从事石榴种质资源评价与创新利用研究。E-mail: yylei66@sina.com。

increased, then decreased and then increased slowly. Correlation analysis showed that atmospheric temperature had a very significant negative correlation with the intercellular CO_2 concentration and water use efficiency. Photosynthetic active radiation was significantly positively correlated with Fo, and significantly negatively correlated with Fm, Fv/Fm, and Fv/F0. The net photosynthetic rate had a very significant positive correlation with stomatal conductance. The intercellular CO_2 concentration was significantly positively correlated with water use efficiency and PI. Fo had extremely significant negative correlation with Fm, Fv/Fm and Fv/Fo. There was extremely significant positive correlation between Fm and Fv/Fm, Fv/Fo.【Conclusions】The photosynthetic capacity of pomegranate was affected by the restriction of stomata and non-stomata. The correlation between photosynthetic and fluorescence indicators were different. The photosynthetic characteristic of 'Taishanhong' was significantly higher than that of 'Tunisiruanzi'. The result provided a theoretical basis for the cultivation and regulation of the growth and development of pomegranate in facilities.

Key words: *Punica granatum*; Protected cultivation; Photosynthesis; Fluorescence; Correlation analysis

石榴（*Punica granatum* L.）属千屈菜科（Punicaceae）石榴属（*Punica*）落叶灌木或小乔木，原产伊朗、阿富汗等中亚地区，适应性广，遗传多样性丰富，在世界各国的产业规模日益增加[1,2]。石榴果实富含鞣花单宁、类黄酮和酚酸等生物活性物质，具有较高的营养、保健和经济价值，深受消费者青睐，市场发展前景广阔[3-4]。石榴喜温畏寒，北方地区冬季的极端低温易使其发生不同程度的冻害，造成了极大的经济损失[5-6]。经过多年生产实践发现，设施栽培能保障石榴在北方地区安全越冬，是预防石榴冻害的有效措施之一[7]。开展石榴设施栽培生长发育方面的研究对促进其产业可持续发展具有重要意义。

光合作用是植物生长发育的物质基础，光合能力强弱与植物产量和品质密切相关[8-9]。石榴净光合速率高低与光合有效辐射和气孔导度密切相关，也受温度、湿度、CO_2浓度等外界因素的影响[10]。叶绿素荧光分析技术是光合作用的灵敏探针，能检测植物光合生理状况，反映光能的吸收、传递与分配，是阐明植物光合机理的重要手段[11-13]。利用叶绿素荧光参数反映光合特性的研究主要集中在葡萄[14]、苹果[15]、梨[16]等果树作物上，主要解析不同栽培条件、逆境胁迫等外界因素对其光合能力的影响。石榴中仅限于研究了多效唑处理[10]和干旱胁迫[17]对石榴光合参数的影响，利用光合荧光参数综合评价石榴光合能力的研究尚未见报道。因此，本研究以主栽石榴品种'泰山红'和'突尼斯软籽'为试材，解析设施栽培条件下不同品种叶片光合和叶绿素荧光特性的差异及变化规律，为设施石榴生长发育的栽培调控提供理论依据。

1 材料与方法

1.1 试验材料

供试石榴品种为6年生'突尼斯软籽'（Tunisiruanzi，TNSRZ）和'泰山红'（Taishanhong，TSH）5株，定植于山东省果树研究所万吉山基地石榴种质资源圃。该基地属温带大陆性半湿润季风气候区，年平均降水量697mm，降水主要集中在7～8月。土质为沙壤土，微酸性，土层薄，土壤肥力一般。温室大棚东西向，株行距为2 m×4 m，常规管理。

1.2 试验方法

1.2.1 光合参数的测定

在2020年5月15～25日，选择3个连续晴朗天气，利用PP-SYSTEM公司生产的CIRAS-3

型便携式光合仪在自然条件下 8：00～18：00 每隔 2 小时记录光合日变化指标 1 次。测定大气温度（Atmospheric temperature，Ta）、光合有效辐射（Photosynthetic active radiation，PAR）、净光合速率（Net photosynthetic rate，Pn）、蒸腾速率（Transpiration rate，Tr）、气孔导度（Stomatal conductance，Gs）、细胞间 CO_2 浓度（Intercellular CO_2 concentration，Ci）、水分利用效率（Water use efficiency，WUE）、水蒸汽压亏缺（Vapour pressure deficit，VPD）等光合指标。

1.2.2 叶绿素荧光参数的测定

测定光合参数时，利用英国 Hansatech 公司生产的 Pocket PEA1.13 型便携式植物荧光仪于 8：00～18：00 测定，每隔 2 小时测 1 次。测定前用特定的夹子夹住叶片中部，使叶片暗适应 30 分钟，暗适应后将夹子对准探头拉下金属遮光片使叶片暴露在饱和脉冲光下 1 秒左右，直接读取的初始荧光（Minimal fluorescence，Fo）、最大荧光（Maximal fluorescence，Fm）、PSII 最大光化学效率（PSII maximum photochemical efficiency，Fv/Fm）、PSII 潜在光化学活性（PSII potential photochemical activity，Fv/Fo）、光合性能指数（Photosynthetic index，PI）和相对可变荧光（Relative variable fluorescence，Vj）等。

1.3 数据分析

采用 Microsoft Excel 2007 进行数据处理及作图，SPSS19.0 软件进行差异显著性分析。

2 结果与分析

2.1 外界大气温度和光合有效辐射日变化

温度和光照是设施栽培中最重要的环境因子，影响石榴的光合作用[9,18]。如图 1 所示，外界大气温度和光合有效辐射均随时间的增加呈先升高后降低的变化趋势。光合有效辐射在 12：00 左右出现峰值，为 1947μmol/（m²·s）。大气温度在 14：00 左右最高，为 37.2℃。

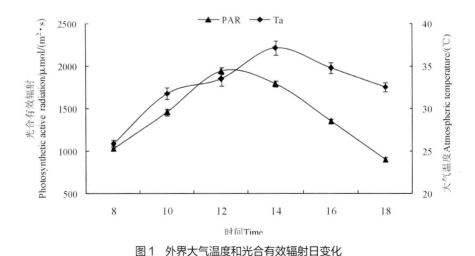

图 1 外界大气温度和光合有效辐射日变化

Fig.1 Diurnal change of atmospheric temperature and photosynthetic active radiation

2.2 两个石榴品种叶片光合特性的比较

净光合速率、蒸腾速率、气孔导度和细胞间CO_2浓度是评价石榴光合能力的重要指标[19]。两个石榴品种叶片净光合速率、气孔导度和蒸腾速率日变化均呈升高→降低→升高→降低的趋势，为典型的双峰曲线（图2）。两个品种净叶片光合速率和气孔导度分别在10:00和14:00左右出现峰值，第1个峰值高于第2个。'泰山红'叶片净光合速率最高值[21.7μmol/（m²·s）]，显著高于'突尼斯软籽'[19.8μmol/（m²·s）]。随着时间的增加，两个品种叶片蒸腾速率在10:00左右出现第1个峰值，10:00~14:00逐渐下降后，在16:00左右出现第2个峰值，显著低于第1个峰值。'泰山红'叶片净光合速率、气孔导度和蒸腾速率整体上高于'突尼斯软籽'。

CO_2是光合作用必不可少的原料，在一定范围内CO_2浓度越高，光合作用越强[20]。水分利用效率是耦合植物光合作用与水分生理过程的重要指标，能反映植物在等量水分消耗情况下固定CO_2的能力[21]。两个石榴品种叶片细胞间CO_2浓度和水分利用效率随时间的增加均呈先降低

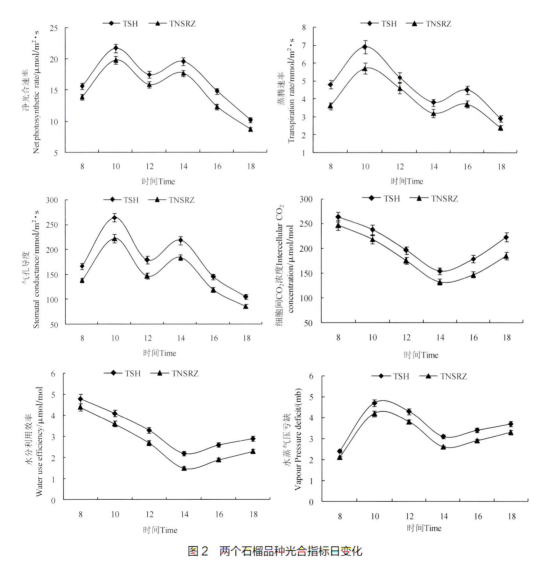

图2 两个石榴品种光合指标日变化

Fig. 2 Diurnal change of photosynthetic indexes in two pomegranate cultivars

后升高的变化趋势，分别在 8:00 和 18:00 出现峰值，14:00 左右最低。水蒸气压亏缺能反映空气中水分亏缺的程度，影响植物体内水分运输和生理代谢[22]。两个品种水蒸气压亏缺随时间的增加逐渐升高，在 10:00 左右出现第 1 个峰值，10:00～14:00 逐渐降低，在 14:00 最低，14:00～18:00 缓慢升高，在 18:00 出现第 2 个峰值，低于第 1 个峰值，总体呈先升高后降低再升高的变化趋势。

2.3 两个石榴品种叶片荧光特性的比较

Fo 是 PSII 光化学反应中心处于完全开放时的荧光值，能反映植物体色素含量的高低，根据 Fo 参数变化程度能推测植物的光保护机制和 PSII 反应中心的状况[23]。如图 3 所示，'泰山红'和'突尼斯软籽'叶片中 Fo 随时间的增加均呈先升高后降低的变化趋势，在 12:00 左右最高，分别为 496.25 和 456.86。此时光合有效辐射最高，抑制了石榴的光合作用，PSII 系统对能量的利用效

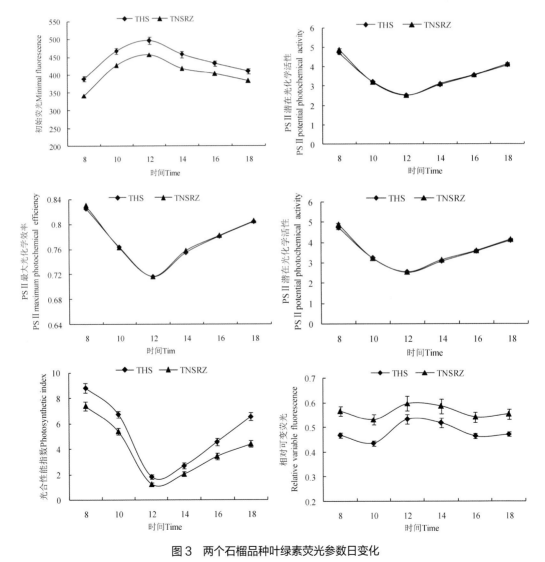

图 3 两个石榴品种叶绿素荧光参数日变化

Fig.3 Diurnal change of chlorophyll fluorescence parameters in two pomegranate cultivar

率最低。14：00以后，随着光照强度的减弱，Fo逐渐降低。'泰山红'Fo值高于'突尼斯软籽'。

Fm是光系统PSⅡ反应中心处于完全关闭时的荧光产量，能反映PSII的电子传递和光抑制的情况[24]。两个石榴品种Fm均呈先降低后升高的变化趋势，分别在8：00和18：00左右出现峰值，12：00左右最低，光抑制现象明显（图3）。'泰山红'叶片的Fm高于'突尼斯软籽'。

Fv/Fm能反映植物潜在的最大光合能力，是植物产生光抑制的重要指标[25, 26]。两个石榴品种Fv/Fm均呈先降低后升高的变化趋势，8：00~12：00逐渐下降，12：00左右最低，这说明，8：00左右光抑制程度较低，随着温度和光合有效辐射的增加，光抑制程度逐渐增加，在12：00左右最高。12：00~18：00随着温度和光合有效辐射的降低，Fv/Fm值逐渐升高，光合活性逐渐得到恢复。'泰山红'和'突尼斯软籽'日变化的Fv/Fm值非常接近，差异不显著。

Fv/Fo是反映植物潜在光化学活性的重要指标[8]。两个石榴品种Fv/Fo随着时间的变化也呈先降低后升高的变化趋势，在8：00和18：00左右最高，12：00左右最低。这说明，两个石榴品种在8：00和19：00潜在光化学活性较强，在12：00较弱。两个石榴品种Fv/Fo值差异不显著。

PI能够反映植物叶片的光合综合性能，是判断光合活性是否受损的一个重要指标[27]。两个石榴品种PI在8：00~12：00期间逐渐降低，与Fv/Fm变化趋势相同，这说明，高温和高光合有效辐射对石榴的光合活性造成了一定程度的抑制。在12：00~18：00范围内，随着温度和光合有效辐射的降低，PI值逐渐升高，可见，可逆的PSII功能下降在一定范围内能对强光和高温伤害起到保护作用。

Vj是荧光参数中J相的相对可变荧光强度，反映有活性反应中心的关闭程度；Vj升高表明PSⅡ受体侧原初电子供体QA到次级电子供体QB间的电子传递受到严重抑制，导致QA– 的积累[23]。两个石榴品种Vj总体呈先升高后降低后期略有升高的变化趋势，在12：00最高，此时PSII受体侧的电子传递受到抑制。'突尼斯软籽'Vj整体上高于'泰山红'。

2.4 相关性分析

大气温度与细胞间CO_2浓度、水分利用效率极显著负相关（表1）。光合有效辐射与Fo显著正相关，与Fm、Fv/Fm极显著负相关，与Fv/Fo显著负相关，与净光合速率正相关但不显著。光合有效辐射与PI在'泰山红'中显著负相关，在'突尼斯软籽'中负相关但不显著。净光合速率与气孔导度极显著正相关，与蒸腾速率正相关。气孔导度与蒸腾速率正相关但不显著。细胞间CO_2浓度与水分利用效率极显著正相关，与PI显著正相关。Fo与Fm、Fv/Fm、Fv/Fo极显著负相关。Fm与Fv/Fm、Fv/Fo极显著正相关，在'泰山红'中与PI极显著正相关，在'突尼斯软籽'中显著正相关。Fv/Fm与Fv/Fo极显著正相关，与PI显著正相关。Fv/Fo与PI显著正相关。

3 讨论

光合作用日变化能反映日间植物内在节律和对环境的适应能力，可用来表征植物生理特性及环境因子对它的综合作用[10, 28]。植物光合日变化进程通常有单峰和双峰两种类型[29]，本研究中，两个石榴品种叶片净光合速率日变化为典型的双峰曲线，这与绿核桃[28]中的变化趋势相似。中午12：00左右，光合有效辐射和大气温度高，气孔导度下降，蒸腾和呼吸速率强，净光合速率降低，出现光合"午休"现象，这与冰草[29]和红松[30]中的研究结果一致。

表 1 两个石榴品种光合荧光指标相关性分析

Table 1　Correlation analysis of photosynthetic and fluorescence indicators in two pomegranate cultivars

品种 Cultivar	指标 Indexes	Ta	PAR	Pn	Gs	Tr	Ci	WUE	VPD	F0	Fm	Fv/Fm	Fv/F0	PI	Vj
泰山红 Taishanhong	Ta	1													
	PAR	0.593	1												
	Pn	0.173	0.679	1											
	Gs	0.110	0.552	0.979**	1										
	Tr	-0.254	0.329	0.760	0.770	1									
	Ci	-0.940**	-0.642	-0.154	-0.038	0.335	1								
	WUE	-0.933**	-0.356	0.158	0.223	0.569	0.921**	1							
	VPD	0.320	0.381	0.339	0.380	0.526	-0.049	-0.067	1						
	F0	0.578	0.906*	0.632	0.557	-0.463	-0.491	-0.294	0.736	1					
	Fm	-0.765	-0.921**	-0.446	-0.335	-0.163	0.733	0.568	-0.569	-0.939**	1				
	Fv/Fm	-0.631	-0.937**	-0.541	-0.439	-0.324	0.587	0.390	-0.639	-0.983**	0.979**	1			
	Fv/F0	-0.722	-0.915*	-0.551	-0.462	-0.312	0.649	0.476	-0.677	-0.980**	0.984**	0.987**	1		
	PI	-0.820*	-0.864*	-0.257	-0.118	0.114	0.863*	0.721	-0.315	-0.785	0.948**	0.878*	0.878*	1	
	Vj	0.446	0.678	0.042	-0.096	-0.356	-0.595	-0.463	-0.081	0.480	-0.665	-0.621	-0.545	-0.803	1
突尼斯软籽 Tunisi ruanzi	Ta	1													
	PAR	0.593	1												
	Pn	0.144	0.678	1											
	Gs	0.119	0.545	0.978**	1										
	Tr	-0.112	0.458	0.774	0.759	1									
	Ci	-0.948**	-0.514	0.047	0.102	0.320	1								
	WUE	-0.936**	-0.365	0.182	0.207	0.434	0.977**	1							
	VPD	0.251	0.327	0.326	0.352	0.644	0.017	-0.009	1						
	F0	0.674	0.854*	0.514	0.434	0.526	-0.503	-0.429	0.734	1					
	Fm	-0.651	-0.970**	-0.587	-0.465	-0.468	0.539	0.421	-0.510	-0.950**	1				
	Fv/Fm	-0.632	-0.923**	-0.540	-0.429	-0.499	0.496	0.398	-0.627	-0.982**	0.988**	1			
	Fv/F0	-0.726	-0.897*	-0.539	-0.452	-0.484	0.572	0.487	-0.654	-0.993**	0.971**	0.986**	1		
	PI	-0.855	-0.782	-0.129	-0.011	0.036	0.843*	0.789	-0.298	-0.807	0.847*	0.835*	0.844*	1	
	Vj	0.192	0.590	0.123	-0.044	-0.203	-0.288	-0.207	-0.225	0.294	-0.521	-0.454	-0.343	-0.569	1

注：* 表示在 0.05 水平显著相关，** 表示在 0.01 水平极显著相关。Note: * Indicates significant correlation at the 0.05 level, ** indicates highly significant correlation at the 0.01 level.

有研究认为，光合作用下降的原因有气孔限制和非气孔限制因素[31]。气孔限制主要受气孔数量、气孔开度等影响，净光合速率下降时，伴随细胞间 CO_2 浓度和气孔导度降低。非气孔限制主要是由羧化酶效率的降低引起的，导致细胞间 CO_2 浓度的增加[32-33]。本研究中，两个石榴品种净光合速率在 10：00～12：00 降低时，气孔导度降低，细胞间 CO_2 浓度降低，此时气孔限制是净光合速率降低的主要因素。在 14：00～18：00 净光合速率降低时，气孔导度降低，细胞间 CO_2 浓度升高，此时光合机构遭到破坏，电子吸收传递过程受到阻碍，非气孔限制因素起重要作用[34]。这说明，石榴光合作用既受气孔限制又受非气孔限制因子的影响，这与桑树[35]上的研究结果一致。

叶绿素荧光是探测和分析植物光合功能的重要手段，为研究光系统及其电子传递过程提供了丰富的信息[36]。植物进行正常的光合作用需要适宜的光照和温度范围，超过这个范围便会造成胁迫，产生光抑制[37]。本研究中，随着时间的增加，两个石榴品种叶片中 Fo 先升高后降低，Vj 先升高后降低后缓慢升高，均在 12：00 最高。Fm、Fv/Fm、Fv/Fo 和 PI 均先降低后升高，在 12：00 最低。这些参数变化表明中午时高温、高光强胁迫伤害细胞质膜和光合电子传递链，导致 PSII 活性和光保护能力下降，PSII 受体侧的电子传递受到抑制，使石榴出现光抑制现象[37]。Fm、Fv/Fm、Fv/Fo 和 PI 在 12：00～18：00 期间逐渐升高，这说明 PSII 反应中心的失活是可逆的，是石榴对高温高强度光照的一种自我保护机制[38]。

植物光合能力强弱受外界环境条件和自身特性等多种生理生态因素的影响。光环境是设施栽培中最重要的环境因子，对植物形态建成、光合特性、生理代谢等重要的调控作用[19]。本研究中，光合有效辐射与两个品种净光合速率正相关但不显著，与 Fo、Fm、Fv/Fm、Fv/Fo 显著正相关或负相关，这说明光照在一定程度上影响石榴光合作用。光合有效辐射与光合性能指数 PI 负相关，存在品种差异性，这说明石榴光合性能受到光照强度的抑制作用，其适宜的光照范围还需要深入研究。净光合速率与气孔导度极显著正相关，这说明气孔导度是影响石榴光合能力的重要限制因素[39]。净光合速率与蒸腾速率、Fo 正相关，这与垂丝海棠[40]中的研究结果一致。细胞间 CO_2 浓度与水分利用效率、PI 显著正相关，这说明一定浓度的 CO_2 有利于石榴光合作用，这与黄瓜[41]上的研究结果一致。相关性分析表明，Fo 与 Fm、Fv/Fm、Fv/Fo 极显著负相关。Fm、Fv/Fm、Fv/Fo 与 PI 互为显著正相关关系。这说明，两个品种荧光指标间存在不同程度的相关性。

综合分析两个石榴品种光合和荧光特性发现，'泰山红'光合综合性能高于'突尼斯软籽'，受光抑制程度较轻，这可能与品种自身特性有关。在设施栽培过程中，应采取有利于光合作用的措施，如夏季遮阴[9]、幼果期喷施外源钙[16]、合理整形修剪[28]、适当增加 CO_2 浓度[41]、减施氮肥增施磷肥[8,42]等。这些措施如何有效地提高石榴光合能力，哪种措施效果最佳，具体调控机理还需深入研究。

4 结论

设施栽培条件下，'泰山红'和'突尼斯软籽'石榴净光合速率日变化均为典型的双峰曲线，存在光合"午休"现象。光合能力强弱既受气孔限制又受非气孔限制，与光合有效辐射、气孔导度、蒸腾速率密切相关。不同光合荧光参数的变化趋势表明中午时存在光抑制现象，可逆的

PSII功能降低在一定范围内能对强光和高温伤害起保护作用。两个品种光合荧光指标间存在不同程度地相关性，'泰山红'光合性能显著高于'突尼斯软籽'。

参考文献

[1] QIAN J J, ZHANG X P, YAN Y, WANG N, GE W Q, ZHOU Q, YANG YC. Unravelling the molecular mechanisms of abscisic acid-mediated drought-stress alleviation in pomegranate (*Punica granatum* L.)[J]. Plant Physiology and Biochemistry, 2020, 157: 211-218.

[2] ASREY R, KUMAR K, SHARMA R R, MEENA N K. Fruit bagging and bag color affects physico-chemical, nutraceutical quality and consumer acceptability of pomegranate (*Punica granatum* L.) arils[J]. Journal of Food Science and Technology, 2020, 57, 1469-1476.

[3] SHAHAMIRIAN M, ESKANDARI M H, NIAKOUSARI M, ESTEGHLAL S, GAHRUIE H H, KHANEGHAH A M, Incorporation of pomegranate rind powder extract and pomegranate juice into frozen burgers: oxidative stability, sensorial and microbiological characteristics[J]. Journal of Food Science and Technology, 2019, 56, 1174-1183.

[4] 骆翔,曹尚银,李好先,等.石榴SUT基因家族鉴定及其在籽粒发育过程中的表达分析[J].果树学报, 2020, 37(4): 485-494.

[5] 焦其庆,冯立娟,尹燕雷,等.石榴冻害及抗寒评价研究进展[J].植物生理学报, 2019, 55(4)425-432.

[6] 刘贝贝,陈利娜,牛娟,等.6个石榴品种抗寒性评价及方法筛选[J].果树学报, 2018, 35(1): 66-73.

[7] 唐海霞,史作亚,王魏,等.石榴设施栽培防寒效果初报[J].山东农业科学, 2019, 51(8)46-49.

[8] 杜祥备,王家宝,刘小平,等.减氮运筹对甘薯光合作用和叶绿素荧光特性的影响[J].应用生态学报, 2019, 30(4): 1253-1260.

[9] 彭鑫,王喜乐,倪彬彬,等.遮阴对草莓光合特性和果实品质的影响[J].果树学报, 2018, 35(9): 1087-1097.

[10] 尹燕雷,王传增,唐海霞,等.多效唑对石榴光合特性的影响[J].分子植物育种, 2019, 17(22): 7494-7499.

[11] 黄小晶,许泽华,牛锐敏,等.叶片黄化对'赤霞珠'葡萄光合及叶绿素荧光特性的影响[J].经济林研究, 2020, 38(3): 190-199.

[12] 张利霞,常青山,薛娴,等.酸胁迫对夏枯草叶绿素荧光特性和根系抗氧化酶活性的影响[J].草业学报, 2020, 29(8): 134-142.

[13] 何海锋,闫承宏,吴娜,等.施氮量对柳枝稷叶片叶绿素荧光特性及干物质积累的影响[J].草业学报, 2020, 29(11): 141-150.

[14] 尹勇刚,袁军伟,刘长江,等.NaCl胁迫对葡萄砧木光合特性与叶绿素荧光参数的影响[J].中国农业科技导报, 2020, 22(8): 49-55.

[15] 牛军强,孙文泰,董铁,等.间伐改形对陇东高原密闭富士苹果园冠层微域环境及叶片生

理特性的影响[J]. 应用生态学报, 2020, 31(11): 3681-3690.

[16] 周君, 肖伟, 陈修德, 等. 外源钙对'黄金梨'叶片光合特性及果实品质的影响[J]. 植物生理学报, 2018, 54(3): 449-455.

[17] 卓热木·塔西, 木合塔尔·扎热, 卢明艳, 等. 自然干旱条件下2个石榴品种生长和光合等生理特性的变化[J]. 干旱地区农业研究, 2018, 36(6): 77-85.

[18] 李克烈, 李志英, 王荣香, 等. 3种牛大力种质资源的光合特性的比较[J]. 分子植物育种, 2018, 16(13): 4413-4417.

[19] 刘庆, 连海峰, 刘世琦, 等. 不同光质LED光源对草莓光合特性、产量及品质的影响[J]. 应用生态学报, 2015, 26(6): 1743-1750.

[20] 谷家茂, 李漾漾, 王峰, 等. 细胞外钙受体(CAS)调控植物光合作用及逆境响应的研究进展[J]. 园艺学报, 2019, 46(9): 1633-1644.

[21] 叶子飘, 张海利, 黄宗安, 等. 叶片光能利用效率和水分利用效率对光响应的模型构建[J]. 植物生理学报, 2017, 53(6): 1116-1122.

[22] 杜清洁, 宋小明, 柏萍, 等. 不同水汽压差对番茄气体交换参数和生长的影响及综合评价[J]. 西北农业学报, 2020, 29(1): 66-74.

[23] 王直亮, 陈静芳, 林静怡, 等. 不同菜心品种叶绿素荧光参数日变化的研究[J]. 分子植物育种, 2017, 15(9): 3654-3659.

[24] 乔梅梅, 刘翔, 罗龙, 等. 黑果枸杞叶绿素荧光参数日变化研究[J]. 北方园艺, 2017(12): 167-173.

[25] KOCHEVA K, KARTSEVA T, NENOVA V, GEORGIEV G, BRESTIC M, MISHEVA S. Nitrogen assimilation and photosynthetic capacity of wheat genotypes under optimal and deficient nitrogen supply[J]. Physiology and Molecular Biology of Plants, 2020, 26(11): 2139-2149.

[26] 吴帼秀, 李胜利, 李阳, 等. H_2S和NO及其互作对低温胁迫下黄瓜幼苗光合作用的影响[J]. 植物生理学报, 2020, 56(10): 2221-2232.

[27] BYRD S A, SNIDERJ L, GREY TL, CULPEPPER A S, WHITAKER J R, ROBERTS P M, CHASTAIN D R, PORTER W M, COLLINS G D. Chlorophyll a fluorescence parameters do not detect yield-limiting injury from sub-lethal rates of 2,4-dichlorophenoxyacetic acid (2,4-D) in cotton (*Gossypium hirsutum*)[J]. Journal of Experimental Agriculture International, 2020, 42(1): 34-48.

[28] 杨莹, 王磊, 刘永辉, 等. 红核桃和绿核桃叶片性状及光合日变化比较[J]. 果树学报, 2020, 37(8): 1175-1183.

[29] 周敏, 杜峰, 张赟赟, 等. 黄土高原撂荒地植物群落共存种光合特性对土壤水分变化的响应[J]. 草业学报, 2020, 29(1): 50-62.

[30] 梁德洋, 金允哲, 赵光浩, 等. 红松无性系光合特性比较研究[J]. 基因组学与应用生物学, 2018, 37(9): 3996-4006.

[31] 叶子飘, 谢志亮, 段世华, 等. 设施栽培条件下三叶青叶片光合的气孔和非气孔限制[J]. 植物生理学报, 2020, 56(1): 41-48.

[32] 郭丽丽,郝立华,贾慧慧,等.NaCl胁迫对两种番茄气孔特征、气体交换参数和生物量的影响[J].应用生态学报,2018,29(12):3949-3958.

[33] 张德,罗学义,赵通,等.干旱胁迫下平邑甜茶对外源硅处理的生理响应特性[J].果树学报,2020,37(10):1506-1517.

[34] 杨锐,郎莹,张光灿,等.野生酸枣光合及叶绿素荧光参数对土壤干旱胁迫的响应[J].西北植物学报,2018,38(5):922-931.

[35] 朱文旭,张会慧,许楠,等.间作对桑树和谷子生长和光合日变化的影响[J].应用生态学报,2012,23(7):1817-1824.

[36] FRANIC M, GALIC V, LONCARIC Z, SIMIC D. Genotypic variability of photosynthetic parameters in maize ear-leaves at different cadmium levels in soil[J]. Agronomy, 2020, 10(7): 986.

[37] 耿庆伟,邢浩,翟衡,等.臭氧胁迫下不同光强与温度处理对'赤霞珠'葡萄叶片PSII光化学活性的影响[J].中国农业科学,2019,52(7):1183-1191.

[38] 张强皓,张金燕,寸竹,等.光强和高温对三七光系统活性的影响[J].植物生理学报,2020,56(5):1064-1072.

[39] 董星光,曹玉芬,田路明,等.中国野生山梨叶片形态及光合特性[J].应用生态学报,2015,26(5):1327-1334.

[40] 赵婷,杨建宁,吴玉霞,等.外源H_2S处理对盐碱胁迫下垂丝海棠幼苗生理特性的影响[J].果树学报,2020,37(8):1156-1167.

[41] 厉书豪,李曼,张文东,等.CO_2加富对盐胁迫下黄瓜幼苗叶片光合特性及活性氧代谢的影响[J].生态学报,2019,39(6):2122-2130.

[42] 赵伟,甄天悦,张子山,等.增施磷肥提高弱光环境中夏大豆叶片光合能力及产量[J].作物学报,2020,46(2):249-258.

叶面喷施光碳核肥对石榴生长发育的影响初报

何莉娟[1]，洪明伟[1]，吴兴恩[1]，王仕玉[1]，丁丽[1]，伍峥[1]，张钰婕[2]，子金丽[1]，任静[1]，彭东[1]，刘光源[1]，沈强[1]，李文祥[1]，杨荣萍[1]*

([1]云南农业大学园林园艺学院，云南昆明 650201；[2]云南农业大学财务处，云南昆明 650201)

Preliminary Report on the Effect of Foliar Spraying Light Carbon Nuclear Fertilizer on the Growth and Development of Pomegranate

HE LIjuan, HONG Mingwei, WU Xingen, WANG Shiyu, DING Li, WU Zheng, ZHANG Yujie, ZI Jinli, REN Jing, PENG Dong, LIU Guangyuan, SHEN Qiang, LI Wenxiang, YANG Rongping*

([1]College of Horticulture and Landscape, Yunnan Agricultural University, Kunming 650201, China; [2]Financial department, Yunnan Agricultural University, Kunming 650201, China)

摘 要：【目的】本文简要概述了叶面喷施光碳核肥对石榴的生理生化作用和其对于石榴果实发育的直接影响，旨在为石榴优质、高产和绿色高效生产提供理论依据和实践指导。【方法】以突尼斯软籽石榴为材料，设四个不同浓度的处理，CK 为对照，间隔 10～15 天喷施一次。【结果】增施处理 4 的光碳核肥能显著提高石榴叶片叶绿素 a、叶绿素 b 以及总叶绿素含量，增幅分别达 130%、111%、125%，但处理 1 对石榴叶片叶绿素含量均有抑制作用；处理 2 对石榴叶片胞间 CO_2 浓度（C_i）、蒸腾速率（T_r）、气孔导度（G_s）和净光合速率（P_n）的促进效果最好，其中对蒸腾速率（T_r）的增幅最为明显，达 33.22%，处理 4 反而有抑制效应；处理 4 可提高石榴果实横径，处理 1 可显著提高果实纵径和果形指数，纵径增幅达 48.30%，喷施处理 2 下的石榴果实其横、纵径和果形指数都受到一定程度的抑制；喷施光碳核肥均能提高果树坐果数，其中以处理 4 最佳；喷施处理 2、处理 3 下的石榴果树均能显著提高石榴的新梢数量，增加其新梢长度。

关键词：石榴；光碳核肥；生理生化作用；光合特性；坐果数

Abstract:【Objective】This paper briefly summarized the physiological and biochemical effects of foliar spraying light carbon nuclear fertilizer on pomegranate and its direct effect on pomegranate fruit development, in order to provide theoretical basis and practical guidance for high quality, high yield and green and efficient production of pomegranate.【Methods】Tunis soft seed pomegranate was used as material, four different concentrations of pomegranate were treated with CK as control, and sprayed once every 10～15 days.【Results】The application of photocarbon nuclear fertilizer in treatment 4 could significantly increase the content of chlorophyll a, chlorophyll b and total chlorophyll in pomegranate leaves by 130%, 111% and 125%, respectively, but treatment 1 could inhibit the content of chlorophyll in pomegranate leaves. Treatment 2 had the best promoting effect on intercellular CO_2 concentration (C_i), transpiration rate (T_r), stomatal conductance (G_s) and net photosynthetic rate (P_n) of pomegranate leaves, among which the increase of transpiration rate (T_r) was the most obvious, up to 33.22%, while treatment 4 had inhibitory effect. Treatment 4 could increase the transverse diameter of pomegranate fruit, treatment 1 could significantly increase the vertical diameter and fruit shape index of pomegranate fruit, and the longitudinal diameter increased by 48.30%. Spraying light carbon nuclear fertilizer could increase the fruit setting number of pomegranate trees, and treatment 4 was the best.The pomegranate fruit trees under spraying treatment 2 and treatment 3 could significantly increase the number and

基金项目：中国农村专业技术协会云南永胜石榴科技小院。
作者简介：何莉娟，女，在读硕士，主要从事果树生理、栽培技术研究。E-mail：1850968674@qq.com,Tel:15940597253
* 通讯作者 Author for correspondence.Tel:0871-65220003, E-mail: yangrongping2002@163.com。

length of new shoots of pomegranate.

Key words: Pomegranate; Photocarbon nuclear fertilizer; Physiological and biochemical effects; Photosynthetic characteristics; Fruit number

石榴（*Punica granatum* L.）是千屈菜科（Lythraceae）石榴属植物，是最早被人类认识到可以食用的果实之一。石榴果实营养丰富，是一种集生态、经济、社会效益，并具有抗炎、抗氧化、抗菌等功能于一身的优良果树并被广泛利用。据统计，我国现有石榴栽培面积约为15万hm²[1]，其栽培面积已经位居世界第一。随着我国农业科技的发展，果树产业飞速发展。软籽石榴与传统硬籽石榴相比，最大优势首先就是果仁柔软可食，改变了人们食用石榴时因嫌麻烦而减少购买欲望的现象，更有助于石榴消食化积。目前，云南是软籽石榴的最大产区，种植总面积已超过20万亩，投产面积10万余亩，是目前我国重要的石榴生产地区，近年来，云南软籽石榴也出现一些果实品质不良的问题，如何在生产中提高石榴产量已经成为不容忽视的问题，而果树的施肥在很大程度上会影响石榴的产量和品质。针对石榴果园在施肥方面的现状，国内外也有一些研究报道，氮、磷、钾单施和配施均对石榴在产量和生长发育等方面有重要作用[2-4]。

叶面喷肥是一种将特定肥料按照一定比例配成溶液，喷洒于植物叶片表面的施肥方式，在生产中，叶面喷施是补充植物所缺营养元素，提高果实产量，改善果实品质的重要手段[5-7]。有研究表明，叶面喷施海藻（Alga300）和甘草提取物对石榴树生长、产量和果实品质有一定的影响[8]；叶面喷施Ca（NO₃）₂可明显提高杜果果实糖酸比[9]；叶面喷施钙、硼、钾营养元素对石榴的褐变有改善作用[10]；分蘖盛期喷施叶面钾肥能提高水稻产量[11]。结果表明，叶面施锌显著提高了玉米产量[12]。光碳核肥是一种新型环保的水溶性叶面肥，是二氧化碳补集剂的一个商品名称，将光碳核肥喷施在果树的叶片表面，通过叶片的光合作用给植物提供养分，有效捕捉空气中的二氧化碳，增强光合作用，提高果树叶片的光合速率，有效吸收和固定土壤中氮、磷、钾等营养成分。国内外有关光碳核肥应用在农作物上的研究主要涉及蔬菜等方面，有关光碳核肥对果树品质及产量的影响方面的研究并不多。叶片喷施光碳核肥，应用于葡萄上具有一定的增产效果，葡萄产量明显增加，可溶性固形物等品质指标显著增多，对改善葡萄果实品质有明显的效果[13]。研究表明，喷施光碳核肥可以缓解盐胁迫对植株造成的伤害，在盐胁迫下喷施光碳核肥，不但可以缓解黄瓜幼苗生长抑制的效应，并且在一定程度上可以改善盐胁迫下黄瓜幼苗的生长状况[14]。但关于叶面喷施不同种类肥料对云南省突尼斯软籽石榴叶片矿质元素含量、叶绿素动态变化以及酶活性方面的研究尚未见报道。

本试验以云南永胜片角镇卜甲村委会的突尼斯软籽石榴为试验材料，通过石榴叶面喷施光碳核肥，分析不同处理对石榴叶片光合特性、叶绿素含量以及坐果数量的变化规律，旨在为当地石榴生产实践提供科学依据。

2 材料与方法

2.1 试验材料

2021年3月19日，在云南永胜片角镇卜甲村委会示范区进行试验，供试石榴品种为突尼斯软籽石榴，供试叶面肥为光碳核肥，供试土壤为红壤，土壤基本理化性质如表1。

表 1 试验地土壤基本理化性质

Table 1 Basic physical and chemical properties of soil in the experimental site

土壤样品	pH	有机质 (g/kg)	全氮 (g/kg)	全磷 (g/kg)	全钾 (g/kg)	有效磷 (mg/kg)	速效钾 (mg/kg)	缓效钾 (mg/kg)	有效铁 (mg/kg)	有效锌 (mg/kg)
试验地	4.8	12.0	0.85	0.40	14.5	16.7	375	442	13.0	1.92
检测方法	NY/T1377	NY/T1121.6–2006	NY/T1121.24–2012	NY/T88–1988	NY/T87–1988	NY/T1121.7–2014	NY/T889–2004		NY/T890–2004	

2.2 试验设计

该试验选取树龄为 5 年的突尼斯软籽石榴树为试验对象，选取树势均一、长势健康的 15 棵树作为一个试验小区。试验小区第一次施肥于 2021 年 1 月 12 日，采用美可秾（18-18-18）复合肥料，每棵树 0.5kg 喷灌施肥，成行种植，株行距为 3m×2m。布置光碳核肥施肥处理，施肥方式采用叶面喷施，每个处理 3 棵树（3 次重复），试验设计处理如表 2，光碳核肥喷施间隔时间为 10～15d 1 次，分别于 2021 年 3 月 19 日、4 月 3 日、4 月 15 日、4 月 30 日、5 月 14 日、6 月 2 日、6 月 19 日喷施一次，实际操作过程结合永胜当地天气状况。喷施时间为晴天上午的 8：00～10：00，其他田间管理措施按常规方式进行，并于第二次喷施光碳核肥前采石榴叶片用于测定生理生化指标。

表 2 试验施肥方案

Table 2 Experimental fertilization scheme

序号	处理	浓度
1	处理 1（T1）	光碳核肥：水 =1：75
2	处理 2（T2）	光碳核肥：水 =1：100
3	处理 3（T3）	光碳核肥：水 =1：150
4	处理 4（T4）	光碳核肥：水 =1：200
5	对照（CK）	清水

2.3 试验方法

2.3.1 叶片样品的采集

采集树冠中上部东、南、西、北 4 个方向生长良好的成熟叶片，取样重复 3 次，将叶片放入干冰中带回实验室。用净水将叶片冲洗干净，用滤纸吸干，除去叶片主脉后备用。测定叶绿素。

2.3.2 测定项目与方法

（1）光合特性的测定

晴天早上 8：00～10：00，每个处理 3 个重复，随机选择树冠四周的 4 片叶，用 LI-6400 光合测定仪于每次喷施光碳核肥前测定叶片的光合速率，观察其变化趋势；每个处理 3 个重复，随机采摘叶片，使用丙酮 - 乙醇（1：1）混合液提取法测定叶片叶绿素[15]。

叶绿素的测定：参照张宪政等的植物生理学实验技术，采用丙酮研磨法测定叶绿素含量。取样品 0.5g，用 80% 丙酮研磨，暗处保存 10 分钟，将浸提液过滤到 25mL 容量瓶中，用丙酮反复冲洗研钵与研棒，直至无绿色为止，以使色素全部转移至容量瓶，最后用丙酮定容到 25mL，摇匀，并保存于暗处备用待测。

（2）植株农艺性状和产量的测定

调查石榴坐果数量的同时，于果实膨大期采用田间调查法测定新梢数量和长度（距基部 1cm 处）。

（3）感官品质观察测定

果实横、纵经采用游标卡尺测量，并计算出果形指数（果形指数 = 果实纵径 / 横径）

2.4 数据处理

利用 Excel 2010 进行数据处理和作图，SPSS 软件对进行数据分析。

3 结果与分析

3.1 不同处理对石榴果实大小及果形指数的影响

由图 1 可知，叶面喷施不同浓度的光碳核肥在一定程度上影响了石榴果实的横径，各处理与对照之间的差异均不显著。第五次喷施光碳核肥时，所有处理横径均低于对照。与第五次喷施相比，第七次叶面喷施时，处理 1、处理 2、处理 3、处理 4、对照分别对石榴果实横径的增幅分别为 40.45%、41.19%、40.65%、42.43%、28.74%。

第七次喷施时，随着喷施浓度的降低，石榴果实横径除处理 2 外均高于对照，增幅分别为 0.06%、3.84%、3.27%，增加幅度不显著，在喷施处理 3 时果实横径最大为 73.08mm。

由图 2 可知，不同浓度的光碳核肥处理对石榴果实纵径有一定程度的影响。第五次喷施光碳核肥时，各处理的果实纵径均低于对照且差异都不显著，在喷施处理 2 下果实纵径最低。在第六

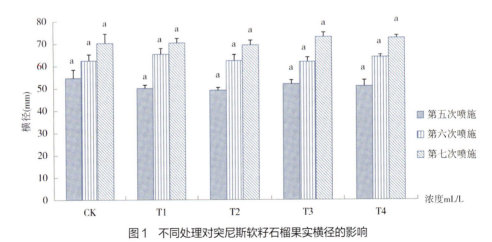

图 1 不同处理对突尼斯软籽石榴果实横径的影响

Fig.1 Effects of different treatments on the transverse diameter of Tunisian soft-seed pomegranate fruit

注：a、b 表示各处理间的显著性，相同字母表示无显著性差异

Note: a and b indicate the significance of each treatment, and the same letter indicates that there is no significant difference.

次喷施时，除处理1高于对照外，其余处理均低于对照组且与对照差异显著。第七次喷施时与第六次趋势相同，处理1纵径显著高于其他处理，为75.78（$P < 0.05$）。与第五次喷施相比，处理1、处理2、处理3、处理4、对照分别对石榴果实纵径的增幅分别为48.30%、34.73%、37.23%、34.37%、27.11%。

由图3可知，各处理间石榴果实果形指数也存在差异。3次喷施光碳核肥内，各处理与对照组之间差异均不显著，处理2的果形指数低于其他处理。第七次喷施时呈现先上升后下降的趋势，处理1高于对照，为1.07，此时石榴果实呈扁平长圆形状。

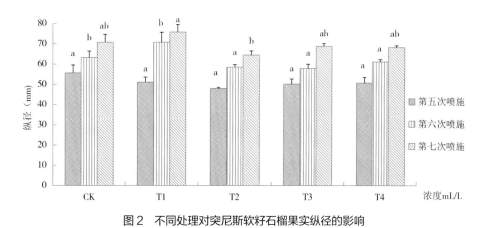

图2 不同处理对突尼斯软籽石榴果实纵径的影响

Fig.2 Effects of different treatments on the longitudinal diameter of Tunisian soft-seed pomegranate fruit

注：a、b 表示各处理间的显著性，相同字母表示无显著性差异

Note: a and b indicate the significance of each treatment, and the same letter indicates that there is no significant difference.

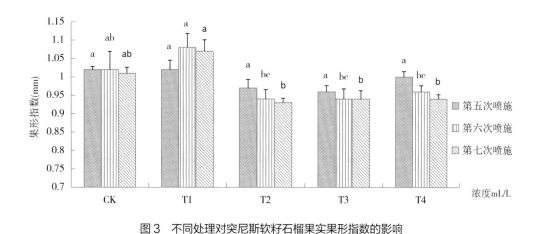

图3 不同处理对突尼斯软籽石榴果实果形指数的影响

Fig. 3 Effects of different treatments on fruit shape index of Tunisian soft-seed pomegranate fruit

注：a、b、c 表示各处理间的显著性，相同字母表示无显著性差异

Note: a and b indicate the significance of each treatment, and the same letter indicates that there is no significant difference

结果表明，增施一定浓度的光碳核肥可以增加突尼斯软籽石榴的横径、纵径与果形指数，促进果实膨大，对果实生长有一定的影响。

3.2 不同处理对石榴坐果数和新梢数量以及长度的影响

图 4 为喷施不同浓度的光碳核肥下，突尼斯软籽石榴坐果数量的变化。可以看出，随着喷施浓度的下降，坐果数量呈现递增趋势，表现为 CK < T1 < T2 < T3 < T4，与对照相比均呈现显著差异，以 T4 最高为 63。说明喷施光碳核肥在一定程度上能显著提高石榴果树的坐果数量。

由图 5 可知，新梢数量和新梢长度在喷施光碳核肥下有一定程度的影响。随着喷施浓度的

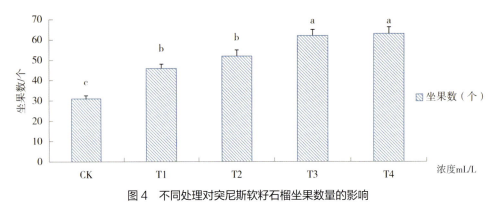

图 4　不同处理对突尼斯软籽石榴坐果数量的影响

Fig.4　Effects of different treatments on fruit-setting number of Tunisian soft-seed pomegranate

注：a、b、c 表示各处理间的显著性，相同字母表示无显著性差异

Note: a and b indicate the significance of each treatment, and the same letter indicates that there is no significant difference.

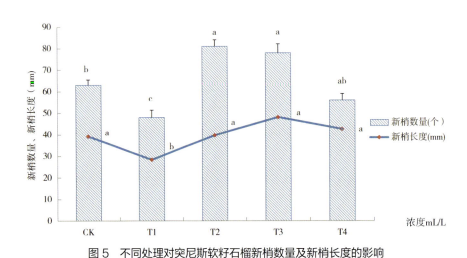

图 5　不同处理对突尼斯软籽石榴新梢数量及新梢长度的影响

Fig.5　Effects of different treatments on the number and length of new shoots of Tunisian soft-seed pomegranate

注：a、b、c 表示各处理间的显著性，相同字母表示无显著性差异

Note: a and b indicate the significance of each treatment, and the same letter indicates that there is no significant difference.

降低，均呈现先下降后上升再下降的趋势。其中 T2、T3 处理下的新梢数量显著高于对照，T2 最多为 81，且 T1 显著低于对照，最低为 48。各处理对新梢数量的影响并不显著，T2、T3 高于对照，T2 最多，为 48.12mm，且 T1 显著低于对照。结果说明，一定光碳核肥浓度处理对石榴果树新梢长度和新梢数量有一定程度的促进作用。

3.3 不同处理对突尼斯软籽石榴叶片光合特性的影响

喷施一定浓度的光碳核肥对石榴叶片的胞间 CO_2 浓度（Ci）、蒸腾速率（Tr）、气孔导度（Gs）和净光合速率（Pn）都有一定的影响。其中由图 6 可知，胞间 CO_2 浓度各处理间差异均不显著，从 3 次喷施测量结果来看，只有处理 2 随着时间对石榴叶片有逐渐促进的作用。与第五次喷施相比，第七次喷施光碳核肥只有处理 2 和处理 4 对石榴叶片胞间 CO_2 浓度有增幅，分别为 2.6%、3.1%，其中处理 2 在第六次喷施效果最好，增幅为 5.9%。说明喷施一定浓度的光碳核肥对空气中的 CO_2 具有捕集效应。

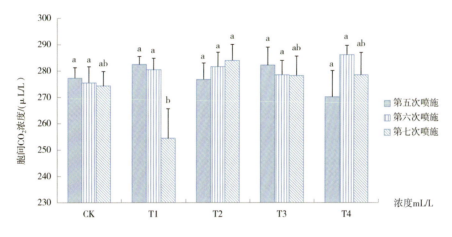

图 6 不同处理对突尼斯软籽石榴胞间 CO_2 浓度的影响

Fig. 6 Effects of different treatments on intercellular CO_2 concentration of Tunisian soft-seed pomegranate

注：a、b 表示各处理间的显著性，相同字母表示无显著性差异

Note: a and b indicate the significance of each treatment, and the same letter indicates that there is no significant difference.

由图 7 可知，蒸腾速率在第五次喷施光碳核肥时呈现随着浓度的上升整体为下降趋势，各处理与对照差异均不显著，第六次喷施时处理 3 显著高于对照（$P < 0.05$）。第七次喷施时呈现先上升后下降的趋势，各处理对石榴叶片均有一定的促进作用，此时处理 2 显著高于对照，为 7.86mmol/(m²·s)。与第五次喷施相比，第七次喷施时后石榴叶片在处理 1、处理 2、处理 3、处理 4 下蒸腾速率增幅分别为 16.42%、33.22%、26.84%、11.84%。结果表明，随时间推移，各处理对石榴叶片蒸腾速率的促进效果逐渐明显。

由图 8 可以看出，在第五次喷施时，石榴叶片的气孔导度整体趋势与蒸腾速率相同，其中处理 4 最低。与第五次喷施相比，第七次喷施处理 1、处理 2、处理 3、处理 4 的光碳核肥对石榴叶片气孔导度的增幅分别为 2%、31.35%、21.85%、-2.2%，且 3 次喷施均无显著性差异。说

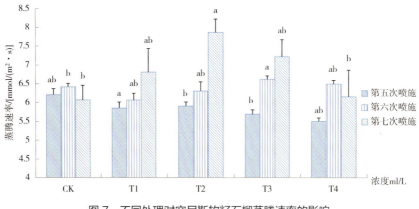

图7 不同处理对突尼斯软籽石榴蒸腾速率的影响

Fig.7 Effects of different treatments on transpiration rate of Tunisian soft seed pomegranate

注：a、b 表示各处理间的显著性，相同字母表示无显著性差异

Note: a and b indicate the significance of each treatment, and the same letter indicates that there is no significant difference.

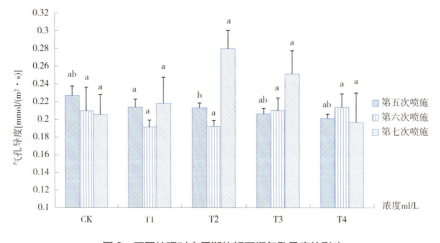

图8 不同处理对突尼斯软籽石榴气孔导度的影响

Fig.8 Effects of different treatments on stomatal conductance of Tunisian soft seed pomegranate

注：a、b 表示各处理间的显著性，相同字母表示无显著性差异

Note: a and b indicate the significance of each treatment, and the same letter indicates that there is no significant difference.

明喷施一定浓度的光碳核肥对石榴叶片的光合作用有一定的影响。

第六次喷施光碳核肥时，石榴叶片净光合速率在处理1和处理3下与对照形成显著性差异（图9）。第七次喷施光碳核肥呈现先上升后下降的趋势，表现为T2＞T3＞T1＞CK＞T4。与第五次喷施相比，第七次喷施光碳核肥时，净光合速率在处理1、处理2、处理3、处理4、对照下增幅分别为10.85%、20.87%、17.08%、-8.7%、11.65%。

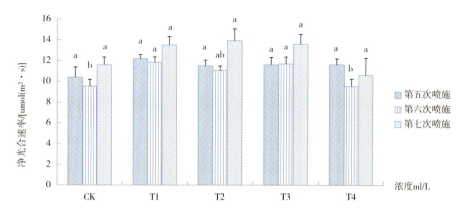

图 9 不同处理对突尼斯软籽石榴净光合速率的影响

Fig. 9 Effects of different treatments on net photosynthetic rate of Tunisian soft seed pomegranate

注：a、b 表示各处理间的显著性，相同字母表示无显著性差异

Note: a and b indicate the significance of each treatment, and the same letter indicates that there is no significant difference.

3.4 不同处理对突尼斯软籽石榴叶片光合色素的影响

由图 10 可知，叶面喷施光碳核肥对石榴叶片叶绿素 a 含量有一定的影响。第一次喷施时呈现随浓度的降低，叶绿素 a 含量先上升后下降且各处理均与对照有显著性差异，但在第二、三、四次喷施光碳核肥时无显著差异。在第六次喷施时效果最好，呈现 T4＞T3＞T2＞CK，且与对照呈现显著差异。处理 3 在喷施过程中呈现持续增长的趋势。与第一次喷施相比，第六次喷施时叶绿素 a 在处理 1、处理 2、处理 3、处理 4、对照下增幅分别为 1.2%、26.1%、54.12%、130%、30.8%。其中处理 4 增长幅度最大，而处理 1 远远低于对照。

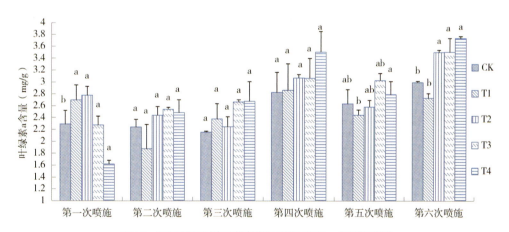

图 10 不同处理对突尼斯软籽石榴叶绿素 a 含量的影响

Fig. 10 Effects of different treatments on chlorophyll a content of Tunisian soft seed pomegranate

注：a、b 表示各处理间的显著性，相同字母表示无显著性差异

Note: a and b indicate the significance of each treatment, and the same letter indicates that there is no significant difference.

由图 11 可知，在整个喷施过程中，处理 3 的叶绿素 b 含量呈现持续增长的趋势，处理 1 的增长趋势不明显。在第二、三、四次喷施光碳核肥时，各处理与对照差异均不显著。第六次喷施时，表现为 T4＞T3＞T2＞ck，与对照形成显著性差异。与第一次喷施相比，第六次喷施时叶绿素 b 在处理 1、处理 2、处理 3、处理 4、对照下增幅分别为 –0.8%、33.6%、56.84%、111%、27.75%。表明喷施不同浓度的光碳核肥对石榴叶片叶绿素 b 有促进或抑制作用。

由图 12 可知，第四次喷施光碳核肥下总叶绿素含量呈现随浓度降低而升高的趋势，第六次

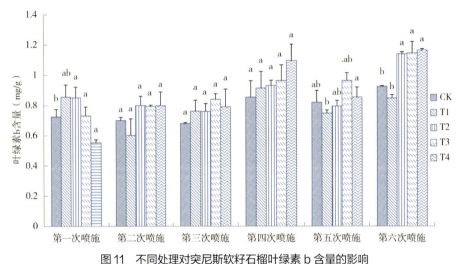

图 11　不同处理对突尼斯软籽石榴叶绿素 b 含量的影响

Fig. 11　Effects of different treatments on chlorophyll b content of Tunisian soft seed pomegranate

注：a、b 表示各处理间的显著性，相同字母表示无显著性差异

Note: a and b indicate the significance of each treatment, and the same letter indicates that there is no significant difference.

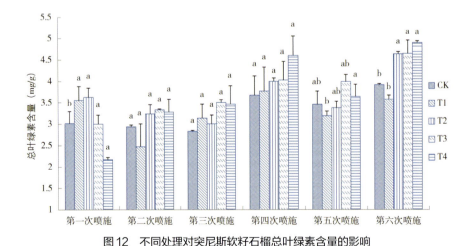

图 12　不同处理对突尼斯软籽石榴总叶绿素含量的影响

Fig.12　Effects of different treatments on total chlorophyll content of Tunisian soft-seed pomegranate

注：a、b 表示各处理间的显著性，相同字母表示无显著性差异

Note: a and b indicate the significance of each treatment, and the same letter indicates that there is no significant difference.

喷施时表现 T4＞T3＞T2＞CK，且与对照差异显著。与第一次喷施相比，第六次喷施时总叶绿素含量在处理1、处理2、处理3、处理4、对照下增幅分别为0.7%、27.87%、54.78%、125%、30%。

4　讨论

石榴主要种植于庭院、山地或丘陵，粗放管理，土层较瘠薄。但由于农民不科学的施肥方式，过量施用氮肥量，少施磷肥，忽视钾肥和一些微量元素肥料，导致树体发生生理病害、营养比例失衡和果实品质变差等[16]。国内有研究表明，合理施用氮、磷、钾肥和微量元素对石榴生长发育和提高产量有重要作用[17]。

本试验通过叶面喷施不同处理的光碳核肥，分析探讨了光碳核肥对石榴叶片的叶绿素含量、光合特性，以及石榴结果数、新梢数量和长度的影响。结果表明，增施处理4的光碳核肥能显著提高石榴叶片叶绿素a、叶绿素b以及总叶绿素含量，增幅分别达130%、111%、125%，但处理1对石榴叶片叶绿素含量均有抑制作用，表明处理4促进石榴叶片光合色素的含量，满足了对周围富集的 CO_2 进行充分同化的需求。光合速率在不同浓度光碳核肥处理下表现促进或抑制作用，其中处理2对石榴叶片胞间 CO_2 浓度（Ci）、蒸腾速率（Tr）、气孔导度（Gs）和净光合速率（Pn）的促进效果最好，其中对蒸腾速率（Tr）的增幅最为明显，达33.22%，处理4反而有抑制效应。喷施光碳核肥后，处理4可提高石榴果实横径，处理1可显著提高果实纵径和果形指数，纵径增幅达48.30%，喷施处理2下的石榴果实其横、纵径和果形指数都受到一定程度的抑制，说明处理1对石榴果实生长有促进作用。结果表明，叶面喷施不同处理的光碳核肥均能提高石榴果树的坐果数，其中以处理4效果最佳，最高达63个。喷施处理2、处理3下的石榴果树均能显著提高石榴的新梢数量，增加其新梢长度，结果表明，处理1的新梢数量和长度均显著低于对照，说明处理1对树体新梢生长有抑制作用。

参考文献

[1] 梁存才,刘洪莲.石榴施肥试验[J].落叶果树,1994,1: 51.

[2] 杜琳辉,赵素琴.配方施肥对石榴幼树早期丰产的作用[J].北方果树,2003,(3): 36.

[3] 程亚东,刘洪莲,王春立.石榴的施肥效果[J].果树科学,1996,13(1): 35.

[4] 梁存才,刘洪莲.石榴施肥试验[J].落叶果树,1994,(1): 51.

[5] 张立新,翟永林,刘永忠,等.氮磷钾肥单施和配施对石榴产量、品质和经济效益的影响[J].中国土壤与肥料,2012(1): 43-47.

[6] 耿智广,曹宏,李可夫.叶面施肥对紫花苜蓿种子产量及质量的影响[J].中国草食动物科学,2016,36(1): 40-44.

[7] 李燕婷,李秀英,肖艳,等.叶面肥的营养机理及应用研究进展[J].中国农业科学,2009,42(1): 162-172.

[8] 高国训,王武台,吴锋,等.叶面喷肥对芹菜种子产量和质量的影响[J].中国蔬菜,2013(4): 65-68.

[9] HUSSEIN S. A. et al. Effect of Foliar Spray of Seaweed (Alga300) and Licorice Extracts on Growth, Yield and Fruit Quality of Pomegranate Trees L. Cv.Salimi[J]. IOP Conference Series: Earth and Environmental Science, 2021, 761(1)

[10] 李华东, 白亭玉, 郑妍, 等. 叶施硝酸钙对芒果钾、钙、镁含量及品质的影响[J]. 西北农林科技大学学报, 2016, 44(3): 64, 67.

[11] Tadayon Mohammad Saeed. Effect of foliar nutrition with calcium, boron, and potassium on amelioration of aril browning in pomegranate (;cv. 'Rabab')[J]. The Journal of Horticultural Science and Biotechnology, 2021, 96(3): 372-382.

[12] 杨增平, 聂军, 谢坚, 等. 叶面喷施钾肥对缺钾稻田晚稻产量及钾肥利用效率的影响[J]. 中国农学通报, 2016, 32(27): 7-13.

[13] 王其松, 应霄, 白照军. "光碳核肥"在葡萄生产上试验应用效果初报[J]. 河北林业科技, 2014, 5(6): 29-32.

[14] 石玉, 潘媛媛, 张毅, 等. 光碳核肥对盐胁迫下黄瓜幼苗生长抑制的缓解效应[J]. 西北农业学报, 2017, 26(5): 752-758.

[15] 张宪政. 作物生理研究法[M]. 北京: 农业出版社, 1992: 148-149.

[16] 曹尚银, 侯乐峰. 中国果树志·石榴卷[M]. 北京: 中国林业出版社, 2013: 6.

[17] 张立新, 翟永林, 刘永忠, 等. 氮磷钾肥单施和配施对石榴产量、品质和经济效益的影响[J]. 中国土壤与肥料, 2012, 1: 43-47.

石榴苗木保干促活试验与研究

李明婉[1]，李宗圈[2]，陈瞳晖[1]
([1]河南农业大学林学院，郑州 450002；[2]巩义市石榴研究会，巩义 451251)

Study on Promoting the Survival with Keeping the Seedlings Trunks of Pomegranate Seedlings

LI Mingwan[1], LI Zongquan[2], CHEN Tonghui[1]
([1]College of Forestry, Henan Agricultural University, Zhengzhou, 450002; [2]Gongyi Pomegranate Research Association, Gongyi 451251)

摘 要：林木栽后苗干成活程度的好坏，直接影响成林的早晚和早期经济效益的高低。本实验采取定干、苗干喷水、苗干缠膜、根际浇水等措施和处理，对栽后迟发的石榴苗木进行挽救，使其不但保留了合适的树干高度，又促使其苗干（植株）予以成活，取得了显著的效果。此技术优于林业生产上传统的重截干（苗干截留 20～30cm 高）促活技术，在林业生产特别是造林技术的运用上具有重要的推广意义和应用前景。

关键词：保干促活；苗干喷水；苗干缠膜；根际浇水

Abstract: The degree of seedling viability after tree planting directly affects the time of forest formation and the level of economic benefits. In this experiment, the treatments of determine height of stem, spraying water and wrapping film on trunks, and watering roots were adopted to save the late pomegranate seedlings after planting, which not only kept the proper height of the trunks, but also made the seedlings survive, and achieved remarkable results. This technology is superior to the traditional promotion technology with heavily stem cutting (seedling stem interception 20 ～ 30cm). This strategy has important promotion significance and application prospect in forestry production, especially in afforestation technology.

Key words: Keeping stem height to promote the survival; Spraying water on trunks; Wrapping film; watering roots

在林业生产上，特别是工程造林，往往会出现这种情况，苗木栽植后至 4 月中旬，一部分苗干发芽整个植株都成活了，一部分苗干先是不发芽后干枯，但在苗干基部发芽，整个植株只算是根部成活了，还有一部分苗干及整个植株迟迟不发芽，直至干枯死亡。苗木干部的成活程度的优劣，直接影响到成林的早晚和早期经济效益的高低，过去为了提高造林成活率，将苗木采取重截干（如刺槐、花椒留干 10～30cm 截干）后进行栽植，虽然从某种程度上来说，提高了造林成活率，但重截干后，苗干需要重新培养，无疑是将林木苗干的生成和林木的早成形、早结果（经济林）均推迟 1 年。为了摒弃重截干促成活的弊病，我们进行了石榴保干促活试验。

作者简介：李明婉，女，讲师，博士研究生，18336365887，E-mail：limingwan3@126.com。
通讯作者：李明婉，450002，18336365887，E-mail：limingwan3@126.com。

1　材料与方法

试验设在河南省巩义市孝义街道办龙尾村委西沟下（E 113°25′53″，N 34°46′47″），该地为丘陵区，土质为黄壤土，常年降水量550mm，春季占20%。

试验材料突尼斯软籽石榴（Punica granatum L.）苗株高为102cm，地径1.61cm，苗龄为二年生的嫁接苗，嫁接高度为49.57cm，栽植密度111株/667m²，株行距配置为2m×3m，原苗高102cm不定干、不喷水、不缠膜为处理1（对照）；定干70cm高疏去苗干上所有分枝，苗干上不喷水、不缠膜为处理2；定干70cm高+疏去苗干上所有分枝+苗干喷水3遍+苗干缠膜为处理3。试验选用2019年3月9~10日，栽后至4月15日未发芽株；2020年3月12~13日栽后至4月19日未发芽株为试材。试验各处理株数在54~56株之间不等。对试验株地上部（苗干）的处理如前述，对地下部浇水采取两个月内每15天浇水一次共浇水5次，每次每株浇水25~30kg，每次浇水后坑内松土保墒，苗干上缠膜的6月下旬前去膜，以防日灼。

试验开始时调查当时的苗高、地径，发芽成活率和苗干成活指数（苗干发芽成活指数见表1），而后从试验开始到11月由第一次的半个月，到后来的每隔1个月对诸项内容调查一次。试验开始后1个月调查发芽成活株、死亡株、枝干含水量、根系质量。

表1　苗干发芽成活分级标准

Table 1　Grading criteria for seedling dry germination survival

级别	分级标准
0	全株（根系）死亡
1	根颈部发芽成活，其以上苗干死亡
2	苗干高度1/4部位发芽成活（从根颈部向上计）
3	苗干高度2/4部位发芽成活（从根颈部向上计）
4	苗干高度3/4部位发芽成活（从根颈部向上计）
5	苗干全部高度与根系（整株）全部成活

$$苗干发芽成活指数（\%）=\frac{\sum 0级\times 0级株数+\cdots+5级\times 5级株数}{5级\times 调查总株数}\times 100\%$$

2　结果与分析

2.1　石榴不同时期发芽成活率与苗干成活指数（附表）

从附表可以看出处理3的发芽成活率（98.11%）、苗干成活指数（96.60%）最高；处理2发芽成活率（92.31%）、苗干成活指数（90.38%）次之；处理1（CK）发芽成活率（86.21%）、苗干成活指数（83.10%）最低。说明到4月中旬仍没发芽的2年生石榴苗，采用定干、喷水、缠膜和根部浇水的处理3，对促进植株发芽和苗干成活有明显的效果，发芽成活率和苗干成活指数分别比处理1（CK）提高11.90%和13.50%。

从附表还可以看出：处理 3 在浇水和其他条件相同的前提下，由于采取了定干、疏去全部分枝，减少了植株地上部分的体积，从而降低了根对地上部供水的压力，加之苗干喷水、缠膜，增加和保持了苗干的水分，因而在提高发芽成活率和苗干成活指数的同时，还使达最高发芽成活率和最高苗干成活指数的缓苗期，较处理 1CK 和处理 2 均缩短了 90 天；处理 3 发芽成活率和苗干成活指数达最高值 95% 时的缓苗期仅为 15 天，而处理 1（CK）、处理 2 则为 90 天，相比之下前者较后者缩短缓苗期 75 天，因而二者之间的生长量亦有较大的的差异。

2.2 石榴苗木不同处理生长量比较

2.2.1 石榴苗不同处理当年生长量（株高）比较

从图 1 可以看出：处理 3 试后株高为 161cm，比试前的 102cm 增长 57.87%；处理 1（CK）试后株高次之为 143cm，比试前的 102cm 增长 40.2%；而处理 2 试后株高最低为 137cm，比试前的 102cm 增长了 34.31%。处理 2 之所以增长幅度较小，这是因为该处理是将原苗高 102cm 的植株，先定干 70cm 后又将分枝也全部去掉，让其重新长高发枝，这样虽然株高增长的幅度比处理 1（CK）少了 5.89%，但发芽成活率却比处理 1（CK）提高了 6.10%，苗干成活指数也比处理 1（CK）提高了 7.28%。从造林的角度考虑，当年长的小，下年还可再长，但成活率降低，苗死了却是无法挽回了，由此可见处理 2 的造林效果还是优于处理 1（CK）的。

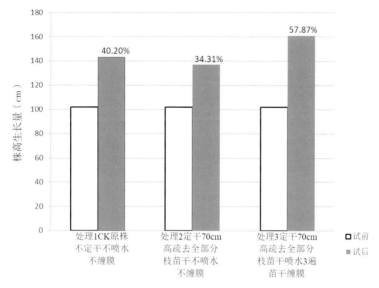

图 1　石榴苗不同处理当年生长量（株高）比较

Fig. 1　Comparison of annual growth amount (plant height) of pomegranate seedlings under different treatments

2.2.2 石榴苗不同处理当年生长量（地径）比较

从图 2 可以看出：处理 3 试后地径最粗，为 3.0cm，比试前的 1.65cm 增粗了 81.82%；处理 2 试后地径次之，为 2.8cm，比试前的 1.58cm 增粗了 77.22%；处理 1（CK）试后地径最细，为 2.7cm，比试前的 1.59cm 增粗了 69.81%。

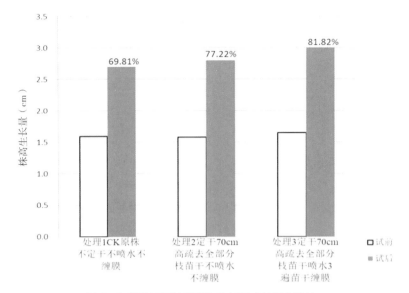

图 2 石榴苗不同处理当年生长量（地径）比较

Fig. 2 Comparison of annual growth amount (ground diameter) of pomegranate seedlings under different treatments

2.3 石榴苗栽植后不同发芽时期与生长量的关系

表 2 石榴苗栽植后不同发芽时期与生长量的关系

Table 2 The relationship between different germination periods and growth of pomegranate seedlings after planting

发芽时期	缓苗期 /d	株高 /cm	地径 /cm	最大分枝长度 /cm	最大冠径 /cm
4月01日	20	177	3.55	69	95
4月19日	38	171	3.30	66	93
5月19日	68	161	3.00	90	107
6月18日	98	139	2.80	61	85
7月20日	130	121	2.40	53	79
8月19日	160	112	1.72	39	46
9月20日未发芽死亡	192	104	1.61	31	37
r（相关系数）		＊＊ −0.9896	＊＊ −0.9873	＊ −0.8225	＊＊ −0.8911

注：1. 试材为 3 月 12 日定植的 2 年生突尼斯软籽嫁接苗。
　　2. 因 9 月 20 日以后这些未发芽株均死亡，其株高、地径、最大分枝长度、最大冠径均为 3 月 12 日定植时调查数据。

从表 2 可以看出：石榴苗栽植后发芽越晚、缓苗期越长，其生长量就越小，呈负相关。其缓苗期与株高、地径、最大冠径的相关系数分别为 −0.9896、−0.9873、−0.8911，达极显著水平；缓苗期与最大分枝长度的相关系数为 −0.8225，达显著水平。

2.4 石榴苗木发芽状况与其苗干含水率

从表3可以看出：石榴苗干含水率在23.2548%～31.1602%之间的发芽级别很低为0级，均未发芽成活；而苗干含水率在36.6252%～39.8247%之间的发芽级别较高达到5级，均不但发芽成活，而且是全干发芽成活。说明苗干含水率越高，发芽成活级别也越高，造林效果越好。

表3 石榴发芽状况与其苗干含水率
Table 3 Germination status and dry moisture content of pomegranate seedling

处理	发芽级别	发芽状况	苗干湿重/%	样段干重/%	含水率/%
处理2	0	未发芽成活	18.5037	14.2007	23.2548
CK	0	未发芽成活	11.1253	8.0701	27.4617
处理1	0	未发芽成活	18.4618	13.3889	27.4778
CK	0	未发芽成活	12.1998	8.4779	30.5079
CK	0	未发芽成活	8.6479	5.9532	31.1602
CK	5	全干发芽成活	14.8955	9.4400	36.6252
处理2	5	全干发芽成活	13.2897	8.2295	38.0761
处理1	5	全干发芽成活	14.1302	8.6230	38.9747
CK	5	全干发芽成活	9.1403	5.5002	39.8247

2.5 苗木发芽成活情况与苗木根系质量调查

表4 试验苗木发芽成活情况与根系质量调查
Table 4 Germination survival and root quality investigation of experimental seedlings

树种	处理	发芽成活情况/cm	株高/cm	地径/cm	根冠直径/cm	侧（须）根根量>/<条	根系成活情况	不同死亡类型占本处理死亡株/%
石榴	CK：原株不定干不缠膜	成活	102	2.5	24	多>10	成活，已发新根	
		死亡	102	2.3	22	多>10	死亡，栽前失水现枯死	25.00
		死亡	102	2.1	15	少<10	死亡，栽前失水现枯死	75.00
	处理：定干留70cm缠膜	成活	70	1.5	24	多>10	成活，已发新根	
		死亡	70	1.5	17	少<10	死亡，栽前失水现枯死	100.00

从表4调查结果分析：石榴死亡的原因：一为刨苗时根（坑）刨的小，侧根截留的太短（8～12cm）。二为根系发育差，侧、须根极少，有的少至3～5条，多数少于10条。三为刨苗后至栽植前的中间环节未加强管理，从而使苗木失水过多，即使有些根系勉强可以的，但仍未成活。

3 小结

苗木体内水分的多少，是影响栽后发芽成活率、苗干成活指数高低的主要因素，而根系质量的好劣和苗木刨苗后到栽植前各个环节的失水程度，又是影响苗木体内水分多少的根本所在。

本试验证明，对栽后迟发的石榴苗，采取处理3保干促活技术效果很好，发芽成活率和苗干成活指数分别达到98.11%和96.60%，比对照分别提高11.90%和13.50%。此外，在试验进行过程中，本研究的方法已被当地有关单位和临近果园的果农采用，同样收到了较好的效果。

鉴于本试验对石榴苗木成活株和死亡株挖根调查结果，对石榴苗木的栽植规格提出以下建议：选择株高100cm、地径1.5～2.0cm、侧（须）根大于10条、枝干含水量大于36%的2年生石榴苗，有利于提高造林成活率。

参考文献

[1] 李宗圈,阎淑芝. 短期存放对石榴苗栽后效果的影响[J]. 果树科学, 1995(3): 176-178.

[2] 梁玉君,邹志荣. 非适宜季节树木移植的关键技术探讨[J]. 北方园艺, 2009(10): 225-227.

[3] 司光义. 幼树树干套袋(膜)对核桃树成活的影响[J]. 内蒙古农业科技, 2010(6): 55, 78.

[4] 张波,谢正生,胡梦宇. 移植时期与截干高度对板栗大树成活及生长的影响[J]. 天津农业科学, 2017, 23(8): 32-36.

[5] 张涛,万倍成. 大树移栽成活机理与促活栽植技术[J]. 绿色科技, 2012(4)92-94.

附表

石榴不同时期发芽成活率与苗干成活指数（一）

处理	试验开始/4月			试后半个月/5月			试后1个月/5月		
	试验株	成活率/%	苗干成活指数/%	发芽株	成活率/%	苗干成活指数/%	发芽株	成活率/%	苗干成活指数/%
1	58	0	0	8	13.79	13.79	10	17.24	17.24
2	52	0	0	24	46.15	46.15	34	65.38	65.38
3	53	0	0	50	94.34	96.23	52	98.11	96.60

石榴不同时期发芽成活率与苗干成活指数（二）

处理	试后2个月/6月			试后3个月/7月			试后4个月-7个月/8月-11月		
	发芽株	成活率/%	苗干成活指数/%	发芽株	成活率/%	苗干成活指数/%	发芽株	成活率/%	苗干成活指数/%
1	20	34.48	36.21	48	82.76	80.34	50	86.21	83.10
2	38	73.02	75.00	46	88.46	90.38	48	92.31	90.38
3	52	98.11	96.60	52	98.11	96.60	52	98.11	96.60

'突尼斯软籽'石榴嫁接育苗技术规程

李爽[1,2]，揭波[1,2]，王幸[1]，麻彩霞[1,2]，焦坤[1]，刘晓刚[1]，刘建锋[1]
([1]河南中农华盛农业科技有限公司，河南荥阳 450100；[2]河南省软籽石榴工程技术研究中心)

Reviews on Advantage, Challenge and Measures of Pomegranate Production in Yicheng Country basing on the Nationwide Pomegranate production

LI Shuang[1,2], JIE Bo[1,2], WANG Xing[1], MA Caixia[1,2], JIAO Kun[1], LIU Xiaogang[1], LIU Jianfeng[1]
([1]China Whashine (Henan) Agriculture Science and Technology Co., Ltd, Xingyang, Henan 450100)

摘 要：近年来软籽石榴产业得到迅速发展，但其良种苗木培育标准化程度较低。为促进软籽石榴产业提质增效，提高软籽石榴良种壮苗的培育和供应水平，发展特色产业助力脱贫攻坚，结合软籽石榴长期的生产实践，制定了软籽石榴嫁接育苗技术规程。该标准规定了软籽石榴嫁接育苗圃地的选择和整理、砧木扦插与嫁接及管理、苗木出圃、检疫与检验、包装与运输等方面的要求，以适应产业标准化健康发展的需求。

关键词：软籽石榴；嫁接育苗；技术规程

Abstract: In recent years, the soft seed pomegranate industry has developed rapidly, but the standardization of its improved variety cultivation is low. In order to promote the quality and efficiency of the soft seed pomegranate industry, improve the cultivation and supply level of improved variety strong seedlings of soft seed pomegranate, develop characteristic industries to help poverty alleviation, with the production practice of long-term planting of soft-seeded pomegranate, the technical regulations for grafting and seedling raising of soft seed pomegranate are formulated. This standard specifies the requirements for the selection and arrangement of the nursery for grafting and breeding of the soft seed pomegranate, the cutting and grafting of rootstocks and management, seedlings out of nursery, quarantine and inspection, packaging and transportation, etc., so as to meet the needs of the healthy development of industrial standardization.

Keywords: soft seed pomegranate; Grafting and seedling raising; Technical regulations

石榴属千屈菜科石榴属落叶果树，在我国拥有悠久的栽培历史和丰富的种质资源。软籽石榴是石榴中的稀有种类，因其具有软渣可食、质优丰产的特性，而备受广大种植户和消费者的青睐，特别是'突尼斯软籽'石榴，现已成为河南、四川、云南等软籽石榴产区的主栽品种。南方地区土壤黏重的果园石榴根腐病发生较严重[1]，通过嫁接当地抗逆性强的砧木以增强树势和改善结果承载力。北方地区发展软籽石榴首要面临的便是冬季冻害问题[2-4]，采用抗寒砧木嫁接的软籽石榴苗木较扦插繁殖的苗木，能有效降低冻害发生程度而提高其抗冻性[5-7]。

近年来软籽石榴产业发展迅速，石榴扦插繁育的苗木质量很难满足广大市场的需求，而市场流通的软籽石榴嫁接苗木质量参差不齐，良种苗木培育标准化程度较低，优质良种壮苗建园

作者简介：李爽(1985 –)，女，河南平顶山人，农艺师，从事石榴栽培技术推广工作。E-mail: 1956167480@qq.com。

的覆盖率较低，造成石榴园前期管理困难，管护投入成本高，经济效益低。本文结合河南省软籽石榴产区长期的生产实践，总结了软籽石榴标准化育苗技术规程，对加快软籽石榴产业健康发展，促进农业提质增效和农民增收致富具有重要的实际意义。

1　范围

本文件规定了软籽石榴嫁接育苗的圃地选择和整理、砧木扦插与嫁接及管理、苗木出圃、检疫与检验、包装和运输等内容。

本文件适用于河南地区软籽石榴的嫁接育苗生产。

2　规范性引用文件

下列文件中的内容通过文中的规范性引用而构成本文件必不可少的条款。其中，注日期的引用文件，仅该日期对应的版本适用于本文件；不注日期的引用文件，其最新版本（包括所有的修改单）适用于本文件。

　　GB 6000　主要造林树种苗木质量分级
　　GB 15569　农业植物调运检疫规程
　　GB/T 6001　育苗技术规程
　　NY/T 391　绿色食品　产地环境质量

3　术语和定义

本文件没有需要界定的术语和定义。

4　圃地选择与整理

4.1　圃地选择

圃地环境应符合 NY/T 391 的要求。选择地势平坦、排灌良好、交通方便，地下水位在1.5 m以下，无风沙和病虫危害，pH5.5～8.2，土层厚度在50cm以上的壤土、沙壤土或轻黏土地块育苗。

4.2　圃地整理

4.2.1　整地施肥

秋耕圃地，耕前撒施充分腐熟的有机肥，每亩不少于 2t，配施复合肥 50kg。施肥后深耕圃地 50cm 以上，深耕后敞垄冻垡改善土壤质量。翌年早春翻耕圃地 20cm 以上，随耕随耙细碎土粒。

4.2.2　土壤处理

春季耕地前，可撒施杀虫毒土、毒饵及杀菌剂处理土壤，土壤处理常用药剂应符合 GB/T 6001 的要求。

4.2.3 作畦覆膜

圃地宜作平畦，一般畦宽 1.2～1.4m，畦埂底宽 30cm。畦面平铺农膜，并在农膜上压少量土使其紧贴畦面，农膜四周用土压实。

5 砧木扦插与管理

5.1 插穗准备

5.1.1 种条选择与采集

选择适合当地生长、抗逆性强、与软籽石榴嫁接亲和性强的品种做砧木。

采集树势健壮的良种母树上发育充实、无病虫害、径粗 0.5～1.0cm 的一年生枝作为种条。采条宜在秋季落叶后至土壤封冻前完成。

5.1.2 种条保存

采集的种条剪除侧枝、针刺及前端细弱部分后捆扎，挂标签注明种条品种、采集时间、采集地点等信息，种条采集后应及时沙藏保存。

5.1.3 插穗处理

扦插前，将种条剪截成长度 10～12cm 的小枝段，上端在芽上 1cm 处平剪，下端斜剪。插穗剪截后按粗度分级捆扎。插穗宜用生根剂处理，处理时将插穗下端 3～5cm 浸入 20% 萘乙酸 1000～2000 倍液中 2～3 小时。

5.2 扦插时间

应在春季发芽前进行，郑州地区以 3 月下旬至 4 月上旬为宜。

5.3 扦插方法

株行距以 15～20cm×20～30cm 为宜，行距可宽至 40cm。扦插前在铺好农膜的畦面上用稍粗于插穗的细棍按株行距向南斜插打出前扦插孔，孔的深度稍小于插穗。扦插时将插穗斜剪口端倾斜插入孔内，插穗露出地面 1cm 左右，插后圃地立即灌足水。

5.4 扦插后管理

5.4.1 抹芽绑梢

新梢生长至 15cm 左右时，选留 1 个健壮直立的新梢，抹除其余新梢。此时宜插立竹竿等材料绑扶新梢，防止新梢被风刮折和培养单干砧木苗。

5.4.2 追肥

追肥采用少量多次的原则，6 月上旬至 8 月中旬苗木速生期，每 10～15 天结合灌水撒施或冲施，前期以速效氮肥为主，后期施复合肥。一般每亩每次施入尿素 5～6kg、复合肥 6～7kg，结合病虫害防治叶面喷洒 0.2% 磷酸二氢钾 3～4 次，8 月下旬后停止施肥。

5.4.3 排灌

发芽前保持圃地土壤湿润；苗木速长期应保证水分供应，干旱时及时灌水，每次灌溉应灌透灌匀；苗木生长后期，应适当控制灌水，防止苗木徒长；土壤上冻前灌足封冻水。

苗圃积水时应及时排水，避免苗木淹水。

5.4.4 除草

按照"除早、除小、除了"的原则及时除草，除草时不宜损坏农膜。

5.4.5 病虫害防治

按照"预防为主，综合防治"的植保方针开展病虫害防治工作。苗木生长期喷洒70%吡虫啉水分散粒剂2000倍液，或5%啶虫脒微乳剂1200～1500倍液等杀虫剂，防治蚜虫、蓟马、绿盲蝽等害虫；喷洒100g/L联苯菊酯乳油3000倍液，或2.5%溴氰菊酯乳油2000倍液等杀虫剂，防治刺蛾、尺蠖等害虫。喷洒80%代森锰锌可湿性粉剂800倍液，或25%苯醚甲环唑乳油3000倍液等杀菌剂，防治干腐病、褐斑病等病害。

6 嫁接与管理

6.1 接穗的采集与处理

接穗在秋季落叶后采集为宜，从叶片大、刺少、结果性状优良'突尼斯软籽'石榴母树上采集节间较短、发育充实、径粗0.5～0.9cm的一年生枝，剪除侧枝、针刺后整齐捆好，挂标签注明采集时间、采集地点等信息。

6.2 接穗保存

宜沙藏，也可用保湿材料包裹后利用冷库保存。

6.3 嫁接时间

砧木萌芽期进行，郑州地区以3月下旬至4月上旬为宜。

6.4 劈接技术

6.4.1 剪接穗

将接穗剪成长4～5cm、带1～2对饱满芽的接穗段，上端在芽上0.5cm处平剪。削接穗前宜将接穗段浸入清水中保湿，也可用清水浸泡过夜，让接穗充分吸水。

6.4.2 削接穗

从芽侧下方0.5cm处用专用削刀将接穗削成长2.5～3.5cm的光滑斜面，或削成一边厚一边稍薄的斜面，削好的接穗立即使用或置于清水中待用。

6.4.3 剪砧木

选择苗高达到1m、地径至少0.8cm的单干优质砧木，在砧木苗距地面60～70cm避开芽点光滑处剪截，并剪除所有侧枝及针刺。

6.4.4 劈砧木

从砧木剪截面中心向下劈一道比接穗削面略长的垂直劈口，一般长3～4cm。应避开剪口下方芽点，保证劈口顺直。

6.4.5 插接穗

用刀背将劈口撬开，把接穗稍厚的一侧朝外插入劈口，保证接穗和砧木形成层至少一边对齐，削面露白 0.3～0.5cm。

6.4.6 捆绑接口

宜采用 0.004～0.006mm 厚的薄膜将接穗和嫁接口完全包严，并在砧木剪口下 1cm 左右处缠紧。接穗芽点应包裹一层薄膜，以利于嫁接口保湿和接穗萌芽后"破膜"。捆绑过程中应保证接穗与砧木的形成层对齐不错位。

6.5 嫁接后管理

6.5.1 检查与补接

嫁接后 20 天左右检查成活，若接穗新鲜且芽开始萌动则表明成活，否则及时剪砧补接。

6.5.2 抹芽绑梢

接穗成活后，及时抹除砧木上所有萌芽。接穗新梢生长至 15cm 左右时，选留 1 个健壮直立的新梢，抹除其余新梢。新梢选留后应及时绑扶，并在新梢生长过程中再绑扶 2～3 次。

6.5.3 解嫁接膜

嫁接口完全愈合后应及时解膜，防止薄膜勒入树皮，一般在 5 月下旬至 6 月上旬。解膜时用刀避开嫁接口划断薄膜清除干净。

6.5.4 常规管理

常规管理参照 5.4.2～5.4.5。

7 苗木出圃

7.1 起苗时间

宜在秋季落叶后至土壤上冻前进行，郑州地区以 11 月上中旬为宜。

7.2 起苗方法

起苗前 2～3 天圃地浇透水。起苗时应多保留根系，减少根系和苗木损伤。

7.3 苗木分级

起苗后应根据苗木规格进行分级，嫁接苗木质量见表 1，分级后按每捆 10 株捆扎。分级时剪去病虫根、过长根和根蘖；剪平根系断口；剪去病虫枝、枯枝等。

表 1 嫁接苗木质量

	项目	等级	
		一级	二级
茎	嫁接部位以上高度 /cm	60～65	50～55
	嫁接部位上方 5cm 处径粗 /cm	≥ 0.7	0.5～0.7
	分枝数量 / 个	≥ 3	1～2
根	侧根长度 /cm	≥ 20	15～20
	侧根基部粗度 /cm	≥ 0.4	≥ 0.4
	侧根数 / 条	≥ 6	4～5

(续)

项目	等级	
	一级	二级
病虫害	无检疫对象	
损伤	整批外观整齐均匀，枝条完好，根系良好	整批外观基本整齐均匀，枝条完好，根系良好
品种特性	符合本品种特性，品种纯度达 95% 以上	

7.4 苗木假植

分级后的苗木若不能及时外运或栽植，应进行假植。在苗圃或栽植地附近，选择避风背阳、高燥平坦的地方挖东西走向的假植沟，沟深 40~60cm、宽 1.0~1.2m，沟长根据苗木数量而定。假植时将苗木梢南根北斜摆入沟内，一排苗覆盖一层厚 8~10cm 厚的细土，使苗木与土壤密接，假植后苗木根部灌透水。

假植期间应定期检查，防止失水、发热、霉烂等。

8 检疫与检验

8.1 检疫

苗木出圃调运前应由植物检疫部门进行现场检疫，检疫应符合 GB 15569 的要求。苗木取得植物检疫证书后才能进行调运。

8.2 检验

采取随机抽样法检验苗木质量，检验应符合 GB 6000 的要求。

9 包装与运输

9.1 包装

外运时苗木根系宜蘸泥浆保湿，每 10 株 1 捆，用湿润锯末等保湿材料填充的塑料布将根系包严，外包装用麻袋或编织袋等包装扎紧。包装内外均附标签，注明品种、等级、数量、产地、日期、收货单位名称及地址等。

9.2 运输

苗木运输中，防止暴晒、失水、受冻和机械损伤。到达目的地后及时假植或栽植。

参考文献

[1] 何平, 余爽, 陈建雄, 等. 四川石榴病虫害及绿色防控技术[J]. 中国植保导刊, 2015, 35(9): 20-23.

[2] 薛华柏, 曹尚银, 郭俊英, 等. 突尼斯软籽石榴气候区划北限及次适宜区的防寒栽培[J]. 中

国果树, 2010(2): 63-64.

[3] 胡青霞, 李洪涛, 张丽婷, 等. 软籽石榴在我国的生产应用及其效益[C]//中国园艺学会；国际园艺学会. 中国石榴产业高层论坛论文集. 北京: 中国林业出版社, 2013: 38-42.

[4] 陈延惠, 史江莉, 万然, 等. 中国软籽石榴产业发展现状与发展建议[J]. 落叶果树, 2020, 52(3): 1-4.

[5] 范春丽, 赵奇, 曲金柱. 突尼斯软籽石榴的抗寒砧木嫁接效果[J]. 落叶果树, 2014, 46(4): 16-17.

[6] 王庆军, 毕润霞, 马敏, 等. 我国北方地区石榴冻害的发生原因及预防措施[J]. 中国果树, 2017(2): 76-79.

[7] 罗华, 刘娜, 郝兆祥, 等. 我国软籽石榴研究现状、存在问题及建议[J]. 中国果树, 2017(1): 96-100.

提高软籽石榴杂交种子发芽率的技术研究

苗利峰*，马贯羊，马克义，常丽丹，张向科，陈向阳
（洛阳农林科学院，河南洛阳 471000）

Study on Technical Measures to Improve the Germin-ation Rate of Hybrid Seeds of Soft Seed Pomegranate

MIAO Lifeng, MA Guanyang, MA Keyi, CHANG Lidan, ZHANG Xiangke, CHEN Xiangyang

(Luoyang Academy of Agriculture and Forestry Sciences, Luoyang, Henan 471000)

摘 要：将软籽石榴杂交组合后代处理后，通过冬季沙藏、春季催芽、种子撒播和起垄条播育苗试验对比，结果显示春季催芽发芽率高，春季催芽条播育苗出苗率高且均衡，利于后期中耕除草等田间管理，可以有效提高育苗效率，加快软籽石榴新品种的选育进程。

关键字：育苗；冬季沙藏；春季催芽；撒播；起垄条播

Abstract: After processing the progeny of the hybrid combination of soft-seed pomegranate, through the comparison of winter sand storage, spring accelerating germination, seed sowing and ridging seedling breeding experiments, the results show that the germination rate in spring is higher than that of sand storage in winter. The spring accelerating seedling and seedling emergence rate is higher and more balanced, which is conducive to cultivating and weeding. Such field management can effectively improve the efficiency of seedling raising and speed up the selection and breeding of new varieties of soft-seed pomegranate.

Keywords: Seedling cultivation; Sand storage in winter; Germination in spring; Sowing; Ridging and drilling

石榴（*Punica granatum* L.），属于石榴科（Punicaceae）石榴属（*Punica* L.)果树，原产伊朗、阿富汗和高加索等中亚地区，向东传播到印度和中国，向西传播到地中海国家及其他适生地。石榴是一种集生态、经济、社会效益、观赏价值与保健功能于一身的优良果树。20世纪80年代以来，石榴得到了广泛重视和开发利用，高品质高效益的软籽石榴备受人们青睐。科研工作者也加强了软籽石榴新品种的选育，杂交选育是选育新品种的一种重要途径，然而由于杂交种子采用传统的处理方式，导致发芽出苗率很低，影响了选育新品种的速度。洛阳农林科学院从2018年开始，进行石榴杂交种子育苗试验，总结出了提高发芽率的方法，可以使得石榴种子的发芽率达到95%以上，远高于常规的处理方法，并且具有较好的发芽整齐度。

1 试验地概况

洛阳农林科学院赵村石榴试验基地位于河南省洛阳市洛龙区安乐镇赵村，属于平地。属于暖温带大陆性季风半干旱气候，冷暖气团交替频繁，四季更新明显，日照充足，无霜期长，春季多风，干旱少雨，夏季炎热、多雨潮湿，秋季秋高气爽，冬季干燥寒冷。年平均气温14.2℃，

---

* 通讯作者：苗利峰，电话：13838824739，E-mail:miaolifeng123@163.com。

降雨量700mm，无霜期225天，土壤为沙壤土，土层厚度3m以上，地平，保水保肥性能较好，灌溉便利。

育苗地应是地势平坦、不易积水、接近水源、土层疏松、透气性好、没有严重虫害和病菌的肥沃土地。提前施足基肥，深翻土地，施入一定量的灭虫和杀菌剂。播种前约一周漫灌土地，待地表出现干裂，用微型旋耕机旋地平整，确保土壤疏松且有底墒。

2 材料与方法

2.1 实验设计

选定6个软籽石榴杂交组合的F_1代，标号为1、2、3、4、5、6号，每个号选取2000粒种子，分成4份，每份500粒。任意选取2份分别标记为Ⅰ、Ⅱ，进行冬季沙藏，沙藏后分别撒播、起垄条播；剩余2份分别标记为Ⅲ、Ⅳ，进行春季催芽，催芽后分别撒播、起垄条播。试验过程中Ⅰ、Ⅱ、Ⅲ、Ⅳ分别对应为沙藏撒播、沙藏条播、催芽撒播、催芽条播4种育苗方式。

2.2 杂交种子选种和保存处理

9月下旬至10月中上旬待果实充分成熟后，选取充盈个大、表皮光滑、没有裂痕霉斑的杂交果实进行采收。待杂交后代采摘后及时取种，选取成熟充分、果肉丰满充盈的籽粒，放置于透水性好的质密网袋中，反复多次揉搓、用流水冲洗外层的透明膜，最后把种子表面的果肉多次漂洗清除干净，捞出沥干水分。在通风透气的环境下，将种子平铺于吸水性好的干棉布或吸水纸上自然风干，避免出现种子堆积，忌太阳直射晾晒。待种子彻底干透后，分品种装入干燥透气的容器中，编号作标记进行保存。

2.3 杂交种播种前的处理方式

（1）冬季沙藏：1月，将要沙藏的种子用20～30℃清水浸泡，待吸水充分后，再次进行揉搓漂洗，彻底冲洗掉种子表面残留的果肉，抛弃漂浮于水面的不饱满种子。每天换一次水，浸泡3天后，待种子吸收水分充足后，捞出饱满种子，放置于吸水性良好的纸或棉布上，风干表面水分。将种子和沙子按1∶4～5的比例混合，搅拌均匀，要求沙子湿度适中，保持在40%～50%（用手抓一把拌匀后的沙子既不能握成团又不能顺指缝流下为宜。沙子湿度过大，种子易发生霉变；沙子湿度过小，种子易干瘪脱水影响发芽率）。将拌匀后的沙子和种子装入透气性好的质密网袋中，按对应品种编号作标记。挖50cm深的土坑，底部铺入厚度3.5cm湿度略小的沙子，然后平铺入一层种子，再铺一层2～3cm沙子，依次层叠交替，离地平面约20cm时，再铺上3～5cm厚度的沙子，最后用疏松土壤掩盖，并隆起土堆防止积水。注意：在放置种子和掩土过程中要根据土坑的大小和种子数量多少，用稻草或玉米秆作成几个直径5～8cm、长50cm左右的草束竖直插入种子中间，从底部通向地表裸露以通风透气，大约每50cm^2留一个通气孔。3月底4月初，及时察看种子发芽情况，待发芽率达到30%左右进行统一播种。

（2）春季催芽：4月上旬，先将种子按上述沙藏方法作同样的处理，然后用吸水性良好的棉布浸水后用力拧至不能再挤出水分，将种子均匀平铺于湿布之上，把湿布同种子一起卷起包裹，把包好的种子放入敞口易封的透明容器中，封装容器，留1～2cm的气孔通风透气以调节容器内温度。将容器放置于可直射光照的地方，以利于吸收太阳光提高瓶内温度，白天光照时间，容器内最佳温度易控制在30℃左右，夜间温度20℃左右最佳。期间每两天要检查种子一次，用25℃左右清水进行漂洗，并保持湿度20%～30%之间。随时观察，棉布不能干燥，瓶壁上不能产生白色雾气。大约一周后种子开始萌芽，待发芽和透白率达到40%左右，用木质镊子挑选出发芽或透白的种子（注意避免损伤种子芽点）进行播种。每3天检查挑选一次，分批次进行播种。

2.4 播种方式

（1）撒播　育苗地整理完成后，按品种编号用适量松散的松软土壤或沙子和种子充分混合，搅拌均匀，然后均匀撒播于均苗床之上，再撒上一层0.5～0.8cm左右的覆土，土质易疏松绵软，腐叶土或草炭土效果更好。注意不要使种子裸露，适度压实，使种子与苗床土层接触充分，分区标清品种标识。以后每2～3天用水淋洒一次，确保土壤湿润，表面不板结。

（2）起垄条播　在育苗地起垄，垄宽50cm，呈拱型，垄中间高度高于垄底边缘低部10～15cm，两条垄底部边缘间距10cm。在垄两侧距底部边缘10cm处各开两条相互平行、深2cm左右的条播沟，施足底水，待底水渗入土壤后，把种子均匀撒播于条播沟，然后用疏松的绵软土壤（拌入适当比例的腐叶土或草炭土更佳）覆盖1～1.5cm，标记品种标识。在两条垄中间浇足水，水流不要太大，水面没到种子条播沟下沿即可，播种后一个月内每6～8天浇一次。

3 结果与分析

通过表1可以看出，冬季沙藏发芽率5号最高为40%，4号发芽率最低为28%，而春季催芽3号发芽率最高，为95.2%，6号发芽率最低，为93.7%，发芽率均明显高于冬季沙藏发芽率。

表1 冬季沙藏直播、春季催芽直播发芽率统计表（单位：芽数：个；发芽率%）

处理方法	1号		2号		3号		4号		5号		6号	
	芽数	芽率	芽数	芽率	芽数	芽率	芽数	芽率	芽数	芽率	芽数	芽率
冬季沙藏	350	35	350	35	300	30	280	28	400	40	380	38
春季催芽	940	94	951	95.1	952	95.2	939	93.9	943	94.3	937	93.7

通过表2、3可以看出，在6组品种出苗率试验单项或综合数据中，出苗率为催芽条播＞催芽撒播＞沙藏条播＞沙藏撒播，催芽条播出苗率最高，且Min催芽条播＞Max催芽撒播、Min催芽撒播＞Max沙藏条播、Min沙藏条播＞Max沙藏撒播，说明催芽条播具有明显优势。由出苗平均值大小和变异系数C沙藏撒播＜C沙藏条播＜C催芽撒播＜C催芽条播可以得出：采用催芽条播方式，品种样本期望值最高，离散程度最低，说明6组试验品种间的出苗量最高、最集中、差异量最小，出苗率高且均衡。

表2 不同育苗方式出苗情况对比表（单位：苗数 棵；苗率％）

育苗方式	1号		2号		3号		4号		5号		6号	
	苗数	苗率	苗数	苗率	苗数	苗率	苗数	苗率	苗数	苗率	苗数	苗率
沙藏撒播	176	35.2	201	40.2	184	36.8	168	33.6	223	44.6	204	40.8
沙藏条播	227	45.4	230	46	241	48.2	231	46.2	257	51.4	254	50.8
催芽撒播	447	89.4	449	89.8	433	86.6	431	86.2	448	89.6	429	85.8
催芽条播	466	93.2	469	93.8	470	94	465	93	461	92.2	470	94

表3 不同育苗方式相关样本数据

育苗方式	最大值（棵）Max	最小值（棵）Min	平均值（棵）Avg	合计值（棵）Sum	总体均方差 δ	总体变异系数 C
沙藏撒播	223	168	192.6667	1156	18.616	0.0966
沙藏条播	257	227	240	1440	11.804	0.0492
催芽撒播	449	429	439.5	2637	8.5975	0.0196
催芽条播	470	461	466.8333	2801	3.2361	0.0069

4 结论与讨论

综上所述，通过春季播前催芽种子发芽率显著提高，结合起垄条播方式进行播种育苗，出苗率明显高于其他方式，各品种间出苗率差异小，杂交后代种子利用率高。采用条播起垄育苗方式，出苗整齐，便于控制播种量和种间距、行间距，利于后期中耕除草等田间管理，可以有效提高育苗效率，加快软籽石榴新品种的选育进程。

参考文献

[1] 黄勇,李安侠.林木种子的处理及育苗技术[J].林业建设,2019(24):217-218.

[2] 陈志刚,高利霞.林木种子的处理及育苗技术探讨[J].现代园艺,2013(2):62.

[3] 张赟.林业播种育苗技术[J].现代农业科技,2017(16):126-128.

[4] 曹尚银,侯乐峰.中国果树志·石榴卷[M].北京:中国林业出版社.

[5] 苑兆和.中国果树科学与实践:石榴[M].西安:陕西科学技术出版社,2015.

'中农红'和'突尼斯软籽'石榴的引种表现及问题与对策

彭家清，肖涛，柯艳，王华玲，程均欢，吴伟*
（十堰市经济作物研究所，十堰 442000）

Introduction Performance, Cultivation Problems and Countermeasures of Zhongnonghong and Tunisian Soft Seed Pomegranate

PENG Jiaqing, XIAO Tao, KE Yan, WANG Hualing, CHENG Junhuan, WU Wei *
(*Shiyan Institute of Economic Crops, Shiyan Hubei 442000*)

摘 要： 对'突尼斯软籽'石榴和'中农红'软籽石榴在湖北十堰地区的物候期、植物学特性、生长结果情况等方面进行品种适应性观察，结合本地实际条件，开展壁蜂授粉、整形修剪、果实套袋、病虫害绿色防控等栽培管理技术的探索与试验工作，总结出 2 个软籽石榴品种在十堰地区的栽培表现及栽培过程中的主要问题与对策。

关键词： '突尼斯软籽'石榴；'中农红'；十堰；引种表现；栽培技术

Abstract: Two main cultivated cultivars 'Tunisia' and 'Zhong-nonghong' introduced in 2014 from Zhengzhou Fruit Research Institute. The results have shown that the two main cultivated cultivars has characteristics such as: fast-growing，early-fruiting and early-ripe,big size,shinny color,good quality and high production,thin skin, big grain，soft seed， juicy， sweet and delicious，excellent flavor,strong resistance，and so on. In shiyan area, the fruit and heat resources are sufficient during the 'Zhong-nonghong' ripening period, and the rainfall is less, which is conducive to fruit harvesting and transportation, and is more suitable for large-scale planting development. 'Zhong-nonghong' is more suitable for planting in lower altitude areas of Shiyan.

Key words: Tunisian soft seed pomegranate；Zhong-nonghong；Shiyan；Introduction performance；Cultivation techniques

软籽石榴果实风味好、品质佳、种子退化变软、食用无需吐籽，花期长、观赏价值高、耐干旱、耐瘠薄，具有很好的经济效益、生态效益和社会效益[1]。十堰地处秦巴山区汉水谷地，北抵秦岭，南依巴山，北亚热带大陆性季风气候，光热资源丰富，是突尼斯软籽石榴的适宜栽培区[2]，据十堰市农业农村局初步调查结果，截至 2020 年十堰市软籽石榴种植面积超过 400hm^2。

我们自郑州果树研究所先后引进突尼斯软籽石榴和中农红软籽石榴两个软籽石榴主栽品种，栽植于十堰市郧阳区十堰市现代科技示范园。进行物候期、植物学特性、生长结果情况等方面的品种适应性观察。结合本地实际，开展壁蜂授粉、整形修剪、果实套袋、病虫害绿色防控等

作者简介：彭家清（1979– ），男，汉族，湖北公安人，高级农艺师，主要从事果树育种、栽培技术研究与示范推广工作，邮箱：hbsypjq@163.com，电话：13872844778。
通讯作者：吴伟（1966– ），男，汉族，湖北十堰人，本科，高级农艺师，从事果树育种及栽培技术示范推广工作，邮箱：2586787102 @qq.com，电话：13986891810。
邮寄地址：湖北省十堰市北京路 101 号经济作物研究所，彭家清，13872844778。

栽培管理技术的探索与试验工作。现将 2 个品种的栽培表现及栽培过程中的主要问题与对策总结如下。

1 物候期与适应性

2 个品种的叶萌芽期均在 3 月中旬，中农红的花芽萌动期、谢花期、幼果期较突尼斯软籽石榴早 7 天左右；果实着色期较突尼斯软籽石榴早 1 个月以上，7 月底至 8 月初即能完全着色；果实成熟期较突尼斯软籽石榴早 10～15 天。2 个品种在十堰地区适应性强，树势健壮，萌芽率、成枝能力好，均能正常开花结果。

表1　2 个软籽石榴品种在湖北十堰地区的物候期

Table 1　Phenological period of two soft seed pomegranate varieties in Shiyan, Hubei Province

品种	萌芽期	始花期	盛花期	幼果期	成熟期	落叶期
中农红	3 月中旬	4 月中旬	4 月下旬至 5 月下旬	5 月下旬	9 月中旬	11 月下旬
突尼斯软籽石榴	3 月中旬	4 月下旬	5 月上旬至 5 月下旬	6 月上旬	9 月中旬	11 月下旬

2 果实经济性状

2 个品种果个大、果形近圆形、鲜艳美观，籽粒大、果仁软、果实籽粒成熟后均为紫红色，果皮厚度适中，耐贮运。对比突尼斯软籽石榴，中农红优势明显：一是中农红可溶性固形物含量稍低，总酸含量较高，但果实芳香味浓、实际风味更好；二是中农红成熟期较早，果实果面更光洁，着色更好；三是中农红软籽石榴单果重及单株产量均高于突尼斯软籽石榴。

表2　2 个软籽石榴品种果实的经济性状

Table 2　Economic characters of two soft seed pomegranate varieties

品种	平均单果重 /g	百粒重 /g	可溶性固形物 /%	总酸 /%	平均单株产量 /kg
中农红	497	62.1	13.3	0.41	30.5
突尼斯软籽石榴	458	55.7	14.2	0.18	25.3

3 抗逆性

在常规栽培管理条件下，中农红树体更健壮，病虫害发生较突尼斯软籽石榴轻。另外，十堰地区 9 月中下旬初雨水较多，突尼斯软籽石榴果实易裂果，而中农红软籽石榴因成熟期较早，能避开连阴雨天气，裂果较少。2 个品种在十堰地区均表现出较强的抗寒能力，近几年十堰地区冬季低温灾害频发，2018 年十堰部分地区更是遭遇最低 –13.4℃极端低温天气[3]，但大部分园区冻害影响较小，仅山区的山坳低洼地带的果园有少量幼树有冻害发生。

4 栽培过程中的主要问题与对策

4.1 营养生长过旺

突尼斯软籽在十堰地区表现出较明显的特征是树体营养生长旺盛、成枝能力强、新梢萌发量大、易导致枝叶郁闭，影响通风透光。树冠过高、冠幅过大时还易导致树干偏斜、主枝劈裂甚至倒树。在生长过程中应少施氮肥；注重春、夏季抹芽、疏枝工作；在冬剪时减少留枝量，可直接留结果枝，不留侧枝[4]；另外，起垄栽培石榴的模式有助于软籽石榴优质高效栽培[5]。

4.2 花多果少，果实大小不均匀

2个品种花期长，盛花期自4月下旬到6月中旬，甚至8月初依然有少量开花现象。总花量大，但完全花少，自然条件下坐果率较低。还存在坐果不均匀、果实大小不一的问题。

加强栽培管理，促进果树生长健壮，在花蕾期喷施硼肥、镁锌硼微量元素复合肥等，能够促进石榴坐果、增加产量；及时疏除多余枝条、三期花及发育缓慢的小果，彻底抹除春梢以后的新梢能明显提高突尼斯软籽石榴筒状花的数量和坐果率[6]。在夏季生长期和春季展叶期喷施多效唑，能提高植株完全花数量达1～3倍；虽然降低了突尼斯软籽石榴的坐果率，但树体的坐果总量仍明显高于对照[7]。头花始花期至盛花期（5月5日）叶面喷GA3(30mg/L)可有效提高软籽石榴坐果率，且不影响果实品质[8]。我们的栽培实践表明花期投放壁蜂对软籽石榴进行授粉能提高坐果率，增加果实单果重，使果形更加整齐，商品果比例增加。

4.3 病虫害防治

十堰地区对软籽石榴产业危害较大的病虫害主要有干腐病、炭疽病、煤污病、桃蛀螟等。软籽石榴果实易受病虫害影响在果面留下病斑、疤痕，影响商品性和贮藏性。病虫害防治关键时期在4月下旬至7月中下旬。软籽石榴的始花至幼果期（4月下旬至6月中旬）十堰地区雨水较多，病害高发，此时期也是桃蛀螟幼虫孵化并经萼筒或果面蛀入果实以及蚜虫危害幼果的盛期[9]，必须连续开展2～3次病虫害综合防治工作。6月下旬至7月中旬，高温高湿、树体郁闭等条件下也容易引发煤污病、炭疽病等病害，此时期要加强夏季修剪，改善通风透光条件，并在连续阴雨天气后使用杀菌剂进行病害预防。软籽石榴果实套袋可有效防治日灼病并显著减少其他病虫害对果实的危害，是保证产量的品质的必要措施，套袋前应在果面混合喷施杀虫杀菌剂并清除萼筒内的花丝[10]。

4.4 裂果严重

裂果也是影响突尼斯软籽石榴最终产量的重要因素。十堰地区软籽石榴在成熟期遇雨水易发生裂果，严重时裂果率超过60%以上，给种植主体造成巨大的损失。果实裂果与水分、赤霉素、脱落酸、钙和细胞壁等因素有关[11]。对突尼斯软籽石榴裂果影响最大的因子是9月连续降水持续时间和降水量；裂果发生的概率与8月下旬到9月总降水量呈负相关，即长时间的干旱以及过长时间的日照也较为容易引发石榴的裂果[12]。套袋使果实局部农艺小气候保持相对稳定，起到保护果实、防止裂果的作用[13]。我们的栽培经验表明，十堰地区软籽石榴裂果多发生在10月初。在9月底阴雨天气到来前采收，能有效避免大规模裂果现象的发生。

5 结论与讨论

十堰地区气候条件适宜突尼斯软籽石榴的生长，且果实品质好。但种植过程中要加强管理。应注重夏季管理，防止营养生长失衡，做好关键时期病虫害防治、果实套袋工作，在果实成熟后及时采收。另外，中农红软籽石榴果实风味佳，商品性好，产量高，丰产稳产，病虫害少，成熟期早，裂果少，耐粗放管理；相比突尼斯软籽石榴，生长过程中营养生长更均衡，适应性更好。除籽粒稍硬外，综合表现优于突尼斯软籽石榴，更适合在十堰地区大面积推广种植。

参考文献

[1] 彭慧娟. 突尼斯软籽石榴早期丰产栽培技术[J]. 林业与生态, 2020, 777(6): 42-43.

[2] 薛华柏, 曹尚银, 郭俊英, 等. 突尼斯软籽石榴气候区划北限及次适宜区的防寒栽培[J]. 中国果树, 2010(2): 63-65.

[3] 刘涛, 王华玲, 吴伟, 等. 2018年十堰柑橘冻害气象条件分析及预防恢复措施[J]. 中国农学通报, 2018, 36(4): 90-94.

[4] 罗华, 刘娜, 郝兆祥, 等. 我国软籽石榴研究现状、存在问题及建议[J]. 中国果树, 2017(4): 96-100.

[5] 陈利娜, 敬丹, 唐丽颖, 等. 新中国果树科学研究70年——石榴[J]. 果树学报, 2019, 36(10): 139-148.

[6] 康林峰, 聂琼, 张伟兰, 等. 南方地区抹梢对突尼斯软籽石榴着果率的影响[J]. 中国南方果树, 2014, 43(3): 112-113.

[7] 孔佑涵, 苑平, 谢新华, 等. 多效唑对突尼斯软籽石榴开花结实的影响[J]. 湖南农业科学, 2017, 000(3): 10-12.

[8] 陈利娜, 牛娟, 刘贝贝, 等. 不同花期喷施植物生长调节剂对石榴坐果及果实品质的影响[J]. 果树学报, 2020(2): 244-253.

[9] 宫庆涛, 朱腾飞, 武海斌, 等. 桃蛀螟的生物学特性及防控方法[J]. 落叶果树, 2018, 000(4): 41-44.

[10] 李顺雨, 马检, 吴超, 等. 威宁软籽石榴花果管理与病虫害防治[J]. 农业科技通讯, 2020, 587(11): 276-277, 282.

[11] 吴建阳, 何冰, 陈妹, 等. 果实裂果机理研究进展与展望[J]. 广东农业科学, 2017, 44(4): 38-45.

[12] 胡园春, 邰庆国, 崔辰, 等. 基于Logistic回归方法的石榴裂果气象预测模型[J]. 中国农学通报, 2020, 36(1): 117-121.

[13] 张慧. 石榴综合防裂技术试验研究[J]. 中国园艺文摘, 2017(1): 10-13.

山东地区软籽系列石榴南种北引生长特性分析

唐海霞，杨雪梅，冯立娟，王　菲，王增辉，尹燕雷*
（山东省果树研究所，山东泰安　271000）

Growth Characteristic Analysis on the Effect of Planting Soft Seed Series Pomegranate from South to North in Shandong Area

TANG Haixia, YANG Xuemei, FENG Lijuan, WANG Fei, WANG Zenghui, YIN Yanlei*
(Shandong institute of pomology，Tai'an 271000, Shandong, China)

摘　要：【目的】本研究引进软籽系列石榴品种 11 个，开展了设施栽培模式下的存活率及适应性、物候期差异观测；引进品种的生长特性分析。【结果】软籽系列石榴在设施条件下，能够很好地在山东地区越冬；设施内软籽系列石榴较大田栽培品种'泰山红'萌芽期早 10 天左右，但在开花后生长发育物候期差别不大。不耐寒的软籽系列品种光合性能显著低于抗寒品种。软籽品种叶片厚度、栅/海组织厚度低于主栽品种'泰山红'，SR 值高于'泰山红'。【结论】软籽石榴在山东可通过设施栽培成功引种，但生长势低于耐寒品种，春季管理要重点防范倒春寒的危害。

关键词：南种北引；设施栽培；物候期；解剖构造

Abstract: [objective] In this study, we introduced 11 pomegranate varieties of soft seed series, and observed the difference of survival rate, adaptability and phenological period under the protected cultivation mode.Analysis of growth characteristics of introduced varieties.[results] soft seed series pomegranates could overwinter well in Shandong under the facility conditions.The germination stage of soft seed series pomegranates in the facility was about 10 days earlier than that of 'Taishan Hong' variety in the field, but there was little difference in the phenological stage of growth and development after flowering.Photosynthetic performance of soft seed series cultivars without cold tolerance was significantly lower than that of cold tolerance cultivars.The leaf thickness and gate/sea tissue thickness of soft seed variety were lower than that of 'Taishan Hong', and the SR value was higher than that of 'Taishan Hong'. [conclusion] According to the adaptability and growth evaluation of the introduced pomegranate soft seed variety, it provides the basis for the further selection of suitable varieties and the research of related cultivation management technology in Shandong.

Key words: South species in the north; Facility cultivation; Phenological period; Anatomical structure

石榴（ Punica granatum L.）为石榴属（ Punica L.）落叶灌木或小乔木。山东是北方石榴主产区之一，石榴栽培面积达 1.0 万 hm^2，年产量约 14 万 t，品种 100 余个，主栽品种有'大青皮甜''泰山红'等，这些品种籽粒硬，上市晚，很大程度上限制了石榴产业的发展[1,2]。以'突尼斯软籽'为代表的软籽石榴具有成熟早、籽粒大、果实色泽美观等特点，尤其种核极其柔软，易于咀嚼下咽，适合老人和儿童食用，是石榴中的精品[3]。软籽石榴生长温度一般不低于

基金项目：山东省果树研究所青年基金项目（2018KY02），山东省农业科学院农业科技创新工程新兴交叉学科项目（CXGC2021A29）。
作者简介：唐海霞，女，博士，助理研究员，主要从事石榴育种及栽培研究。E-mail:thx123.cool@163.com。
*通讯作者：尹燕雷，男，研究员，主要从事石榴种质资源评价与创新利用研究。E-mail:yylei66@sina.com。

–10℃[4]，因此，冬季冻害已成为软籽石榴在山东栽植的瓶颈问题。自2014年以来，山东先后多次引种软籽石榴露地栽培，冬季通过培土、绑缚草毡、涂白等措施防寒，均不成功。2016年通过简易设施大棚引种'突尼斯软籽'，可安全越冬。本研究自2016—2017年先后引进'软籽'系列石榴品种11个，开展设施栽培模式下的存活率及适应性、物候期调查、生长量观测。为山东适栽优良品种的筛选及相关栽培管理技术的研究提供依据。

1 材料与方法

1.1 试验地概况

本研究在山东省果树研究所万吉山基地进行。该基地位于泰山脚下（N36°12′18″，E117°04′42″），海拔为262m，沙壤土，有机质含量14.8g/kg，水解氮121.03 mg/kg，速效磷54.68mg/kg，速效钾244.4mg/kg，pH为6.6，栽植密度为2m×4m。

1.2 试验材料

2016年3月引种'突尼斯软籽'2年生苗并进行简易设施栽培。2017年开始，先后从云南、四川、陕西、安徽等地引进软籽系列品种石榴品种10个，分别是'淮北软籽-4''淮北软籽-5''淮北紫皮''淮北软籽-1''淮北软籽-2''以色列黑籽酸''河阴软籽''陕西软籽'云南'建水红玛瑙'云南'元谋灯笼红'。11个软籽系列品种全部简易设施栽培。

1.3 试验方法

1.3.1 引种适应性分析

软籽系列石榴设施栽培下适应性分析。2019年统计设施条件下引进品种第2年的成活率及生长表现（发枝量、物候期、结果情况等）。

1.3.2 引种品种的生长特性调查

2019年5月17日利用CIRAS-3超便携光合仪（汉莎科仪）对软籽系列石榴品种及显著抗寒优良品种进行光合指标测定。各个品种3株，每个植株3个叶片，平均值代表该品种的净光合速率。

2019年9月对软籽系列石榴品种枝条节间长度、叶片大小、叶面积（CI-202便携式激光叶面积仪）、针刺情况、叶片组织构造等进行调查测定。通过石蜡切片进行叶片组织显微结构观察，切片厚度为10～12μm，番红固绿染色，中性树胶封片。用Motic Type102M显微成像系统、Motic Im-age Advanced 3.2图像分析软件拍照，并分别测量叶片厚度、（上、下）表皮厚度、栅栏组织厚度、海绵组织厚度等指标。栅/海比=栅栏组织厚度/海绵组织厚度；叶片组织细胞结构疏松度(SR)=海绵组织厚度/叶片厚度。

2 结果分析

2.1 软籽系列石榴设施栽培下适应性及物候期调查

引种当年除'建水玛瑙籽'没有成活外，其余品种均能正常发芽，发芽率均高于70%。引种第 2 年，成活品种均能正常发芽，这表明设施栽培能有效的保证软籽系列石榴越冬。从物候期观测来看（表1），设施内软籽系列石榴较大田栽培品种'泰山红'萌芽期早 10 天左右，2020 年在 3 月 17 日已全部萌芽，较 2019 年整体提前一周。萌芽较早的品种有'淮北软籽 -1'和'河阴软籽'，3 月 7 日左右露红，3 月 13 日左右集中萌芽；其余品种萌芽期集中在 3 月 12~17 日。现蕾期在 4 月 15 日前后，始花期 5 月 1 日前后，5 月 15 日左右进入盛花期，初果期在 5 月 25 日左右，果实膨大期在 7 月 15 日至 8 月 20 日，转色至成熟期在 8 月 20 日至 9 月 30 日左右，11 月 5 日前后落叶。品种间开花后生长发育物候期差别不大。

表 1 软籽系列石榴越冬率及物候期调查

Table 1 Survey on overwintering rate and phenological period of soft seed series pomegranates

品种 Varieties	发芽率 % Germination rate 第1年 The frist year	发芽率 % Germination rate 第2年 The second year	萌芽期 Sprouting stage	展叶初期 Initial leaf stage	花期 Blooming period 现蕾期 Squaring stage	花期 Blooming period 始花期 Initial flowering stage	花期 Blooming period 盛花期 Full bloom stage	果期 Fruiting stage 初果期 Early fruiting stage	果期 Fruiting stage 膨大期 Expansion stage	果期 Fruiting stage 成熟期 Mature stage	落叶期 Deciduous stage
淮北软籽-1	80	80	3.5~3.12	3.13~3.20	-	-	-	-	-	-	11.5
淮北软籽-2	85	85	3.10~3.16	3.17~3.22	-	-	-	-	-	-	11.5
淮北软籽-4	90	90	3.10~3.16	3.17~3.22	4.15	4.25	5.5~5.15	5.25	7.15~8.20	9.30~10.15	11.5
淮北软籽-5	80	80	3.10~3.16	3.17~3.22	4.15	4.25	5.5~5.15	5.25	7.15~8.20	9.30~10.15	11.5
淮北紫皮	100	100	3.12~3.17	3.18~3.22	4.15	4.25	5.5~5.15	5.25	7.15~8.20	9.30~10.15	11.5
以色列黑籽酸	85	85	3.10~3.17	3.18~3.22	4.15	4.25	5.13~5.18	5.25	7.15~8.20	9.30~10.15	11.5
河阴软籽	95	95	3.7~3.13	3.14~3.20	4.15	4.25	5.13~5.18	5.25	7.15~8.20	9.30~10.15	11.5
突尼斯软籽	100	100	3.10~3.16	3.17~3.22	4.13	4.23	5.13~5.18	5.25	7.15~8.20	9.30~10.15	11.5
陕西软籽	100	100	3.12~3.17	3.18~3.24	4.15	4.25	5.5~5.15	5.25	7.15~8.20	9.30~10.15	11.5
元谋灯笼红	95	95	3.12~3.17	3.18~3.22	-	-	-	-	-	-	11.5
泰山红			3.22~3.28	3.29~4.2	4.15	4.30	5.10~5.20	5.30	7.20~8.25	10.15~10.30	11.5
建水玛瑙籽	0	0									

2.2 引种品种的生长特性调查

2.2.1 光合指标分析

由软籽系列石榴品种及显著抗寒优良品种比较可知（表2）：抗寒品种光合性能显著高于不耐寒的软籽系列品种。'鲁青1号''岱红1号'和'岱红2号'3个品种净光合速率高于

18.5μmol/（m²·s），蒸腾速率较'软籽'系列品种低，水分饱和亏缺值低，均小于2mb，水分利用率高，均超过6.0g/kg。软籽系列石榴品种间光合指标差别均显著（$P<0.01$）。净光合速率较高的品种主要有'泰山红''突尼斯软籽''陕西软籽''以色列黑籽酸''淮北紫皮'，净光合速率值均高于14μmol/（m²·s），胞间CO_2浓度约240~275ppm；蒸腾速率除'淮北紫皮'和'淮北软籽-5'低于125mmol/（m²·s）外，其余品种均高于150mmol/（m²·s）；气孔导度'元谋灯笼红'最高，8.03mmol/（m²·s），淮北软籽-1最低，4.4mmol/（m²·s），其他品种5.0~6.8mmol/（m²·s）之间。从叶片水分状况来看，'以色列黑籽酸''淮北软籽-1''陕西软籽''泰山红''突尼斯软籽'饱和水汽压差较其他品种小，水分利用率相对高些，其中'泰山红'水分利用率最高，为3.83g/kg。

表2 软籽系列和显著抗寒优良石榴品种光合指标及显著性分析
Table 2　Analysis of Photosynthetic Indexes of Series Pomegranate Varieties and Excellent Cold Resistant Varieties

品种/指标 Varieties/Index	净光合速率 Pn, μmol/(m²·s) Net photosynthetic rate	胞间CO_2浓度 ppm Intercellular CO_2 concentration	蒸腾速率 mmol/(m²·s) Transpiration rate	气孔导度 Gs, mol/(m²·s) Stomatal conductance	饱和水汽压差 mb Vapor pressure deficit	水分利用效率 g/kg Water use efficiency
淮北软籽-1	12.73±2.53	258.33±1.15	183.67±33.56	4.4±0.4	2.7±0.17	2.87±0.29
淮北软籽-2	13.43±0.7	244±19.16	218±51.18	6.4±0.78	3.23±0.57	2.1±0.2
淮北软籽-4	11.8±3.58	254.33±16.04	187.67±47.54	5.5±0.92	3.17±0.42	2.13±0.38
淮北软籽-5	11.1±4.2	244±19	106.93±98.64	4.93±1.8	4.4±0.61	2.03±0.38
淮北紫皮	14.33±2.28	242±19.47	121.33±103.5	5.93±1.1	3.1±0.36	2.37±0.4
河阴软籽	11.63±2.49	224.67±6.11	150±26	5.23±0.49	3.6±0.2	2.27±0.21
突尼斯软籽	20.23±2	275.67±14.01	435.33±20.01	6.77±0.65	2.07±0.25	2.97±0.25
以色列黑籽酸	16.87±2.37	245.33±16.01	252.33±55	5.83±0.76	2.73±0.32	2.9±0.2
陕西软籽	19.67±1.32	253±17.52	344.33±82.81	6.13±0.57	2.23±0.23	3.2±0.17
元谋灯笼红	13.83±4.33	283.67±9.07	306.33±64.7	8.03±1.31	2.83±0.45	1.7±0.26
泰山红	20.3±1.47	269.67±17.21	303.33±56.22	5.27±0.32	2.1±0.17	3.83±0.4
鲁青1号	20.4±1.23	305.4±12.45	311.2±28.5	3.32±0.42	1.35±0.18	6.14±0.15
岱红1号	18.9±1.14	266.7±11.58	229.1±21.6	2.71±0.33	1.48±0.24	6.95±0.21
岱红2号	19.4±4.82	324.3±15.53	300.3±42.71	2.6±0.12	1±0.1	7.5±1.43
F值	5.16	3.76	7.65	3.42	10.44	13.21
P值	0.0006	0.0046	0.0001	0.0078	0.0001	0.0001

2.2.2 生长形态分析

以'泰山红'为对照品种，对软籽系列和抗寒系列品种进行F检验可知：品种间叶片形态差异显著，叶长、叶宽、叶面积均达到极显著水平（$P<0.01$）。由不同品种叶片和枝条形态看，显著抗寒品种较软籽系列品种叶片大，叶片厚，颜色较浓绿。枝条节间相对较短，针刺硬、粗壮；软籽系列品种枝条相对较柔软，部分枝条下垂。对不同品种进行Dancun检验可知（表3）：'泰山红'叶片最大，叶面积为13.62cm²，抗寒品种叶片相对较大，3个抗寒品种中，'鲁青1号'叶面积最小，为8.93cm²，远大于'软籽'系列品种（叶面积平均值6.62cm²）。软籽系列品种中'陕西软籽''突尼斯软籽'和'淮北紫皮'叶片较大，叶长分别为7.26cm，5.39cm和6.04cm，

叶宽分别为2.17cm、2.3cm和1.85cm，叶面积分别为11.47cm²、9.17cm²和8.23cm²。'淮北软籽-1'和'淮北软籽-2'叶片相对较小，叶面积分别为2.92cm²和2.70cm²。从软籽系列品种形态上看，'陕西软籽''淮北紫皮'和'淮北软籽-5'长宽比较大分别为3.45、3.29和3.13；'突尼斯软籽''元谋灯笼红'长宽比分别为2.36和2.11。

表3 软籽系列石榴品种及显著抗寒优良品种生长形态分析

Table 3 Analysis of growth morphology of pomegranate varieties with soft seed series and excellent varieties with significant cold resistance

品种 Varieties	叶长 leaf length	叶宽 leaf width	叶面积 leaf area	长宽比 length-width ratio	形状因子 shape factor	形态描述 Morphological description
淮北软籽-1	3.05±0.03F	1.23±0.08D	2.92±0.42FG	2.49±0.16AB	0.70±0.04AB	枝条节间长度2.5~4.0cm，软，略下垂；针刺量中等，硬，长约0.3~0.5cm，顶端部分针刺退化；叶片深绿色
淮北软籽-2	3.33±0.62EF	1.2±0.24D	2.7±0.69G	2.81±0.49AB	0.52±0.05CD	枝条节间长度2.5~4.5cm，下垂不显著；针刺量中等，长0.3~1.0cm，2~3节；叶深绿色，略小，紧凑生长
淮北软籽-4	4.88±0.12DE	1.89±0.10B~D	6.67±0.32DE	2.59±0.17AB	0.70±0.03A~C	枝条节间长度3.5~4.5cm，软，略下垂；针刺量大，长且硬；叶色深绿，中等，紧凑生长
淮北软籽-5	4.74±0.24D~F	1.52±0.14CD	5.07±0.92E~G	3.13±0.17AB	0.58±0.05A~D	枝条节间长度2.5~3.5cm，下垂不显著；针刺量大，粗且硬，长0.6~1.0cm，2节；叶深绿色，叶厚，中等大小，紧凑生长。生长慢
淮北紫皮	6.04±0.43A~D	1.85±0.26B~D	8.23±0.39C~E	3.29±0.24AB	0.56±0.05B~D	枝条节间长度3.0~4.5cm，下垂不显著；针刺量大，硬，短，长约0.3cm，2节；叶深绿色，叶厚，中等，紧凑生长
河阴软籽	4.91±0.18DE	1.85±0.61B~D	6.18±1.90D~G	2.85±0.91AB	0.51±0.08D	枝条节间长度2.5~4.5cm，下垂；针刺多且硬，长0.3~0.5cm，部分大于1.0cm，2节；叶深绿色，中等大小
突尼斯	5.39±1.11CD	2.30±0.20AB	9.17±1.90B~D	2.36±0.50AB	0.65±0.16A~D	枝条节间长度达4.0~6.0cm，下垂；针刺量中大，硬，细长，1.0~2.0m，2~3节，顶端部分针刺退化；叶深绿色，中等大小，紧凑生长
以色列黑籽酸	4.78±0.23D~F	1.81±0.19B~D	6.46±0.80D~F	2.64±0.15AB	0.64±0.05A~D	枝条节间长度2.5~4.0cm，下垂不显著；针刺量中等，刺尖，长0.3~0.5m，部分顶端针刺退化，2~3节；叶深绿色，中等大小，紧凑生长
陕西软籽	7.26±0.72AB	2.17±0.49A~C	11.47±3.77A~C	3.45±0.73A	0.54±0.06B~D	枝条节间长度3.0~4.5cm，略软，下垂；针刺少，长0.6cm，2节；叶深绿色，叶大，相对稀
元谋灯笼红	4.72±0.21DEF	2.24±0.11AB	7.37±0.37DE	2.11±0.15B	0.74±0.03A	枝条节间长度2.5~4.5cm，略软，下垂；针刺多且硬，长0.5cm；叶深绿色，叶大，紧凑生长。植株整体生长慢
泰山红	6.72±0.93A~C	2.78±0.10A	13.62±0.73A	2.42±0.34AB	0.62±0.06A~D	枝条节间长度3.0~6.0cm，较耐寒品种软，但硬于软籽系列品种，不下垂；针刺相对较少，针刺状短末节部分退化。叶深绿色，叶大，紧凑生长
鲁青1号	5.84±1.64B~D	2.27±0.40AB	8.93±1.73B~D	2.68±1.03AB	0.56±0.11B~D	枝条平均长度2.5~4.0cm，皮亮，偏棕绿色，粗壮，枝硬；针刺相对多，粗壮、硬。叶片深绿色、厚，枝叶量大，紧凑生长

（续）

品种 Varieties	叶长 leaf length	叶宽 leaf width	叶面积 leaf area	长宽比 length-width ratio	形状因子 shape factor	形态描述 Morphological description
岱红1号	6.21±0.36 A~D	2.13±0.17 A~C	9.72±1.26 B~D	2.92±0.07AB	0.63±0.03A~D	枝条节间长度3.0~5.5cm，不下垂；针刺相对较多，2~3节，长0.6cm，刺硬；叶深绿色，叶大小中等，紧凑生长
岱红2号	7.66±1.02A	2.20±0.04 A~C	11.91±1AB	3.49±0.5A	0.59±0.03A~D	枝条节间长度3.0~5.0cm，不下垂；针刺相对较多，2~3节，长0.5~1.0cm，刺硬；叶深绿色，叶大小中等，紧凑生长

注：同列数据后不同大写字母表示在0.01水平上差异。

图1 不同石榴品种叶片形态

Fig. 1 Leaf morphology of different pomegranate varieties

注：叶片代表品种依次为淮北软籽-1、淮北软籽-2、淮北软籽-4、淮北软籽-5、突尼斯软籽、河阴软籽、淮北紫皮、陕西软籽、以色列黑籽酸、元谋灯笼红、岱红2号、岱红1号、泰山红、鲁青1号

软籽系列品种较'泰山红'或抗寒品种枝条均较软，除'淮北软籽-5'针刺较粗硬外，其他品种均比抗寒品种针刺细。石榴发枝力一般均较强，枝叶量一般较大，且多年生枝条上叶片呈簇紧凑生长。从枝条节间长度上看，软籽系列品种节间长度差异显著，节间长度较长的品种主要是'突尼斯软籽'，较短的品种有'淮北软籽-1''淮北软籽-5''以色列黑籽酸'。

2.2.3 叶片组织结构特征比较

在光学显微镜下对比观察软籽系列石榴叶片的横切面解剖结构（表4，图2，图3）。石榴叶片属于典型的双子叶植物叶片的组织结构。叶片栅栏组织和海绵组织均排列整齐，层次分明；从叶片厚度上看，不同品种间差异较显著，各指标P值均小于0.01；叶片厚度较大的品种有'泰山红''淮北软籽-5''淮北紫皮''陕西软籽''以色列黑籽酸'和'淮北软籽-2'，其叶片厚度均匀超过250μm，其中'泰山红'叶片最厚为317.3μm，'淮北紫皮'次之，叶厚为300.03μm，'河阴软籽'和'淮北软籽-1号'叶片最薄，其中'河阴软籽'叶片厚度仅为165.21μm。'淮北软籽-5''泰山红''陕西软籽'和'突尼斯软籽'叶片上表皮较厚，'泰山红''淮北软籽-5''陕西软籽''突尼斯软籽'下表皮较厚。从栅栏组织上看，'泰山红''淮北软籽-5''淮北软籽-2''淮北紫皮''以色列黑籽酸'厚度较大，均超过119μm，'淮北软籽-1''突尼斯软籽''河阴软籽'栅栏组织厚度较小，均小于75μm，'泰山红''淮北紫皮''淮北软籽-5''陕西软籽''以色列黑籽酸'海绵组织也较发达，厚度均大于105μm，其中'泰山红'和'淮北紫皮'厚度最大，分别为129.46μm和126.62μm。从栅栏组织厚度/海绵组织厚度分析，'淮北软籽-2''泰山红''以色列黑籽酸'比值较高分别为1.21、1.132、1.122；'河阴软籽''淮北软籽-4''突尼斯软籽'比值较低，为0.86、0.84、0.81。SR值在0.39～0.471之间，各品种按由大到小排列顺序排列为：'突尼斯软籽'>'淮北软籽-4'>'淮北紫皮'>'河阴软籽'>'陕西软籽'>'元谋灯笼红'>'淮北软籽-1'>'以色列黑籽酸'>'淮北软籽-5'>'泰山红'>'淮北软籽-2'。

表4 软籽系列石榴品种叶片组织结构参数比较

Table 4 Comparison of leaf tissue structure parameters of soft seed series pomegranate varieties

品种 Varieties	叶片厚度 Blade thickness	上表皮厚度 Thickness of upper epidermis	下表皮厚度 Lower epidermal thickness	栅栏组织厚度 Palisade tissue thickness	海绵组织厚度 Sponge tissue thickness	栅/海组织厚度 Pal/Spo	SR值 SR values
河阴软籽	165.21D	16.35E	11.42D	64.14E	75.57D	0.86BC	0.457AB
淮北软籽-1	187.76CD	17.94DE	13.2CD	74.78DE	80.59D	0.93ABC	0.429AB
淮北软籽-2	255.86B	23.13CD	15.35ABCD	120.11BC	99.7BCD	1.21A	0.39B
淮北软籽-4	208.29C	19.75CDE	13.42BCD	82.26DE	97.51BCD	0.84BC	0.468AB
淮北软籽-5	300.03A	32.26A	17.33AB	133.74AB	124.8A	1.07ABC	0.415AB
淮北紫皮	271.8B	22.29CDE	13.16CD	119.26BC	126.62A	0.94ABC	0.466AB
陕西软籽	264.59B	25.19BC	15.74ABC	109.75C	114.09AB	0.96ABC	0.431AB
泰山红	317.03A	28.97AB	18.69A	145.87A	129.46A	1.13AB	0.408AB
突尼斯软籽	198.52C	24.65BC	15.66ABC	74.78DE	93.76BCD	0.81C	0.471A
以色列黑籽酸	256.61B	19.49CDE	14.94ABCD	119.22BC	106.89ABC	1.12AB	0.416AB
元谋灯笼红	206.95C	19.46CDE	14.53BCD	88.57D	89.17CD	1.01ABC	0.43AB

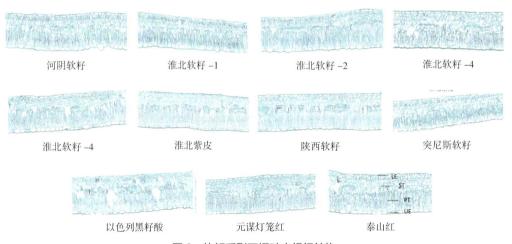

图2 软籽系列石榴叶肉组织结构

Fig. 2 mesophyll structure of soft seed series pomegranate

注：UE. 上表皮；LE. 下表皮；PT. 栅栏组织；ST. 海绵组织.

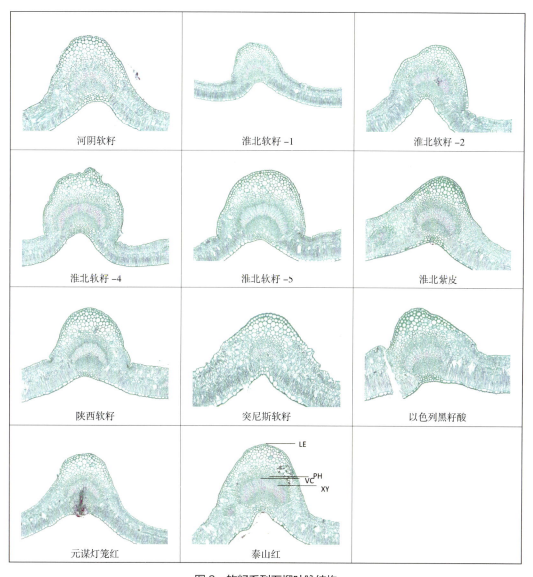

图 3 软籽系列石榴叶脉结构

Fig. 3 Vein structure of soft seed series pomegranate

注：LE. 下表皮；XY. 木质部；PH. 韧皮部；VC. 维管束形成层

3 讨论

石榴喜温畏寒，防寒越冬是石榴北方栽植的首要问题。本研究前期在山东平原地开展了一系列石榴防寒越冬试验，包括石榴绑缚、培土、树体涂白、秸秆覆盖等方式，效果均不理想。而之后的简易设施栽培可以确保软籽系列石榴山东地区安全越冬，其越冬成活率优于普通的棚外简易包裹。简易设施栽培可提早发芽、开花，一般较大田栽培品种提前10天左右，但花期之后品种间及大田栽培品种物候期差别不明显。

石榴设施栽培管理的关键是温、湿度的控制，春季温度上升快，如遇剧烈降温，容易产生日烧型冻害，表现是树皮开裂；萌芽期如遇倒春寒易产生冻害，温度长期过高，容易灼伤嫩芽。棚内湿度过大或土壤太干燥，不利于授粉授精，对开花结果有不良影响。大棚内湿度控制可通过放置水缸、入冬防冻水浇灌进行控制；温度可通过向阳面晴朗天气适度开棚控制，但是如果棚内温度高于标准，可采取间隔遮阴的办法降温，但不要开棚放风，以免水分流失，湿度下降。具体可根据实际情况灵活掌握。

石榴软籽系列品种与抗寒品种形态上有显著差异，抗寒品种一般枝叶茂盛，叶片相对厚，枝叶量大；枝条节间长度相对短，枝条粗硬，柔软度差些；针刺多发达，较硬且多数较粗壮。软籽系列品种，一般叶片较抗寒品种略小；枝叶量较抗寒品种少些，针刺多细长，枝条多数较软，呈下垂状。软籽系列不同品种间也有较大差异，'淮北软籽-2''淮北软籽-5''淮北紫皮'和'以色列黑籽酸'枝条下垂不显著，木质化程度较高。低温胁迫对活细胞的伤害更大，所以由活细胞组成的韧皮部及形成层比较脆弱，木质部细胞一般具有加厚的次生壁，并木质化，木质化的次生壁可起保护作用，能有效防止膜破裂与原生质变性。因此，皮层与木质部的比例对抗寒性有重要影响[5]。抗寒能力强的植物茎干的结构特征表现为木质化程度高[6]。本研究抗寒能力较强的品种，枝条普遍较硬，针刺粗壮也印证了该结论。

吴林等[7]根据不同越橘品种叶片组织构造和抗寒能力的关系比较发现栅栏组织/海绵组织厚度比值、SR几个指标与植物的抗寒性有密切关系。单一物质或组织的数量（如栅栏组织厚度、气孔大小等）往往会随着样品所处的生态条件和生理状态的不同而发生变化。栅栏组织/海绵组织厚度之比越大、SR值越小的品种抗寒性越强[8]。本研究'以色列黑籽酸''淮北软籽-5''泰山红''淮北软籽-2'SR值较小，为比较耐寒品种。

4 结论

软籽石榴在山东可通过设施栽培成功引种，但生长势低于耐寒品种。简易设施栽培的目的是防寒越冬，非延迟和促成栽培，因此，春季气温逐步稳定后，要注意及时开棚，原则是逐步敞开，随时注意温、湿度变化，白天温度一般不超过28℃，如有倒春寒的现象要及时落棚。

参考文献

[1] 陈晶和.突尼斯软籽石榴引种表现及栽培技术[J].安徽农学通报, 2013, 19(18): 70-85.

[2] 吴红,周霞,陈晶,等.突尼斯软籽石榴在苏中地区引种的适应性鉴定[J].湖南农业科学, 2018(12): 66-68.

[3] 陈玉玲,曹尚银,刘中甫,等.突尼斯软籽石榴在河南郑州的试栽表现[J].中国果树, 2005(3): 27-29.

[4] 李好先,陈金德,骆翔,等.适宜于南北方的软籽石榴高效栽培技术[J].果农之友, 2020, 221(10): 26-28.

[5] 王召元,张立莎,常瑞丰,等.桃枝条组织结构与抗寒性的关系研究[J].河北农业科学, 2014, 18(4): 29-33.

[6] 高樟贵,刘建灵,郑贵夏,等.多效唑处理对马尾松苗木质量影响[J].浙江林业科技, 2007,

27(2): 54-56, 76.

[7] 吴林, 刘海广, 刘雅娟, 等. 越橘叶片组织结构及其与抗寒性的关系[J]. 吉林农业大学学报, 2005, 27(1): 48-50.

[8] 简令成, 孙德兰, 施国雄, 等. 不同柑桔种类叶片组织的细胞结构与抗寒性的关系[J]. 园艺学报, 1986(3): 163-168.

不同植物生长调节剂对石榴坐果的影响

王华龙,李军

(国光作物品质调控技术研究院,成都龙泉驿区 610100)

Effects of Different Plant Growth Regulators on Fruit Setting of Pomegranate

WANG Hualong, LI Jun

(Guoguang Crop Quality Control Technology Research Institute, Longquanyi District 610100, Chengdu)

摘　要:【目的】结合石榴第一批花和第二批花利于坐果的习性,探索提高石榴坐果率的方法,为实际生产中提高石榴坐果率提供依据。【方法】2020 年,以'突尼斯软籽'石榴为试验对象,采用完全随机区组试验设计,在第一批花谢花 80% 和间隔 15 天(第二批花盛花期)连续叶面喷施两次不同浓度 4-CPA、GA·BA、4-CPA+GA·BA。调查后期果实的坐果率,并测定对果实品质的影响。【结果】2020 年结果表明:在第一批花谢花 80% 和间隔 15 天(第二批花盛花期)连续叶面喷施两次 4-CPA(13.33mg/L)+GA·BA(12mg/L)较对照坐果率提高 5.47%,显著提高石榴坐果率($P < 0.05$)。【结论】在第一批花谢花 80% 和间隔 15 天(第二批花盛花期)连续喷施两次 4-CPA(13.33mg/L)+GA·BA(12mg/L)可有效提高石榴坐果率,且不影响石榴品质和产量。

关键词:石榴;叶面喷施;贝稼;果动力;坐果率;品质;产量

Abstract:【Objective】Combined with the habit of fruit setting of the first and second flowers of pomegranate, the method to improve the fruit setting rate of pomegranate was explored, and the basis for improving the fruit setting rate of pomegranate in actual production was provided.【Methods】In 2020, pomegranate 'Tunis Soft Seed' was selected as the experimental object, and a completely randomized block design was adopted. Different concentrations of 4-CPA, Ga·Ba and 4-CPA+ Ga·Ba were continuously sprayed on the leaves of the first batch of flowers at 80% of the leaves and 15 days apart (the flowering stage of the second batch). The fruit setting rate was investigated and the effect on fruit quality was determined.【Results】The results in 2020 showed that the fruit-setting rate of pomegranate was significantly increased by 5.47% compared with that of the control by applying 4-CPA (13.33mg/L) + GA·BA (12mg/L) at 80% of the first flower buds and 15 days interval (the full flowering stage of the second flower).【Conclusion】The fruit setting rate of pomegranate could be effectively increased by spraying 4-CPA (13.33mg/L) + GA·BA(12mg/L) at 80% of the first flower and 15 days interval (the full flowering stage of the second flower) without affecting the quality and yield of pomegranate.

Key words:Pomegranate;Foliar application;4-CPA;GA·BA;Fruit setting rate; Quality; Production

石榴(*Punica granatum* L.)系千屈菜科(Lythraceae)石榴属(*Punica*)落叶小乔木或灌木,是集高经济、生态、文化价值于一身的优良树种[1]。在石榴品种中尤以'突尼斯软籽'为最,以其独特风味和口感深受消费者喜爱,因此'突尼斯软籽'石榴的栽种面积或换接(从硬籽石榴或其他品种高位嫁接)最多,但是在实际生产管理中,种植户发现'突尼斯软籽'石榴的自

第一作者:王华龙,男,中级农艺师,学士学位,18090639508,762812856@qq.com,四川省成都市龙泉驿区北京路 899 号松尔科技园,610100。

然坐果率极低仅2%[2]，严重影响产量和收益。因此，解决石榴坐果问题是目前大家都在研究的课题。

石榴花期较长，花量大，花又分两性完全花和雌性败育花。两性完全花发育正常，最终发育为果实；败育花因不能完成正常受精作用而掉落。依据开花时间不同，石榴开花存在3个高峰期，称为"头花""二花""三花"，此三茬花具有不同特点："头花"两性花比例高，所结果实大，成熟期早，但头花坐果率极低，且果蒂处有凸起，虽然果实大，但果型没有二花好；"二花"花量大，功能性雄花比例高，但两性花结实可靠，且果实大小均匀，果型好；"三花"两性花比例高，但所结果实因前两批花果的生长发育，果实偏小，成熟晚，在生产上一般提前疏除[3]。

在其他作物如柑橘、枇杷、荔枝、葡萄等上植物生长调节应用广泛，尤其是赤霉酸（GA3）、萘乙酸（NAA）、氯吡脲（CPPU）、2,4-二氯苯氧乙酸（2,4-D）、对氯苯氧乙酸钠（4-CPA）、噻苯隆（TDZ）等对作物的坐果有很大帮助，在适当的浓度范围内使用，可以有效提高植物的坐果率，且不会对果实的品质和产量有影响。

目前，针对石榴保果的研究很少，最早从1993年开始有植物生长调节剂的应用[4]，乔进春等[5]研究表明，6月6日（二花盛花期）喷施2,4-D、GA3和NAA能有效提高石榴坐果率；乔志钦等[6]发现萌芽期土施PP333和5月27日（二花盛花期）叶面喷施于石榴叶片均能控制石榴新梢生长，提高石榴坐果率；Ghosh等[7]发现在盛花期喷施25mg/kg的NAA可有效提高其坐果率；陈丽娜等[1]发现头花始花期至盛花期（5月5日）叶面喷施GA3（30.0mg/L）可有效提高石榴坐果率，且不影响石榴品质。但是在石榴实际生产中应用很少，因很多成果还未完全转化还需探索，在此前有部分种植户采用GA进行保果，但是在使用的过程中出现很多问题，尤其是使用不当造成幼果僵果，果皮变粗，因此目前很少种植户再使用，一般直接靠天吃饭，有多少果保多少。

因此，如何提高石榴坐果率，以及使用哪种植物生长调节提高石榴坐果率有很大的研究价值。本试验以四川会理'突尼斯软籽'石榴为样本，2020年用药处理并持续观察，希望通过该试验得到一定的数据支持，为后期的研究打下基础，最终找到适合'突尼斯软籽'石榴提高坐果率的方案。

1 材料和方法

1.1 植物材料及试验地概况

该试验于2020年4~9月在四川省凉山彝族自治州会东县姜州镇姜州村石榴园进行。姜州镇紧靠会理县，和会理县的石榴种植环境等情况一样，会理县年平均气温17℃，海拔839~3920m，而以1300~2000m的山间丘陵居多，年降水量1000mm左右，干湿季节明显，由于海拔自北向南逐步降低，境内垂直气候明显，无霜期长，年平均长达240天，年平均日照2400小时，平均湿度69%左右，昼夜温差大，是最适合突尼斯软籽石榴生长之地。供试石榴品种为'突尼斯软籽'，株行距3m×3m，树体自然开心形，管理方式采用常规管理方式，试验所在地土壤为羊肝石风化土。

1.2 供试药剂及仪器

试验所用的贝稼（8%对氯苯氧乙酸钠可溶粉剂）、果动力（3.6%赤霉酸·苄氨基嘌呤可溶液剂）均由四川国光农化股份有限公司生产。电子秤选用0.1精度的台秤，长度测量选用0～150mm规程的电子数显游标卡尺。

1.3 方法

1.3.1 不同植物生长调节剂试验设计和用药时间

采用随机化完全区组试验设计，以单株作为1个区组，按东、南、西、北4点取样，每个点随机标记5个长短大致相同的挂果枝梢，编号挂牌登记，每个处理3次重复。

第一次用药时间：2020年4月27日；使用方法：叶面整株喷施；植株所处生育期：第一批花谢花末期；

第二次用药时间：2020年5月11日；使用方法：叶面整株喷施；植株所处生育期：第二批花盛花期。

表1 不同植物生长调节剂试验浓度设计

Table 1 Design of different concentrations of plant growth regulators

处理 Treatment	药剂 medicament	质量浓度 concentration/mg/L
A	贝稼 4-CPA	10.67
B	贝稼 4-CPA	13.33
C	贝稼 4-CPA	16
D	果动力 GA·BA	12
E	果动力 GA·BA	18
F	贝稼 4-CPA+果动力 GA·BA	13.33+12
CK	对照	无

1.3.2 不同处理对石榴坐果率数据统计

石榴坐果率采用人工统计方法，用药处理前挂牌编号，每棵树标记20个结果枝组，并统计所有标记枝上的初始花数目，待果实成熟前，于8月15日依次统计各处理枝组上带有标牌的果实数目总数。计算坐果率如下：

$$坐果率 FSR/\% = 果实数量总数 / 初始花数目 \quad (1)$$

1.3.3 果实品质测定指标和方法

果实成熟期采收各处理挂有标牌的果实，每个处理3次重复，测定指标有单果质量、果形指数、果面、果皮色泽。

测定方法：单果质量用称重法；果形指数 = 果实的纵/横径、果实纵径（果实最大长度）、横径（果实最大宽度）用游标卡尺测量。

1.3.5 数据分析

试验数据用Office Excel进行统计分析，SPSS对坐果率、果实品质进行差异显著性分析，差异显著性（$P < 0.05$）用小写字母表示。

2 结果与分析

2.1 叶面喷施 4-CPA、GA·BA、4-CPA+GA·BA 对石榴坐果率影响

单因素方差分析不同质量浓度 4-CPA、GA·BA、4-CPA+GA·BA 对石榴坐果率影响，结果（表 2）显示：在 4 月 27 日和 5 月 11 日连续两次喷施 4-CPA（13.33mg/L）、GA·BA（18mg/L）、4-CPA（13.33mg/L）+GA·BA（12mg/L）较对照分别提高坐果率 7.28%、6.77%、7.41%，显著性提高石榴坐果率（$P < 0.05$）。

表 2 不同质量浓度 4-CPA、GA·BA、4-CPA+GA·BA 对石榴坐果率的影响
Table 2 Effects of spraying with different concentration 4-CPA、GA·BA、4-CPA+GA·BA on pomegranate fruit setting

处理 Treatment	质量浓度 concentration/（mg/L）	坐果率 Fruit rate
A	10.67	12.26 ± 3.63b
B	13.33	7.11 ± 2.36ab
C	16	6.31 ± 3.70ab
D	12	8.59 ± 2.99ab
E	18	11.75 ± 1.32b
F	13.33+12	12.39 ± 3.12b
CK	无	4.98 ± 2.71a

注：不同小写字母代表差异显著性（$P < 0.05$）。下同。
Note: Different small letters represent significant difference ($P < 0.05$). The same below.

2.2 叶面喷施 4-CPA、GA·BA、4-CPA+GA·BA 对石榴果实品质的影响

本试验分别从果型指数、果实质量、果实外观等方面比较了叶面喷施不同浓度 4-CPA、GA·BA、4-CPA+GA·BA 对石榴果实品质的影响，结果表明，叶面喷施不同浓度 4-CPA、GA·BA、4-CPA+GA·BA 均未对石榴外观产生显著性影响，果实近圆形、果面光洁、果皮颜色鲜亮，外观诱人（图 1）。

表 3 叶面喷施 4-CPA、GA·BA、4-CPA+GA·BA 对石榴坐果率及果实大小的影响
Table 3 Effects of foliar spraying with 4-CPA、GA·BA、4-CPA+GA·BA on pomegranate fruit setting rate and fruit size

处理 Treatment	质量浓度 concentration/mg/L	果型指数 Fruit shape index	单果质量 Fruit weight/g	果面 Fruit surface
A	10.67	0.91 ± 0.01ab	369 ± 4.5a	光洁 Smooth
B	13.33	0.92 ± 0.04ab	370 ± 29.5a	光洁 Smooth
C	16	0.93 ± 0.02ab	373 ± 17.3a	光洁 Smooth
D	12	0.94 ± 0.03b	376 ± 16.7a	光洁 Smooth
E	18	0.91 ± 0.01ab	395 ± 31.8a	光洁 Smooth
F	13.33+12	0.92 ± 0.01ab	351 ± 4.6a	光洁 Smooth
CK	无	0.90 ± 0.01a	363 ± 48.1a	光洁 Smooth

图1 喷施4-CPA、GA·BA、4-CPA+GA·BA后树体果实表现

Fig. 1 Phenotype of pomegranate fruits with spraying 4-CPA、GA·BA、4-CPA+GA·BA

A. 4-CPA（10.67mg/L）4月27日和5月11日连续喷施两次后果实成熟期形态；B. 4-CPA（13.33mg/L）4月27日和5月11日连续喷施两次后果实成熟期形态；C. 4-CPA（16mg/L）4月27日和5月11日连续喷施两次后果实成熟期形态；D. GA·BA（12mg/L）4月27日和5月11日连续喷施两次后果实成熟期形态；E. GA·BA（18mg/L）4月27日和5月11日连续喷施两次后果实成熟期形态；F. 4-CPA+GA·BA（13.33mg/L+12mg/L）4月27日和5月11日连续喷施两次后果实成熟期形态；CK. 对照果实成熟期形态。

A.4-CPA (10.67mg/L) Fruit morphology at mature stage after spraying twice on April 27 and May 11; B.4-CPA (13.33mg/L) Fruit morphology at mature stage after spraying twice on April 27 and May 11; C.4-CPA (16mg/L) Fruit morphology at mature stage after spraying twice on April 27 and May 11; D.Ga·BA(12mg/L) Fruit morphology at mature stage after spraying twice on April 27 and May 11; E.Ga·BA(18mg/L) Fruit morphology at mature stage after spraying twice on April 27 and May 11; F.4-CPA+ Ga·BA(13.33mg/L+12mg/L) Fruit morphology at mature stage after spraying twice on April 27 and May 11; CK.Contrast fruit morphology at mature stage.

3 讨论

生理落果是导致坐果率低的主要因素之一[8]。生理落果的产生主要是果蒂处出现离层，影响离层形成的重要激素有生长素（IAA）和乙烯（ETH），尤其是乙烯含量过高时，会加剧离层的形成，而外源喷施赤霉素、细胞分裂素和生长素类等植物生长调节剂（如GA、CTK、NAA、TDZ、2,4-D等）可以减少离层出现，预防落果，在其他果树如柑橘、葡萄上应用很广泛，但在石榴上还较少。目前，针对石榴保果的研究有很多，最早从1993年开始有植物生长调节剂的应用[4]，乔进春等[5]研究表明，6月6日（二花盛花期）喷施2,4-D、GA3和NAA能有效提高石榴坐果率；乔志钦等[6]发现萌芽期土施PP333和5月27日（二花盛花期）叶面喷施于石榴叶片均能控制石榴新梢生长，提高石榴坐果率；Ghosh等[7]发现在盛花期喷施25mg/kg的NAA可有效提高其坐果率；陈丽娜等[1]发现头花始花期至盛花期（5月5日）叶面喷施GA3（30.0mg/L）可有效提高石榴坐果率，且不影响石榴品质。但是在石榴实际生产中相应技术应用很少，因很多成果还未完全转化还需探索，在此前有部分种植户采用GA进行保果，但是在使用的过程中出现很多问题，尤其是使用浓度或方式不当造成幼果僵果，果皮变粗，因此目前很少种植户再使用。本试验主要是针对影响离层产生的激素，对症下药，外源补充IAA（4-CPA）、CTK和GA复配制剂（GA·BA）减轻离层的形成，从而促进坐果。结果表明，单用4-CPA和GA·BA都有促进果实坐果的效果，其中 4-CPA+GA·BA 一起喷施提高石榴坐果率效果最显著，且不影响石榴果实品质。因此，在石榴栽培管理过程中可通过叶面喷施贝稼+果动力提高坐果率，但一定要结合肥水管理才行。

物无美恶过则为灾，植物生长调节剂的应用需谨慎，适时适量可以促进作物的坐果且不影响果实的品质，但使用不当则会产生负面影响，另外植物生长调节剂可以调控营养的走向，促进作物的生长，但不能替代营养，所以在使用植物生长调节剂的时候一定注意作物是否健康，营养是否充足。本次试验叶面喷施并没有添加叶面肥，我们主要是想了解单纯的 4-CPA 和 GA·BA，以及 4-CPA+GA·BA 对石榴坐果的影响，为后期转化运用到实际栽培管理中提供技术支撑。

4 结论

在第一批花谢花 80% 和间隔 15 天（第二批花盛花期）连续喷施两次 4-CPA（13.33mg/L）+GA·BA（12mg/L）可有效提高石榴坐果率，且不影响石榴品质和产量。

参考文献

[1] 陈利娜, 牛娟, 刘贝贝, 等. 不同花期喷施植物生长调节剂对石榴坐果及果实品质的影响[J]. 果树学报2020, 37(2): 244-253.

[2] 司守霞, 牛娟, 陈利娜, 等. 不同药剂对石榴可育花比率及产量和品质的影响[J]. 西北林学院学报, 2017, 32(4): 111-116.

[3] 蔡永立, 卢心固, 朱立武, 等. '粉皮'石榴花芽分化研究[J]. 园艺学报, 1993, 20(1): 23-26.

[4] CHAUDHARI S M, DESAI U T. Effect of plant growth regulators on flower sex in pomegranate[J]. Indian Journal of Agricultural Science, 1993, 63: 34.

[5] 乔进春, 朱梅玲, 曹金城. 几种植物生长调节剂对酸石榴坐果的影响[J]. 落叶果树, 1995, 27(3): 18.

[6] 乔志钦, 宋建堂, 郑双健. 植物生长调节剂对石榴产量和品质的影响[J]. 河南林业科技, 2004, 24(3): 31.

[7] GHOSH S N, BERA B, ROY S, KUNDU A. Effects of plant growth regulators in yield and fruit quality in pomegranate cv. Ruby[J]. Journal of Horticultural Sciences, 2009, 4(2):158-160.

[8] 史恒翠, 申国胜, 赵秀琴, 等. 对影响石榴坐果因素的调查[J]. 果农之友, 2004(4): 12-13.

"金村秋"叶面肥对突尼斯软籽石榴品质的影响

王净玉[1]，汪良驹*，安玉艳[1]
（南京农业大学园艺学院，南京 210095）

Effect of "Jincunqiu" Foliar Fertilizer on the Quality of Tunisian Soft-Seeds Pomegranate

WANG Jingyu[1], WANG Liangju[1*], AN Yuyan[1]
(*College of Horticulture, Nanjing Agricultural University, Nanjing 210095, China*)

摘　要：【目的】随着人们生活质量的提高，对高品质果品需求量也越来越大。同时，新型绿色高效的肥料也是农户们迫切需要的。本实验研究了不同浓度的"金村秋"叶面肥对促进石榴生长发育和提高果实品质的效应，以期为"金村秋"在石榴生产上的应用提供理论依据。【方法】本试验以'突尼斯软籽'石榴为试验材料，设置不同"金村秋"稀释倍数进行叶面喷施处理，每组处理共喷施 5 次。后研究了成熟石榴果实的可溶性固形物、可滴定酸、维生素 C、果汁和果皮花青苷含量等品质生理指标，并采用主成分分析法对处理后石榴的果实品质进行综合评价，并筛选出最适宜应用于石榴树的"金村秋"叶面肥浓度。【结果】"金村秋"叶面肥提高了石榴的果实品质，具体结果为：① "金村秋"叶面肥处理能显著增大籽粒的百粒重。② "金村秋"处理使石榴可溶性固形物和可溶性糖含量升高，稀释 2500 倍处理时效果最显著。稀释 3000 倍处理时使果实可滴定酸含量略有降低，使得糖酸比发生改变。③ 不同浓度处理均能使果实中可溶性蛋白和维生素 C 含量增加，可溶性蛋白含量随着"金村秋"浓度升高而增加，稀释 2500 倍处理时维生素 C 含量比对照高出 42.3%。④ 从花青苷含量和 R/RGB 值能反映出，"金村秋"叶面肥处理均能提高果皮和籽粒花青苷含量，促进果实着色。【结论】这些研究表明，"金村秋"叶面肥可有效改善'突尼斯软籽'石榴的果实品质，且在稀释浓度为 2500 倍处理时效果最好，2000 倍时次之。

关键词："金村秋"叶面肥；ALA；石榴；果实品质；主成分分析；综合评价

Abstract:【Objective】With the improvement of people's quality of life, the demand for high-quality fruits is increasing. At the same time, new green and efficient fertilizers are also urgently needed by farmers. In this experiment, the effects of different concentrations of "jincunqiu" foliar fertilizer on promoting the growth and development and improving fruit quality of pomegranate were studied, in order to provide theoretical basis for the wide application of "jincunqiu" in pomegranate production.【Methods】In this experiment, 'Tunis soft-seeds' pomegranate was used as experimental material, different dilution times were set for foliar spraying treatment, and each group was sprayed for 5 times. After that, the quality and physiological indexes such as soluble solids, titratable acid, vitamin C, fruit juice and anthocyanin content in peel of mature pomegranate were studied, and the fruit quality of pomegranate after treatment was evaluated comprehensively by principal component analysis. and select the most suitable concentration of "Jincunqiu" foliar fertilizer for pomegranate trees.【Results】"Jincunqiu" foliar fertilizer improved the fruit quality of pomegranate. The specific results were as follows: ① Tthe treatment of "jincunqiu" foliar fertilizer could significantly increase the 100-grain weight of pomegranate. ② The content of soluble solids and soluble sugar of pomegranate increased when diluted 2500 times and 2000 times, the titratable acid content of pomegranate decreased slightly when diluted 3000 times, and increased at other concentrations, which changed the ratio of sugar to acid and enriched the taste of the fruit. ③ Different

---

* 通信作者 Author for correspondence. E-mail: wlj@njau.edu.cn。

concentration treatments could increase the content of soluble protein in fruit, and increased with the increase of "jincunqiu" concentration. ④ The treatment of "jincunqiu" foliar fertilizer could increase the content of anthocyanin in pericarp and grain and promote fruit coloring, which could be reflected by anthocyanin content and R / RGB value.
【Conclusion】These studies show that "jincunqiu" foliar fertilizer can effectively improve the fruit quality of 'Tunisia soft-seeds' pomegranate, and the effect is the best when the concentration is 2500 times dilution, followed by 2000 times dilution.

Keywords: "Jincunqiu" foliar fertilizer; ALA; *Punica granatum* L.; Fruit quality; Main factor analysis; Comprehensive evaluation

石榴（*Punica granatum* L.），属于石榴科石榴属的多年生落叶乔木或灌木。同其他果树一样由野生种经过人工选择和引种驯化而演变成栽培种。石榴原产于巴尔干半岛和伊朗、阿富汗等中亚地区，在中国也拥有 2000 多年的栽培历史[1-2]。'突尼斯软籽'石榴是 1986 年原中国林业部从突尼斯国引进的优良品种，也是我国第一个引种成功的软籽石榴品种[3]。目前在河南省荥阳市栽培面积最大，近几年在四川、云南、浙江、江苏、安徽等地也有栽培[4-7]。"金村秋"叶面肥是南京农业大学汪良驹教授研发的一种以 ALA 为主要活性成分，同时配以植物生长发育必需的多种营养元素的新型高效无害、无污染的天然绿色环保型肥料。其具有调节叶绿素的合成、提高光合效率、促进组织分化、影响呼吸速率等生理作用，在农业生产上可提高叶片光合速率、促进作物生长并提高果实品质、促进果实着色、延缓植物衰老、提高果品货架期、提高植物抗逆性等。同时，高浓度时还可做除草剂使用[8-12]。该叶面肥的核心成分 ALA 经过微生物发酵产生，是一种天然非蛋白氨基酸，可以自然降解，没有环境残留，对人畜无毒，可以运用于绿色食品和有机食品生产体系[13]，它不是植物激素但可调节植物激素的形成，在园艺作物和园林植物上得到了广泛的应用。

因此，本文以'突尼斯软籽'为试验材料，在石榴开花中后期开始喷施"金村秋"叶面肥 3000 倍、2500 倍、2000 倍、1500 倍的稀释液和清水对照，每隔一个月喷施一次，直至果实成熟前期。研究不同浓度的"金村秋"叶面肥对促进石榴生长发育、提高叶片荧光和提高果实品质的效应。以期为"金村秋"在石榴生产上的广泛应用提供理论依据。

1 材料与方法

1.1 试验材料与处理

本试验于 2020 年 5 月下旬在河南硒源功能农业科技有限公司谷丰庄园内进行。供试材料石榴（*Punica granatum* L.）品种为'突尼斯软籽'。此试验材料为 6 年生成年石榴树，种植于沙质土壤上，株行距为 3m×4m，常规管理。选取树龄、树势相同或相似盛果期石榴树 25 株为试验用树，设置 5 个处理，即清水对照、稀释 3000 倍、2500 倍、2000 倍和 1500 倍的"金村秋"叶面肥溶液，采用液面喷施的方式，在'突尼斯软籽'石榴头茬花开放的后期开始喷施于石榴花和叶片上，以叶片和花全部湿润为基准（单株树约 6L 溶液）。10 天后进行第二次处理，以后每隔 30 天喷施一次，共计 5 次。单株小区，重复 5 次，随机区组排列。

于同年 10 月初采摘不同处理后大小相似、重量 400～500g 的成熟石榴果实进行后续指标测定。

1.2 指标测定及方法

1.2.1 图像拍摄与 RGB 特征值测定

使用佳能 50D 相机拍摄石榴果实和籽粒图像并储存；参考沈升法[14]的方法，稍作改动。用 Adobe Photoshop CS6 软件在直方图中读取图像的肉色（RGB）值、红色（R）值、绿色（G）值、蓝色（B）值，并计算红色（R）值占肉色（RGB）值比。

1.2.2 石榴果形指数和籽粒百粒重的测定

每个处理随机选取约 12 个石榴果实，用游标卡尺测量果实最大纵径和横径，多次测量求平均值，并计算果形指数。随机数取 100 粒籽粒后使用电子天平称重，每个处理重复 12 次，取平均值。

1.2.3 石榴果实可溶性固形物的测定

同一分类下随机选取约 6 个石榴果实，选取适量籽粒混合打匀成浆，使用便携式糖度计测定，读取数值。每个处理重复 3 次，取平均值。

1.2.4 石榴果实可溶性糖的测定

石榴果实可溶性糖含量的测定参考李合成的蒽酮比色法[15]，稍作改动。随机选取 6 个同一分类下的石榴成熟果实，将其果粒混合打匀成浆，吸取 0.5g 果浆，加入 10mL 蒸馏水，并于沸水中提取 1 小时，后取 10μL 上清液于 5mL 离心管中，依次加入 990μL 蒸馏水，250μL 蒽酮乙酸乙酯，2.5mL 浓硫酸，置于沸水浴中 7 分钟，待冷却之后，以空白作为对照，使用酶标仪在 630nm 处检测吸光值。

1.2.5 石榴果实可滴定酸的测定

石榴果实可滴定酸含量使用酸碱滴定法[16]，稍作改动。随机选取 6 个同一分类下的石榴成熟果实，将其果粒混合打匀成浆，吸取 5g 果浆加入 25mL 蒸馏水，75～80℃水浴 30 分钟，冷却后定容至 50mL，取 10mL 上清液于蒸发皿中，加入 1～2 滴 10g/L 酚酞指示剂，用 0.1mol/L NaOH 溶液滴定至溶液恰好变为浅粉色，记录所加 NaOH 溶液体积。

1.2.6 石榴果实可溶性蛋白含量的测定

使用考马斯亮蓝法测定石榴果实可溶性蛋白的含量[17]，随机选取 6 个同一分类下的石榴成熟果实，将其果粒混合打匀成浆。称取 0.2g 果浆加入 1.8mL 蒸馏水，使用离心机 4℃ 3000rpm 离心 10 分钟。后取 1mL 上清液，加入 5mL 考马斯亮蓝 G-250 试剂，充分混合后静置 2 分钟，使其充分反应。以空白为对照使用酶标仪在 595nm 处检测吸光值。

1.2.7 石榴果实维生素 C 含量的测定

石榴果实维生素 C 的含量测定采用分光光度法，随机选取 6 个同一分类下的石榴成熟果实，将其果粒混合打匀成浆。称取 0.2g 果浆，再加入 0.6 mL 5% 的 TCA 溶液，2000rpm 离心 10 分钟，取上清液 0.2mL 于 2mL 离心管中，依次加入 0.6mL 5%TCA 溶液，0.4mL 无水乙醇，0.2mL 0.45% 磷酸－乙醇，0.4mL 0.5% BP-乙醇，0.2mL 0.03% $FeCl_3$-乙醇。30℃水浴 30 分钟后，以空白为对照，使用酶标仪在 534nm 处测定吸光值。

1.2.8 石榴果皮和果实花青苷含量的测定

石榴果皮和果实花青苷含量的测定参照马志本和程玉娥[18]，使用直径 0.5cm 打孔器在石榴表皮向阳面和背阴面分别打孔取同样表面积的果皮，后称取 0.2g，使用浸提的方法浸提 10～12 小时后测定花青苷含量。

1.2.9 石榴籽粒硬度的测定

参考谢小波等[19]的方法，使用CT-3质构仪测定石榴籽粒硬度。每个果实取中部籽粒30粒，测量3次取平均值。

1.3 数据处理及结果展示

所有数据均使用Excel、SPSS 26.0软件进行分析。图表中所有"金村秋"叶面肥稀释倍数3000倍、2500倍、2000倍和1500倍分别用"3000×""2500×""2000×"和"1500×"表示。

2 结果与分析

2.1 "金村秋"叶面肥对石榴果实外观形态的影响

将取样拍照后的果实果皮和籽粒使用RGB特征值分析的方法，计算不同浓度处理后果实向阳面、背阴面和百粒籽粒红色（R）占肉色（RBC）比值（图1至图3），从而能将直观的颜色对比数值化。使用该方法能间接反映出果皮和籽粒花青苷的含量情况。

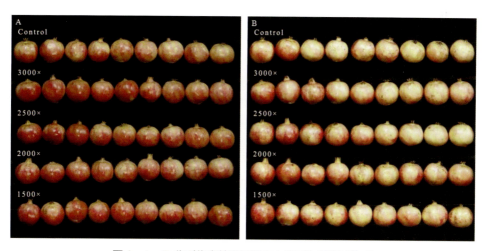

图1 A、B分别代表处理后果实向阳面和背阴面外观

Fig.1 A and B respectively represent the appearance of the sunny side and the shady side of the fruit after treatment

图2 不同处理下石榴籽粒百粒着色效果

Fig.2 The coloring effect of 100 large pomegranate seeds under different treatments

注：每处理均使用6个果实籽粒混样

Note: For each treatment, 6 fruit seeds were mixed

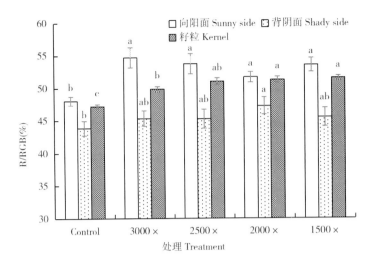

图 3　处理后果皮红色（R）占肉色（RGB）比值

Fig.3　The ratio of skin red (R) to flesh color (RGB) after processing

注：同一项目内相同字母代表在 $P=0.05$ 水平上差异不显著。

Note: The same letter in the same item means that the difference is not significant at the $P=0.05$ level.

图 3 为分析后的果皮和籽粒 R 值占比，可以看出处理后果皮向阳面 R 值占比显著高于对照，处理间无显著差异，比对照高 6.1%～13.8% 不等；处理后背阴面 R/RGB 值也均高于对照，但只在稀释 2000 倍处理时与对照呈显著差异，处理间无差异。同时，"金村秋"叶面肥处理后使石榴籽粒 R/RGB 值显著高于对照，且随着"金村秋"浓度的增加，R/RGB 值呈逐渐上升趋势，在稀释 1500 倍处理时 R 值占比最高，高出对照 9% 左右。

2.2　"金村秋"叶面肥对石榴果实品质指标的影响

表 1 为喷施不同浓度"金村秋"叶面肥稀释液后对石榴实品质指标的影响。"金村秋"并没有造成石榴果形指数上的变化，果实均为圆形或近圆形。果皮厚度与对照未呈显著性差异，但处理后整体数值较对照低 0～0.2mm。当喷施稀释 3000 倍的"金村秋"时，石榴籽粒百粒重比对照提高 12.2%，并呈极显著差异，与"金村秋"其他浓度处理时也达到显著性差异水平。其他浓度时百粒重也有所增加，增加 6.4%～10.2% 不等，均与对照形成显著性差异。在稀释 3000 倍和 1500 倍时籽粒硬度显著下降。测得可溶性固性物的含量在稀释 2500 倍时最高，并高出对照 6.9%，与其他处理相比也得到了显著性的提高。结果表明，施用"金村秋"叶面肥后，果实中可溶性固形物至少提高 2.5%，均能对其产生显著性影响。可溶性糖的含量也得到了提升，稀释 2500 倍处理时总糖含量是对照的 1.3 倍，其他浓度处理时也增加了总糖的含量，稀释 3000 和 2000 倍时与对照相比呈显著性差异。稀释 2000 和 1500 倍时使可滴定酸的含量增加并显著高于对照，稀释 3000 倍和 2500 倍时可滴定酸的含量变化不大，未与对照形成差异。糖酸比反映了果实的风味，可以看出"金村秋"处理后或多或少增加了石榴的甜度，个别处理使酸度也增加，丰富了果实的口感。在可溶性蛋白上，经过"金村秋"处理都增加了蛋白的含量，稀释 2500 倍、2000 倍和 1500 倍时与对照呈显著性差异，分别使可溶性蛋白含量增加 35.2%、44.2% 和 60.2%。同时，"金村秋"也使维生素 C 的含量提高 13.1%～42.2%，显著高于对照。稀释 2500

"金村秋"叶面肥对突尼斯软籽石榴品质的影响

表1 不同浓度"金村秋"叶面肥处理后石榴果实品质指标的分析结果

Table1 Analysis Results of Pomegranate Fruit Quality Indexes Treated with Different Concentrations of "Jincunqiu" Foliar Fertilizer

处理 Treatment	果形指数 Fruit shape index	果皮厚度 Peel thickness/mm	百粒重 100-grain weight/g	籽粒硬度 Kernel hardness/kg	可溶性固形物 Soluble solid/%	可溶性总糖 Total sugar content/%	可滴定酸 Titratable acidity/%	可溶性蛋白 Soluble proteins/mg/g	维生素C Vitamin C/mg/100g	果汁花青苷 Juice anthocyanin/nmol/g	果皮花青苷（向阳面）Peel anthocyanin (Sunny side)/nmol/g	果皮花青苷（背阴面）Peel anthocyanin (Shady side)/nmol/g
Control	0.91±0.01a	2.62±0.11a	53.15±1.16c	2.57±0.10a	15.10±0.03d	9.07±0.51c	0.43±0.02c	2.24±0.04d	13.91±0.35c	89.25±3.45b	118.98±3.65c	60.32±2.30c
3000×	0.94±0.01a	2.61±0.08a	59.59±0.94a	2.49±0.09bc	15.65±0.12bc	10.59±0.48ab	0.40±0.04c	2.63±0.03cd	15.73±0.35b	115.61±5.41a	143.17±7.05b	89.71±3.56ab
2500×	0.90±0.01a	2.58±0.13a	58.39±1.02ab	2.27±0.08abc	16.14±0.22a	11.90±0.62a	0.45±0.03bc	3.03±0.13bc	19.80±0.66a	121.24±5.03a	145.81±4.41b	103.15±8.73a
2000×	0.92±0.01a	2.53±0.10a	57.83±0.99ab	2.34±0.10ab	15.87±0.08ab	10.84±0.36ab	0.49±0.03b	3.23±0.08ab	16.17±0.40b	118.16±7.19a	167.68±7.97a	76.81±2.75b
1500×	0.93±0.01a	2.35±0.11a	56.55±1.08b	2.18±0.10c	15.48±0.04c	10.41±0.49bc	0.56±0.02a	3.59±0.08a	17.05±0.32b	92.76±2.66b	162.96±1.88ab	88.81±3.96ab

注：同一列中相同字母表示在 $P=0.05$ 水平上差异不显著。

Note: The same letters behind the data in a column show no significant difference at $P=0.05$ level.

倍时维生素C的含量最高,与对照相比呈极显著差异。"金村秋"叶面肥对于石榴果实着色的促进效果也十分显著,这从花青苷的含量也能体现出。稀释3000倍、2500倍和2000倍时能显著提高籽粒的着色,此时能使花青苷含量增加29.6%～35.8%。稀释1500倍时也能使籽粒花青苷含量增加,但未与对照形成显著性差异。"金村秋"也能显著促进果实果皮的着色,包括果实的向阳面和背阴面。"金村秋"分别使果实的向阳面和背阴面花青苷含量增加20.3%～40.9%和27.3%～71.0%,并显著高于对照。从花青苷含量上来看,高浓度时更能促进向阳面着色,稀释2500倍时促进背阴面的着色效果更显著。

"金村秋"叶面肥不仅能使石榴中等大小的果实外在品质（果皮和籽粒的着色效果、百粒重等）提高,也能使内在品质如可溶性蛋白、维生素C等的含量提高,同时提升果实的口感品质。

2.3 石榴果实品质指标主成分分析

2.3.1 KMO 检验和 Bartlett's 球形检验

KMO 检验和 Bartlett's 球形检验是用于检验数据是否适用于主因素分析法的方法,同时验证分析结果的可信程度。本实验所测果实品质的 KMO 值为 0.731,大于 0.50；Bartlett's 球形检验的显著性概率值小于 0.05,表明本实验数据适用于主因素分析法。

2.3.2 果实品质指标主成分提取

表2为使用 SPSS 26.0 软件对标准化处理后的数据进行主成分提取的结果,选取特征值大于1.0、累积方差贡献率大于95%的前三个主要成分作为评价不同浓度"金村秋"处理后对石榴果实品质影响的综合评价指标。果实品质载荷矩阵表示的是所提取的各主要成分对原始变量的影响程度,由表3可知,第一主要成分在可溶性固形物、可溶性总糖、果汁和果皮（阴面）花青苷上的载荷值较大,其权重系数分别为0.180、0.185、0.196、0.152,主要包含了果实甜度和色泽方面的信息；第二主成分在果皮厚度、籽粒硬度、可滴定酸和可溶性蛋白含量上的载荷值较大,其权重系数分别为0.239、0.212、-0.262、0.197,主要包含了可食用率、果实风味和营养方

表2 石榴果实品质指标主成分分析的特征值及方差贡献率

Table2 The eigenvalues and variance contribution rate of the principal component analysis of pomegranate fruit quality indicators

主成分 Principalcomponent	初始特征值 Initial eigenvalues			提取载荷平方和 Extract square sum of load		
	特征值 Eigenvalue	方差贡献率 Variance contribution rate/%	累积方差贡献率 Cumulative variance contribution rate/%	特征值 Eigenvalue	方差贡献率 Variance contribution rate/%	累积方差贡献率 Cumulative variance contribution rate/%
第一主要成分 Principalcomponent 1	6.522	54.347	54.347	6.522	54.347	54.347
第二主要成分 Principalcomponent 2	3.531	29.425	83.772	3.531	29.425	83.772
第三主要成分 Principalcomponent 3	1.379	11.491	95.263	1.379	11.491	95.263
第四主要成分 Principalcomponent 4	0.568	4.737	100			
……						

面的信息；第三主成分在果形指数、百粒重、维生素 C 含量、果皮（阴面）花青苷含量上的载荷值较大，其权重系数分别为 0.642、0.352、–0.270、0.213，主要包含了果实果形、营养果实着色等方面的信息。以上分析结果表明，这三个主要成分综合反映了石榴果实外在和内在大部分品质指标的信息。

表 3 石榴果实品质指标的主成分载荷矩阵

Table3 The eigenvalues and variance contribution rate of the principal component analysis of pomegranate fruit quality indicators

	第一主要成分 Principalcomponent 1	第二主要成分 Principalcomponent 2	第三主要成分 Principalcomponent 3
果形指数 Fruit shape index	–0.054	–0.028	0.642
果皮厚度 Peel thickness	–0.084	0.239	0.038
百粒重 100-grain weight	0.154	–0.107	0.352
籽粒硬度 Kernel hardness	0.039	0.212	–0.143
可溶性固形物 Soluble soild	0.190	–0.024	–0.067
可溶性总糖 Total sugar content	0.185	0.003	–0.080
可滴定酸 Titratable acidity	0.085	–0.262	0.088
可溶性蛋白 Soluble proteins	0.013	0.197	0.026
维生素 C Vitamin C	0.157	0.081	–0.270
果汁花青苷 Juice anthocyanin	0.196	–0.129	0.079
果皮花青苷（阳面）Peel anthocyanin（Sunny side）	0.033	0.116	0.213
果皮花青苷（阴面）Peel anthocyanin（Nightside）	0.152	0.013	–0.007

2.3.3 果实品质的综合评价

将各个品质指标标准化的变量与特征向量相乘并相加后，分别得到不同浓度"金村秋"处理后石榴品质指标在三个主成分中的得分。从表 4 可以看出，在第一主成分得分最高的为稀释 2500 倍处理，其次分别是 3000 倍、2000 倍、1500 倍和对照；在第二主成分得分由高到低排序依次是稀释 1500 倍、稀释 2000 倍、稀释 2500 倍、对照和稀释 3000 倍处理；在第三主成分中

表 4 不同浓度"金村秋"叶面肥处理后石榴果实品质指标的主成分得分及排序

Table4 Principal component scores and rankings of pomegranate fruit quality indexes treated with different concentrations of "Jincunqiu" foliage fertilizer

处理 Treatment	第一主要成分 Principalcomponent 1		第二主要成分 Principalcomponent 2		第三主要成分 Principalcomponent 3		综合评价结果 Comprehensive scores	
	得分 Scores/分	排序 Ranking	得分 Scores/分	排序 Ranking	得分 Scores/分	排序 Ranking	得分 Scores/分	排序 Ranking
Control	0.065	5	–0.216	4	0.121	4	–0.014	5
3000×	0.713	2	–0.309	5	1.063	1	0.418	4
2500×	1.109	1	0.045	3	0.034	5	0.620	1
2000×	0.696	3	0.154	2	0.650	3	0.498	2
1500×	0.393	4	0.703	1	0.655	2	0.496	3

得分由高到低排序依次是稀释 3000 倍、稀释 1500 倍、稀释 2000 倍、对照和稀释 2500 倍处理。将三个主成分得分分别乘以各成分贡献率后相加得到石榴果实品质指标综合得分，结果表明，不同浓度"金村秋"叶面肥处理后石榴果实品质的主成分综合得分从高到低依次为：稀释 2500 倍、2000 倍、1500 倍、3000 倍处理和对照。

3　讨论

喷施不同浓度"金村秋"叶面肥后对成熟石榴果形指数没有影响，均呈圆形或近圆形。程竞卉、薛辉等人在研究突尼斯石榴果实生长发育动态时发现，突尼斯软籽石榴果实纵横径变化规律呈先快后慢的趋势，呈"S"型曲线[20-21]。研究果实生长发育规律，对生产上在不同时期采取不同措施提高果实产量及品质具有十分重要的意义。"金村秋"对果皮厚度未造成影响，使籽粒硬度有降低的趋势且均在正常值范围内。有研究证明，影响石榴籽粒硬度的因素有种皮厚度、木质素含量和纤维素含量等。其中最主要的因素为种皮厚度[22-23]。在豆类等植物上也证明了种子硬度和种皮厚度有关[24]。高浓度"金村秋"使大果籽粒硬度降低究竟与哪种因素有关还有待进一步考证。"金村秋"处理能显著增大籽粒的百粒重，籽粒的百粒重在稀释 3000 倍处理时达到最大，可以看出石榴果实的大小也与籽粒大小有关。甜度和酸度是果实风味的主要影响因素，"金村秋"使石榴可溶性固形物和可溶性糖含量升高，高浓度处理时又使可滴定酸的含量增高，使得糖酸比发生改变，丰富了果实的口感。不同浓度处理均能使果实中可溶性蛋白含量增加，且高浓度时增加幅度更高。前人也有研究表明，适当浓度的 ALA 可使盐胁迫下的黄瓜和无花果扦插苗[25-26]中的可溶性糖和可溶性蛋白含量增高。"金村秋"促使果实维生素 C 含量增加也在蓝莓、葡萄[27-28]等作物上得到证实。值得关注的是，"金村秋"对石榴籽粒、果皮向阳面和背阴面花青苷含量均有显著的提高。

刘磊等和廖钦洪等[29-30]采用主成分分析法分别对同栽培地不同品种和同品种不同栽培地猕猴桃果实品质特征做出分析比较，杨磊等[31]对不同地区不同品种石榴品质指标进行分析。本研究运用同样的方法对不同浓度"金村秋"处理后石榴果实品质性状进行分析比较，筛选出了最适宜大田喷施的叶面肥浓度。目前'突尼斯软籽'石榴已经成为荥阳地区重点发展农产品，提高果实品质、减少农药残留等也成为了亟待解决的问题，新型高效环保型氨基酸肥"金村秋"刚好能解决以上问题。本实验结果为"金村秋"叶面肥在突尼斯软籽石榴上广泛应用提供了理论依据和数据支撑。

4　结论

综合分析形态和生理指标得，"金村秋"叶面肥在'突尼斯软籽'上的应用效果依次为：'2500×'＞'2000×'＞'1500×'＞'3000×'＞对照。

参考文献

[1] 丛萍. 石榴史话[J]. 绿色中国, 2009(10): 54-57.

[2] 李好先. 中国果树志·石榴卷[J]. 果树学报, 2014, 31(04): 678.

[3] 刘威, 刘博, 蔡卫佳, 等. 国内软籽石榴栽培品种及研究进展[J]. 北方农业学报, 2020, 48(4): 75-82.

[4] 铁万祝, 王友富, 罗关兴, 等. 四川攀西地区突尼斯软籽石榴引种表现[J]. 中国热带农业, 2015(5): 28-30, 27.

[5] 李俊梅. 突尼斯软籽石榴在云南会泽的栽植表现[J]. 中国果树, 2011, (05): 57-58, 78.

[6] 陈晶和. 突尼斯软籽石榴引种表现及栽培技术[J]. 安徽农学通报, 2013, 19(18): 70, 85.

[7] 梁玉英, 赵名花, 李小娟. 突尼斯软籽石榴引种及栽培技术研究[J]. 经济林研究, 2001, 19(3): 42-43.

[8] 汪良驹, 王中华, 李志强, 等. 5-氨基乙酰丙酸促进苹果果实着色的效应[J]. 果树学报, 2004(06): 512-515.

[9] 刘晖, 康琅, 汪良驹. ALA对盐胁迫下西瓜种子萌发的促进效应[J]. 果树学报, 2006, (6): 854-859.

[10] 马娜, 齐琳, 高晶晶, 巢克昌, 等. 5-ALA对高温下无花果扦插幼苗的生长及叶片叶绿素荧光特性的影响[J]. 南京农业大学学报, 2015, 38(4): 546-553.

[11] AN YUYAN, LIU LONGBO, CHEN LINGHUI, et al. ALA inhibits ABA-induced stomatal closure via reducing H_2O_2 and Ca^{2+} levels in guard cells[J]. Frontiers in Plant Science, 2016, 7(121).

[12] WU YUE, HU LINLI, LIAO WEIBIAO, et al. Foliar application of 5-aminolevulinic acid (ALA) alleviates NaCl stress in cucumber (*Cucumis sativus* L.) seedlings through the enhancement of ascorbate-glutathione cycle[J]. Scientia Horticulturae, 2019, 257: 108761.

[13] 孔令国. "禾稼春"叶面肥在树莓和水稻上应用效应的研究[D]. 南京: 南京农业大学, 2017.

[14] 沈升法, 吴列洪, 李兵. 基于图像RGB特征值的甘薯色素与肉色关系初步探讨[J]. 植物遗传资源学报, 2015, 16(4): 888-894.

[15] 李合生. 植物生理生化试验原理和技术[M]. 北京:高等教育出版社, 2000: 195-197.

[16] 张志良, 瞿伟菁, 李小方. 植物生理学试验指导[M]. 北京:高等教育出版社, 2009: 262-264.

[17] 王孝平, 邢树礼. 考马斯亮蓝法测定蛋白含量的研究[J]. 天津化工, 2009, 23(3): 40-42.

[18] 马志本, 程玉娥. 关于苹果果实表面花青素含量的化学测定方法[J]. 中国果树, 1984, (4): 49-51.

[19] 谢小波, 黄云, 田胜平, 等. 软籽石榴种子硬度发育与种皮细胞壁显微结构的关系研究[J]. 园艺学报, 2017, 44(6): 1174-1180.

[20] 程竞卉, 杨荣萍, 张莹, 等. 云南3个主要石榴品种果实生长动态的研究[J]. 西部林业科学, 2008, 37(4): 61-64.

[21] 薛辉, 曹尚银, 刘贝贝, 等. 突尼斯软籽果实生长发育及种子发芽动态[J]. 江西农业学报, 2017, 29(4): 20-25.

[22] DALIMOV D N, DALIMOVA G N, BHATT M. Chemical composition and lignins of tomato and pomegranate seeds[J]. Chemistry of Natural Compounds, 2003, 39(1): 37-40.

[23] 张立华, 朱晓梅, 徐加喜, 等. 影响石榴籽硬度相关因素的分析[J]. 北方园艺, 2017, (23): 47-51.

[24] FRA. CZEK J, HEBDA T, ŚLIPEK Z, KURPASKA S. Effect of seed coat thickness on seed hardness[J]. Canadian Biosystems Engineering, 2005, 47: 41-45.

[25] 燕飞, 蒋文华, 曲东, 等. 外源5-氨基乙酰丙酸对低温胁迫下茶树叶片光合及生理特性的影响[J]. 茶叶科学, 2020, 40(5): 597-606.

[26] 马娜, 齐琳, 高晶晶, 等. 5-ALA对高温下无花果扦插幼苗的生长及叶片叶绿素荧光特性的影响[J]. 南京农业大学学报, 2015, 38(4): 546-553.

[27] 韦继光, 於虹, 张晓娜, 等. 5-氨基乙酰丙酸对兔眼蓝莓光合性能及果实产量和品质的影响[J]. 北方园艺, 2014, (16): 9-12.

[28] 杨莉莉, 马龙, 李献军, 等. 乙酰丙酸对'巨峰'葡萄叶绿素、产量和品质的影响[J]. 北方园艺, 2015, (24): 5-8.

[29] 刘磊, 李争艳, 雷华, 等. 30个猕猴桃品种(单株)主要果实品质特征的综合评价[J]. 果树学报, 2021, 38(4): 530-537.

[30] 廖钦洪, 张文林, 兰建彬, 等. 重庆市不同区县'红阳'猕猴桃果实品质综合评价[J]. 经济林研究, 2021, 39(1): 17-23.

[31] 杨磊, 靳娟, 樊丁宇, 等. 新疆石榴果实品质主成分分析[J]. 新疆农业科学, 2018, 55(2): 262-268.

不同育苗方式对石榴幼苗理化指标及根系生长的影响

洪少民[1]，闵占占[2]，王静婷[3]

([1]怀远县林业局，安徽怀远　233400；[2]怀远县现代农业投资有限公司，安徽怀远　233400；[3]安徽中以农业科技有限公司，安徽怀远　233400)

Effects of Different Nursery Methods on Physicochemical Indexes and Root Growth of Pomegranate Seedlings

HONG Shaomin[1], MIN Zhanzhan[2], WANG Jingting[3]

([1]*Huaiyuan County Forestry Bureau, Huaiyuan 233400, Anhui, China;* [2]*Huaiyuan County Modern Agriculture Investment Co, Huaiyuan 233400, Anhui, China;* [3]*Anhui Zhongyi Agricultural Technology Co, Huaiyuan 233400, Anhui, China*)

摘　要：我国是石榴的主要栽培种植国家，目前国内石榴育种途径主要有扦插繁殖、实生繁殖和组织培养三种。本实验通过比较怀远优质石榴品种"红花玉石籽"石榴的组培移栽苗、同一时期传统扦插繁殖苗和实生繁殖苗的理化指标及根系生长发育状况，研究不同的育苗方式对石榴幼苗生长情况的影响。结果表明，"红花玉石籽"石榴组培移栽苗的主要理化指标及根系生长发育状况显著优于传统的育苗方式，为培育健壮石榴幼苗提供了新的途径。

关键词：石榴；育苗方式；组织培养；生理指标

Abstract：China is the main cultivation country of pomegranate. At present, there are three ways of pomegranate breeding in China : cutting propagation, live propagation and tissue culture. In this experiment, the growth and physiological indexes of tissue culture transplanting seedlings of 'Honghuayushizi' pomegranate, a high-quality pomegranate cultivar in Huaiyuan, were compared with those of traditional cutting seedlings and seedlings at the same period. The results showed that the growth and development of tissue culture transplanting seedlings of *P. granatum* 'Safflower Jade Seed' were the best. This provides a new idea for how to cultivate healthy pomegranate seedlings and provides new impetus for the development of pomegranate industry in China.This experiment aims to improve the quality of pomegranate seedlings, provide scientific and feasible methods for cultivating healthy pomegranate seedlings, and follow the requirements of high yield, stable yield and high quality of modern agriculture.

Key words: Pomegranate；Seedling method；Tissue culture；Physiological indicators

　　石榴 (*Punica granatum* L.) 为石榴科石榴属植物，是落叶灌木或小乔木。石榴的果实具有丰富的营养，富含维生素 B、C，有机酸、糖类、蛋白质、脂肪，具有生津止渴等功效，同时石榴还可以加工成糖浆、饮料等。除了食用价值之外，石榴还具有很多用途，如药用、食疗、观赏、美容等[1]。因此石榴的营养丰富，药用价值高，保健功能强，越来越受到广大群众的喜爱。自从两千多年前石榴自丝绸之路传至我国，便越来越受到人们的喜爱与重视，并且南北区域均有

作者简介：洪少民，男，林业高级工程师，研究方向：林业有害生物防治和林业技术推广。Tel：0552-8212160，E-mail：784742382@qq.com。

栽培。随着消费群体不断扩大，带动石榴产业迅猛发展，从而促进石榴产业链的发展[2]。我国也形成了石榴的八大产区，遍布全国范围，通过不断地自然选择和人工繁育，各地培育出了具有代表性的地方品种，形成了以安徽怀远、河南荥阳、山东枣庄、陕西临潼等地区为中心的栽培群体，并且培育出了一些较为优良的品种，其中安徽省蚌埠市怀远县素有"中国的石榴之乡"的美誉[3]，"怀远石榴"也被评为国家地理标志保护产品。我国石榴的栽培面积广泛，其涉及的产业链较大。目前关于石榴栽培大多以扦插育苗为主，但这种方式会导致密度大、茎干细，根系弱等问题的存在[4]，因此如何找到最佳的育苗方式培育壮苗，确保石榴从幼苗时期就能生长发育良好，这个问题具有理论和实践价值。

我国石榴传统育苗的方式主要有扦插育苗和实生繁殖两种方法。扦插也称插条，是一种培育植物常用的繁殖方法，通过剪取植物的茎、叶、根、芽等作为繁殖材料（在园艺上称插穗），插入土中、沙中、或浸泡在营养液中，等到植株插穗生根后就可栽种，使之成为独立的新植株[5]。种子繁殖法即有性繁殖法，就是利用雌雄受粉相交而结成种子来繁殖后代，一般繁殖多用此法。目前有一种石榴新兴的繁殖方法，即采用组织培养的方法对石榴进行繁殖，从而开辟了一条对石榴种苗的脱毒、复壮及育种等方面研究的新道路。植物组织培养是指利用植物细胞全能性，通过对植物形成层、茎尖等进行培养产生新植株，或者将在培养过程中从各器官上产生的愈伤组织进行培养，愈伤组织进行再分化形成再生植物[6]从而获得植物组培的优质石榴苗。本试验采取组织培养技术和两种传统育苗方式进行比对。

本试验以怀远特色"红花玉石籽"石榴为材料，在前期已建立起完整的石榴组织培养体系的基础上，并培育出一年生石榴优质种苗，同时通过传统扦插方法和种子繁殖方法同期培养生长种苗。通过生长及生理指标的测定，得到3种繁殖石榴种苗的品质数据，与传统扦插育苗方法、种子繁殖方法相比较，最终获得石榴的最佳种苗繁殖方法。本试验旨在提高石榴幼苗质量，为培育健壮石榴幼苗提供科学可行的方法，同时遵循现代农业高产、稳产、优质等要求。

1 材料与方法

1.1 试验材料

试验材料为"红花玉石籽"石榴品种的种子、石榴枝条以及石榴茎尖组培苗，由安徽中以农业科技有限公司提供。实验用具如基质、穴盘、营养钵和组培瓶等由安徽中以农业科技有限公司实验室提供。

1.2 试验仪器

水浴锅，分光光度计，制冰机，低温离心机，分析天平等。

1.3 试验试剂

试验试剂在安徽科技学院园艺实验室配制，有磷酸缓冲液（pH=7.8）；叶绿素提取液；蒸馏水；考马斯亮蓝G-250溶液；蒽酮试剂；5%三氯乙酸；0.6%硫代巴比妥酸（TBA）；95%乙醇；茚三酮酒精溶液；0.2mol/L愈创木酚；PBS缓冲液（pH=7.0）等。

1.4 试验处理

本试验于 2019 年 6 月开始，在安徽中以农业科技有限公司温室大棚和组培室内进行。选择材料为怀远县特色石榴品种'红花玉石籽'石榴 3 种繁殖方式得到的幼苗。试验共设 3 个处理，每个处理种植 30 棵幼苗，分别采用扦插繁殖、实生繁殖、组织培养这 3 种育苗方式进行培育。扦插繁殖使用在'红花玉石籽'石榴树上剪切下的石榴枝条，扦插在配置好营养土的营养钵内进行培育。实生繁殖使用'红花玉石籽'石榴的种子播种在大棚内。组织培养采用'红花玉石籽'石榴茎尖，先用 0.1% 升汞对采下的石榴茎尖进行消毒处理，再将已消毒的茎尖接入组培瓶中进行培育一段时间获得优质组培移栽苗。将通过 3 种不同育苗方式培育出的石榴幼苗移栽至同一温室大棚中用同一的田间管理方法进行培养。在幼苗的苗高普遍生长至 40cm 以上高度后取长势相对一致的幼苗进行取样并测定其相关生理指标。

1.5 测定方法与指标

1.5.1 叶片叶绿素含量的测定

称取三种不同处理的新鲜'红花玉石籽'石榴叶片 0.1g，放入试管中，加入 5mL 的叶绿素提取液。用塑料薄膜封住试管口，置于暗处 6~8h。取滤液测定其在 663、645、470nm 处的吸光度，以叶绿素提取液为对照调零，计算叶绿素含量。

1.5.2 叶片可溶性糖含量的测定

称取三种不同处理的'红花玉石籽'石榴烘干叶片 0.05g 加 10mL 水于试管中在 80~85℃ 的温度下保温 30min 后，取 0.1mL 提取液（对照为 0.1mL 水），加 5mL 蒽酮试剂摇匀。再在 90℃ 下保温 20min 后，于 620nm 下测吸光度值，计算可溶性糖含量。

1.5.3 叶片可溶性蛋白含量的测定

称取三种不同处理的新鲜'红花玉石籽'石榴叶片 0.25g，用 5mL PBS 缓冲液（pH=7.0）研磨成匀浆，在 3000r/min 的转速下离心 10min。随后取上清液 1.0mL 于试管中，加入 5mL 考马斯亮蓝溶液，充分混匀，放置 2min 后，于 595nm 下比色，计算可溶性蛋白含量。

1.5.4 叶片游离脯氨酸含量的测定

称取三种不同处理的'红花玉石籽'石榴烘干叶片 0.05g 加 10mL 水于试管中在 80~85℃ 的温度下保温 30min 后，取 1mL 提取液，加 0.5mL 茚三酮酒精溶液后摇匀。沸水浴 10min。待冷却后加入 5mL95% 乙醇，在 570nm 下测吸光度值，计算游离脯氨酸含量。

1.5.5 叶片丙二醛含量的测定

称取三种不同处理的'红花玉石籽'石榴烘干叶片 0.5g，剪碎后加入 5mL 5%TCA 和少量石英砂，研磨成匀浆，将匀浆在 4000r/min 的转速下离心 10min，随后吸取上清液 2mL（对照加入 2mL 的蒸馏水），加入 2mL 0.6%TBA 溶液，摇匀后将试管放入沸水中煮沸 10min，取出试管，冷却后在 3000r/min 的转速下离心 15min。最后以 0.6%TBA 溶液为空白测定 532、600、450 处的吸光度值，计算丙二醛含量。

1.5.6 叶片 POD 活性的测定

称取三种不同处理的'红花玉石籽'石榴烘干叶片 0.5g，加入 1mL 硫酸缓冲液（pH=7.8），冰浴研磨，研磨后再加 1mL 硫酸缓冲液，倒入离心管中，再用 2mL 缓冲液清洗研钵一并倒入离心管中，在低温状态下用 10500r/min 转速离心 20min。取上清液 20μL 加入比色杯中（对照加入

20μL 硫酸缓冲液），加入 3mL 反应液（pH=6.0 的磷酸缓冲液 50mL，加入愈创木酚 28μL，于磁力搅拌器上加热溶解，再加入 30%H_2O_2 19μL 存于冰箱中），读取 470nm 下的吸光度值并计时，每隔 1 分钟读一次（读 0、1、2、3 分钟时的吸光度值），计算 POD 活性。

1.5.7 根系指标

测量成活的'红花玉石籽'石榴扦插苗、实生苗和组培苗的根系生长情况和生长量等指标。

2 结果与分析

2.1 不同育苗方式对石榴幼苗叶绿素含量的影响

叶绿素是植物体内能进行光合作用的一类绿色色素，它在植物光合作用的过程中对光能起着吸收与转化的作用[7]。同时叶绿素也与植物的光合速率及作物生长密切相关，叶绿素含量越高，植物的光合能力也越强。根据图 1 可以得到，'红花玉石籽'石榴扦插苗的叶绿素含量为 1.6494mg/g，实生苗的叶绿素含量为 1.97mg/g，组培苗的叶绿素含量为 1.679mg/g。由数据可以得出在三组幼苗中，组培苗的叶绿素含量优于扦插苗、低于实生苗。

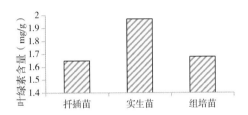

图 1　不同育苗方式的石榴幼苗的叶绿素含量

Fig. 1　Chlorophyll content of pomegranate seedlings in different ways

2.2 不同育苗方式对石榴幼苗可溶性糖含量的影响

植物体内的可溶性糖是植物光合作用的主要产物，也是碳水化合物代谢的主要形式[8]。根据图 2 可以得到，'红花玉石籽'石榴扦插苗的可溶性糖含量为 29.661mg/g，实生苗的可溶性糖含量为 36.729mg/g，组培苗的可溶性糖含量为 40.263mg/g。由数据可以得出组培苗的可溶性糖含量最高，其次为实生苗，扦插苗的可溶性糖含量最少。实验结果表明组培苗的营养物质转化和储存能力最好。

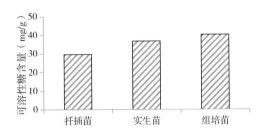

图 2　不同育苗方式的石榴幼苗的可溶性糖含量

Fig. 2　Soluble sugar content of pomegranate seedlings in different ways

2.3 不同育苗方式对石榴幼苗可溶性蛋白含量的影响

可溶性蛋白是植物体内重要的渗透调节物质和营养物质，可溶性蛋白的积累可以提高细胞的保水能力，是植物抗旱性的重要指标之一。其含量越高，说明植物的营养物质储存能力、细胞活性及生长发育越好[9]。根据图3可以得到，'红花玉石籽'石榴扦插苗的可溶性蛋白含量为4.338mg/g，实生苗的可溶性蛋白含量为4.55mg/g，组培苗的可溶性蛋白含量为4.621mg/g。根据数据可以看出组培苗的可溶性蛋白含量最高，其次为实生苗，扦插苗的可溶性蛋白含量最低。试验结果表明组培苗的营养物质储存与转运能力较好。

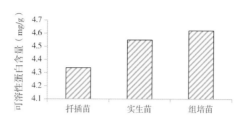

图3　不同育苗方式的石榴幼苗的可溶性蛋白含量

Fig. 3　Soluble protein content of pomegranate seedlings in different ways

2.4 不同育苗方式对石榴幼苗游离氨基酸含量的影响

游离氨基酸可以通过转氨基作用促进植物对于养分的吸收、提高植物的抗逆性，促进植物的光合作用。因此游离氨基酸在植物体内含量越高，说明植物生长越好[10]。根据图4可以得到，'红花玉石籽'石榴扦插苗的游离氨基酸含量为11.333mg/g，实生苗的游离氨基酸含量为13.013mg/g，组培苗的游离氨基酸含量为13.574mg/g。根据数据可以得出组培苗和实生苗的游离氨基酸含量相近，其中组培苗的游离氨基酸含量稍高一点，但扦插苗较这两组幼苗的游离氨基酸含量表现较差。由此得出组培苗的蛋白质合成能力较强，幼苗发育更健壮。

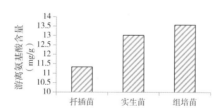

图4　不同育苗方式的石榴幼苗的游离氨基酸的含量

Fig. 4　Contents of free amino acids in pomegranate seedlings of different seedling raising methods

2.5 不同育苗方式对石榴幼苗丙二醛含量的影响

丙二醛是氧化应激的标志物，是植物在衰老或干旱等逆境条件情况下组织或器官发生过氧化反应而产生的。其在植物体内的含量与逆境条件密切相关[11]，丙二醛含量越多，对植物细胞的损伤越大。根据图5可以得到，'红花玉石籽'石榴扦插苗的丙二醛含量为1.182μmol/L，实生苗的丙二醛含量为1.197μmol/L，组培苗的丙二醛含量为0.807μmol/L。根据这组数据可以得出，组培苗的丙二醛含量明显低于其他两组幼苗，实生苗和扦插苗的丙二醛含量相近。试验说明组培苗的抗逆境能力最强，植物组织抗氧化能力较好，生长发育最好。

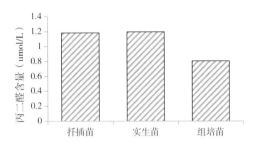

图 5　不同育苗方式的石榴幼苗的丙二醛含量

Fig. 5　Malondialdehyde content of pomegranate seedlings with different seedling raising methods

2.6　不同育苗方式对石榴幼苗 POD 总活性的影响

POD（过氧化物酶）在植物体中广泛存在，它与植物的光合作用与呼吸作用等有密切关系，还参与着植物体内氧自由基的清除和吲哚乙酸的氧化分解[12]，根据数据图可以得出，组培苗的 POD 总活性明显高于其他两组幼苗，实生苗和扦插苗的 POD 总活性相近。试验说明组培苗的光合作用与呼吸作用能力较好。

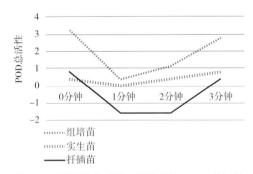

图 6　不同育苗方式的石榴幼苗的 POD 总活性

Fig.6　Total POD activity of pomegranate seedlings with different seedling raising methods

2.7　根系指标

由图 7 可知，"红花玉石籽"石榴组培苗和实生苗与扦插苗的根系生长情况的差异较大。组培苗和实生苗都有明显主根，同时根系总长度、总面积、根系分叉数和总根尖数都明显优于扦插苗；在组培苗和实生苗的比较当中，实生苗仅总根表面积优于组培苗，但组培苗的根系分叉数与总根尖数都多于实生苗，更利于石榴幼苗对营养物质和水分的吸收。试验说明在这三组幼苗处理中，组培苗根系的长势整体优于实生苗和扦插苗。

3　讨论

本试验通过对"红花玉石籽"石榴扦插苗、实生苗以及组培苗三组处理进行生理指标，生

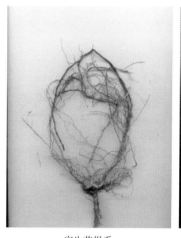  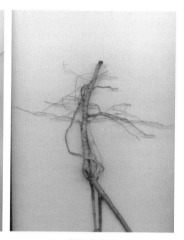

实生苗根系　　　　　　　　组培苗根系　　　　　　　　扦插苗根系

图 7　根系图片

Fig.7　Root pictures

化指标、根系指标的检测，将三组幼苗的苗木质量加以对比，结果显示组培苗除叶绿素含量略低于实生苗外，其余各项指标均优于其他两组幼苗，表明组培苗的生活力、抗逆性和生长发育方面都较强于传统的育苗方式。

传统的石榴育苗方式使得植株后代的品质没有较为明显的进步，周而复始，让石榴苗木的品质有所退化。一旦苗木出现病毒积累的问题，那么用于扦插繁殖和种子繁殖的苗木从根源便存在问题，那么后代的苗木出现品种退化和品质不佳等问题将会大大地增加。而利用植物组织培养快繁技术使石榴的品质从根源上能够改变，利用脱毒处理苗木，能够有效的脱除种苗存在的病害，在无菌的条件下去培育脱毒的种苗，使得组培的石榴生长、抗逆能力提高，实现产量提高和品质改善[13]。怀远石榴栽培历史较长，但现有的栽培方式都趋于传统，对新的栽培技术研究相对滞后，石榴组培育苗技术可以促进育苗方式的进步，为怀远石榴产业的发展带来新生。植物组织培养技术的深入研究为果树栽培开辟了一条新的可行之道，对农业未来的发展方向有着一定的促进作用。

4　结论

本试验证明通过组织培养技术繁殖出的石榴幼苗，主要理化指标及根系生长发育状况显著优于传统的育苗方式，为解决现下扦插繁殖与种子繁殖存在的品种退化以及苗木品质不佳等问题提供有效的理论依据和技术参考，对于优质石榴种苗的培育以及我国石榴产业的发展有重要意义。

参考文献

[1] 崔海西. 怀远地区石榴栽培与养护[J]. 园艺与种苗, 2018(5): 19-21.

[2] 葛伟强, 钱晶晶, 高青海. "白花玉石籽" 石榴组培和扦插种苗品质比较试验[J]. 乡村科技, 2020(7): 106-108.

[3] 许冰茹, 郭瑞. 怀远石榴产业发展现状及对策[J]. 合作经济与科技, 2021(1): 36-37.

[4] 张迎军, 赵倩兮, 任军玲, 等. 石榴移栽育苗与扦插育苗根系对比试验[J]. 西北园艺, 2021(2): 41-42.

[5] 张喜娟. 柳树扦插育苗和造林技术分析[J]. 林木栽培, 2021(4): 105-106.

[6] 郑艾琴, 殷建宝. 香荚蒾组织培养快繁技术研究[J]. 现代农业科技, 2021(6): 137-139.

[7] 周丹, 罗灿, 于旭东, 等. 波罗蜜叶片突变体叶绿素含量测定和超微结构的观察[J]. 热带作物学报, 2012(10): 2935-2941.

[8] 麦焕欣, 王晗璇, 胡云鹏, 等. 生长调节剂ALA对盆栽百合生长和生理的影响[J]. 江苏农业科学, 2021, 49(4): 99-103.

[9] 张翔, 陈聪, 关亚菲, 等. 不同品种设施甜椒品质和产量的差异分析[J]. 天津农业科学, 2021, 27(1): 23-27.

[10] 岳亚康, 金朝阳, 张铭, 等. 不同氮钙水平对设施桃果实品质的影响[J]. 中国果树, 2021(4): 55-58.

[11] 张清航, 张永涛. 植物体内丙二醛(MDA)含量对干旱的响应[J]. 林业勘查设计, 2019(1): 110-112.

[12] 鲍国涛. NaOH处理对白桦种子萌发过程生理指标的影响[J]. 现代园艺, 2021(7): 42-43.

[13] 曹孜义, 刘国民. 实用植物组织培养技术教程[M]. 甘肃: 甘肃科学技术出版社, 1996: 11.

不同石榴品种籽粒中矿质元素含量比较

杨雪梅[1]，冯立娟[1]，唐海霞[1]，王　菲[1]，王增辉[1]，张锦超[2]，尹燕雷[1]*

（[1]山东省果树研究所，山东泰安　271000；[2]淄博锦川河富硒农业发展有限公司山东淄博　255138）

Comprehensive Evaluation of Mineral Element Content in Grain of Different Pomegranate Varieties

YANG Xuemei[1], FENG Lijuan[1], TANG Haixia[1], WANG Fei[1], ZHANG Jinchao[2], YIN Yanlei[1]*

([1]Shandong Institute of Pomology, Tai'an, Shandong 271000; [2] Jinchuan River Se-enriched Agricultural Development Co. Ltd, Zibo, Shandong 255138)

摘　要：【目的】为综合评价不同石榴品种果实矿质营养品质差异，本研究选取了不同主栽区的21个石榴品种为试材，将籽粒烘干后分别测定了氮、磷、钾、钙、镁5种大量元素和铁、锰、铜、锌4种微量元素的含量，并基于主成分分析法对各石榴品种矿质营养品质进行综合评价。【结果】结果表明：石榴籽粒中5种大量元素含量顺序为：钾＞氮＞镁＞磷＞钙。其中钾含量在8.902～14.480mg/g，全氮含量在5.697～12.282mg/g之间，磷含量在0.713～1.228mg/g，钙元素含量在0.067～2.119mg/g，镁元素含量在0.928～2.620mg/g之间；4种微量元素平均含量水平：锌＞铁＞锰＞铜。其中锌元素含量在29.985～88.049μg/g之间，以'岱红1号''大青皮酸'和'秋艳'3个石榴品种中锌含量最高，均在83.210μg/g以上；'牡丹'石榴品种中锰元素含量最高达65.170μg/g，'三白酸'石榴籽粒次之，含量为51.478μg/g，其余品种均在50.000μg/g以下，以'突尼斯软籽'石榴中锰元素含量最低仅为18.620μg/g。【结论】经主成分分析综合评价各石榴品种矿质元素含量表明：21个石榴品种中矿质元素含量排在前6位的分别是：'大笨籽''谢花甜''岱红2号''满天红''竹叶青'和'泰山三白甜'；矿质元素含量排在后6位的是'秋艳''皮亚曼''牡丹''LQ1''突尼斯软籽'和'超青'。

关键词：石榴；矿质元素；主成分分析；综合评价

Abstract:【Objective】In order to comprehensively evaluate the differences in fruit nutritional quality of different pomegranate varieties. 【Methods】21 pomegranate varieties from different main planting areas were selected as test materials. After drying the seeds, the contents of 5 kinds of abundant elements (N, P, K, Ca, Mg) and 4 kinds of trace elements (Fe, Mn, Cu, Zn) were measured respectively. The mineral nutritional quality of pomegranate varieties was evaluated comprehensively based on principal component analysis (PCA).【Result】Results showed that the contents of five kinds of abundant elements in pomegranate grains were in the order of K＞N＞Mg＞P＞Ca. Contents of potassium, total nitrogen, phosphorus, calcium and magnesium ranged from 8.902～14.48mg/g, 5.697～12.282mg/g, 0.713～1.228mg/g, 0.067～2.119mg/g and 0.928～2.620mg/g, respectively. Average contents of four trace elements: Zn＞Fe＞Mn＞Cu, Zncontentswere between 29.985 and 88.049μg/g, zinc content in 'Daihong 1', 'Daqingpisuan' and 'Qiuyan' were more than 83.210μg/g.【Conclusion】Comprehensive evaluation of the study showed that the top six pomegranate varieties were: 'Dabenzi', 'Xiehuatan', 'Daihong 2', 'Mantianhong', 'Zhuyeqing' and 'Taishansanbaitian', the bottomsixwere 'Qiuyan' 'Piyaman' 'Mudan' 'LQ1' 'Tunisruanzi' and 'Chaoqing'.

Key words: Pomegranate; Mineral elements; Principal component analysis; Comprehensive evaluation

---

基金项目：山东省农业科学院农业科技创新工程新兴交叉学科项目（CXGC2021A29），山东省重点研发计划项目（2018GNC111009），山东省农业良种工程南种北繁项目（2017LZN023）。
作者简介：杨雪梅，女，助理研究员，研究方向为果实采后生理及果树遗传资源评价与选育研究。
* 通讯作者：尹燕雷，男，研究员，主要从事石榴种质资源评价与创新利用研究。E-mail:yylei66@sina.com。

石榴（*Punica granatum* L.）属千屈菜科，落叶灌木或小乔木。石榴能生津、化食、平肝、补肾、健脾、益胃，食后可开胃、滋阴、明目，具有抗氧化、预防心脑血管疾病、抗癌、抗菌、抗感染、抗糖尿病等诸多治疗功效。果实中含有丰富的碳水化合物、蛋白质、氨基酸、维生素和人体所必需的矿质元素如磷（P）、钾（K）、镁（Mg）、钙（Ca）、铁（Fe）、锌（Zn）、硒（Se）和锰（Mn）等，维生素 C 的含量是苹果和梨的 1~2 倍，磷含量高达到 145mg/kg，在各种水果中十分突出，是一种功能型水果[1]。石榴除直接食用外，还可以加工成果汁、果酒、果冻、沙拉、布丁、果醋等多种产品，其果皮、种子等也具有较高的营养价值和保健功能[2-4]。对石榴果实的研究与开发近年来备受关注，有关石榴果实的矿质营养虽有一定的研究，但其分析的元素较少或品种较单一[5,6]，研究表明石榴果实各部位的矿质营养分布明显不同，石榴汁和石榴皮中钾的含量最高，而石榴籽中铁的含量最高，不同石榴品种间矿质营养也有显著差异[7]。本试验选取我国五大石榴主产区较有代表性的 21 个主栽品种，对各石榴品种果实中 9 种常见的必需营养元素进行比较分析，进而分析比较不同地方石榴品种矿质营养元素含量差异，为石榴种质资源研究提供基础，同时为人们日常饮食搭配提供参考。

1 材料与方法

1.1 试验材料

本试验石榴果实均采自山东省果树研究所石榴资源圃，所选树种均于 2009 年引自各石榴主产区，树体生长良好，果实均于 2018 年 9 月下旬统一采摘，选择果个均一，成熟度和着生部位较一致的果实 5~7 个。将石榴籽粒剥出，置搪瓷盘中烘干至恒重，经粉碎后过 60 目筛备用。试验所选石榴品种如表 1 所示：

表 1 石榴品种及其简写对照表
Table 1 Pomegranate varieties and their abbreviations

品种名	超青	大笨子	岱红1号	岱红2号	大青皮酸	河阴薄皮	淮北青皮软籽	淮北塔山红	晋峪2号	鲁青1号	牡丹
简写	CQ	DBZ	DH1	DH2	DQPS	HYBP	HBQPRZ	HBTSH	JY2	LQ1	MD
品种名	满天红	皮亚曼	秋艳	小红皮甜	突尼斯软籽	泰山红	泰山三白甜	谢花甜	豫石榴1号	竹叶青	
简写	MTH	PYM	QY	SBS	TNSRZ	TSH	TSSBT	XHT	YSL1	ZYQ	

1.2 试验仪器及试剂

实验仪器：凯氏定氮仪，海能仪器 K9860 全自动凯氏定氮仪、紫外－可见分光光度计 UV2600、火焰光度计、原子吸收分光光度计 TAS-990（北京普析通用仪器有限责任公司），LCT 理化分析型超纯水机（济南立纯水处理设备有限公司）。

试剂：钾、钙、镁标准溶液均为 500mg/L（上海阿拉丁生化科技股份有限公司），铁、锰、铜、锌标准溶液浓度均为 1000mg/L（国家有色金属及电子材料测试中心），试验所用浓硫酸、双氧水、钼酸铵、五氧化二磷、磷酸二氢钾及抗坏血酸均为优级纯。定磷试剂 6N（3mol/L）硫酸：166.6mL 98% 浓硫酸定容至 1000mL。2.5% 钼酸铵溶液：准确称取 25.000g 钼酸铵定容至

1000mL，5% 抗坏血酸：准确称取 5.000g 抗坏血酸定容至 100mL（现配现用），定磷试剂：水：硫酸：钼酸铵：抗坏血酸 =2：1：1：1。

1.3 试验方法

1.3.1 钙、镁、铁、铜、锰、锌含量测定

用万分之一天平准确称取过筛后的样品 0.2000g，消解条件、测定方法及钙、镁、铁、铜、锰、锌标准工作曲线系列溶液配制方法参考杨雪梅[8]等的方法。石榴籽粒中各营养元素含量可按式（1）计算：

$$Ca、Mg、Fe、Cu、Mn、Zn（\mu g/g）= C \times D \times V/m \tag{1}$$

式中，C 为从标准工作曲线直接读出的浓度（$\mu g/mL$）；D 为稀释倍数；V 为定容体积；m 为消解样品质量 0.2000g。

1.3.2 总磷含量测定

采用钼蓝比色法，参考田春秋[9]等的方法。

1.3.4 总氮含量测定

采用凯氏定氮法，参考吕伟仙[10]等的方法测定。

1.3.5 钾含量测定

K 元素含量采用火焰光度法测定。植物组织中 K 元素含量可按式（2）计算：

$$K 元素含量（mg/g）= C \times 15/100 \times D \times V/m \tag{2}$$

式中，C 为从标准工作曲线直接读出的浓度（%）；D 为稀释倍数；V 为样品消解后定容体积；m 为消解样品质量 0.2000g。

1.4 数据分析

试验数据分析采用 Excel 2016 进行数据分析，采用 IBM SPSS Statistics19 进行相关性、主成分分析，为消除不同指标量纲和数量级的差异，主成分分析前，采用隶属函数法[11, 12]对数据进行标准化处理。

2 结果分析

2.1 不同石榴品种籽粒中氮、磷、钾含量比较

图 1 所示石榴籽粒中钾和氮元素含量丰富，而磷元素含量相对较低。21 个石榴品种籽粒中全氮含量在 5.697～12.282mg/g 之间，其中以'满天红''淮北薄皮''岱红 1 号''岱红 2 号'和'鲁青 1 号'籽粒中全氮含量最高，均在 11.748mg/g 以上，而'皮亚曼''突尼斯软籽'和'秋艳' 3 个品种中全氮含量最低，均不足 7.000mg/g。21 个石榴籽粒中磷含量在 0.713～1.228mg/g 之间，其中'鲁青 1 号''河阴薄皮'和'满天红' 3 个品种磷含量最高，而'淮北塔山红''竹叶青'和'晋峪 2 号'磷含量均不足 0.900mg/g。21 个石榴品种籽粒中钾含量在 8.902～14.480mg/g 之间，其中'淮北塔山红'籽粒中钾元素含量最高达 14.481mg/g，'三白酸''鲁青 1 号''谢花甜'和'淮北薄皮'籽粒中钾含量均在 12.289mg/g 以上；而'大笨籽'和'牡丹'石榴籽粒中钾含量最低，均为 8.902mg/g。

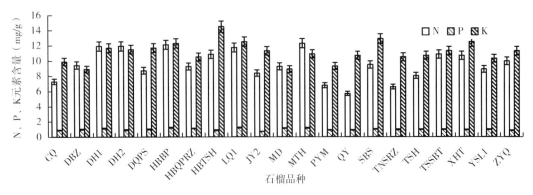

图1　不同石榴品种籽粒中氮、磷、钾含量比较

Fig.1　Comparison of N, P and K contents in seeds of different pomegranate varieties

2.2　不同石榴品种籽粒中钙、镁元素含量比较

图2所示，不同石榴品种籽粒中钙、镁元素含量不同，21个石榴品种中钙元素含量除'大青皮酸'外，其余品种籽粒中钙元素含量均较镁元素含量低。21个石榴品种籽粒中钙元素含量在0.067~2.119mg/g，其中'大青皮酸''大笨籽'和'泰山三白甜'3个品种中钙含量最高，均在1.559mg/g以上，而'河阴薄皮'钙含量最低，不足0.100mg/g，'岱红2号'和'鲁青1号'次之，2个品种均不足0.400mg/g。21个石榴品种中镁元素含量在0.928~2.620mg/g之间，其中以'大笨籽''泰山三白甜''谢花甜'3个品种镁元素含量均在1.322mg/g以上，以'突尼斯软籽'籽粒中镁元素含量最低仅为0.928mg/g。

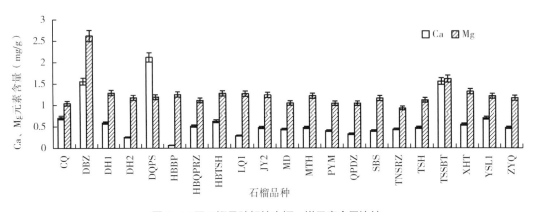

图2　不同石榴品种籽粒中钙、镁元素含量比较

Fig.2　Comparison of C and M contents in seeds of different pomegranate varieties

2.3　不同石榴品种籽粒中铁、铜、锰、锌含量比较

图3所示，21个石榴品种籽粒中铁、铜、锰、锌4种微量元素含量不同，4种微量元素平均含量水平：锌＞铁＞锰＞铜。其中锌元素含量在29.985~88.049μg/g之间，以'岱红1号''大青皮酸'和'秋艳'3个石榴品种中锌含量最高均在83.210μg/g以上，以'突尼斯软籽'和'泰山红'石榴籽粒中锌元素含量最低，分别为29.985μg/g和33.210μg/g。21个品种中铁含量在20.031~59.718μg/g之间，其中以'牡丹''泰山三白甜'和'开封四季红'3个品种籽粒中

铁含量最高均在 50μg/g 以上，而'豫石榴 1 号'和'谢花甜' 2 品种中铁元素含量最低均不足 25.000μg/g。21 个石榴品种锰元素平均含量为 37.041μg/g 仅次于铁元素平均含量（38.618μg/g），其中'牡丹'石榴中锰元素含量最高达 65.170μg/g，'三白酸'石榴籽粒次之，含量为 51.478μg/g，其余品种均在 50.000μg/g 以下，以'突尼斯软籽'石榴中锰元素含量最低仅为 18.620μg/g。石榴中铜元素含量显著低于铁、锌、锰元素，铜元素含量在 1.752～10.432μg/g 之间，其中以'泰山红'石榴中含量最高，而'突尼斯软籽'石榴中铜元素含量最低，前者含量达后者 6 倍。

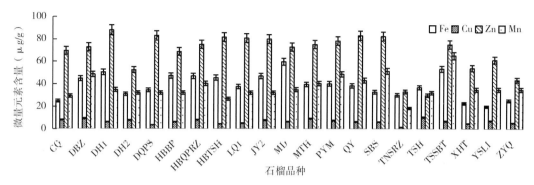

图 3 不同石榴品种籽粒中铁、铜、锰、锌微量元素含量比较

Fig.3 Trace elements comparison of Fe, Cu, Mn and Zn content in seeds of different pomegranate varieties

2.4 不同石榴品种元素含量的相关性分析

本研究采用 Pearson 相关系数分析石榴 9 种元素含量之间的相关性，结果见表 2。由表 2 可知，氮和磷、钾元素含量呈显著正相关（$P < 0.05$）。钙元素和镁元素含量呈显著正相关（$P < 0.05$），表明石榴籽粒中钙元素含量越高相应的镁元素也越高。钾与铜元素含量呈显著负相关（$P < 0.05$）。铁与锌元素含量呈显著正相关（$P < 0.05$），表明铁元素含量越高相应的锌元素含量也越高。

表 2 不同石榴品种元素含量相关性分析

Table 2 Correlation analysis of element content in different pomegranate varieties

	N	P	K	Ca	Mg	Fe	Cu	Zn	Mn
N	1								
P	0.5099*	1							
K	0.5009*	−0.0047	1						
Ca	−0.0622	−0.0896	−0.1338	1					
Mg	0.2587	0.0609	−0.1524	0.5322*	1				
Fe	0.2144	0.3407	−0.0952	0.0861	0.2312	1			
Cu	0.0502	0.0308	−0.4375*	−0.0611	0.3035	0.1802	1		
Zn	0.1591	0.2087	0.1598	0.2157	0.1647	0.4835*	0.0164	1	
Mn	0.0554	0.0774	−0.1838	0.3273	0.4316	0.3125	0.3951	0.3955	1

注：（*）在 0.05 水平（双侧）上显著相关。

2.5 不同石榴品种籽粒营养品质主成分分析和综合评价

主成分分析（Principal component analysis）能对多个指标进行综合性分析，是一种通过线性变换将多个变量维数降为几个有代表性的变量，且所含信息互不重复，从而用简化的数据反映原始数据的多元统计分析方法。将 21 个石榴品种的 9 个成分指标进行主成分分析，由表 3 可知，经主成分提取的 9 个主成分中只有前 4 个主成分的特征值大于 1，其中第 1 主成分的特征值为 2.571，方差贡献率为 28.568%，是重要的主成分，第 2、3、4 主成分的特征值依次降低，方差贡献率分别为 21.226% 和 14.508% 和 11.608%，前 4 个主成分累积方差贡献率达到 75.91%，基本反映了 21 个石榴品种籽粒中矿质元素指标的大部分初始信息，因此，选用前 4 个具有代表性的主成分作为 21 个石榴品种籽粒矿质营养品质分析的有效成分。

表 3　主成分分析解释总变量

Table 3　Principal component analysis explains the total variables

主成份	特征值	初始特征值	
		贡献率 /%	累积贡献率 /%
1	2.571	28.568	28.568
2	1.91	21.226	49.794
3	1.306	14.508	64.302
4	1.045	11.608	75.91
5	0.801	8.904	84.814
6	0.538	5.982	90.796
7	0.384	4.261	95.057
8	0.29	3.219	98.276
9	0.155	1.724	100

主成分载荷矩阵反映了 21 个石榴品种各矿质元素指标在各主成分矩阵中的影响力大小，其数值反映原变量对主成分因子影响的大小，正负代表变化方向的差别。由表 4 可知，在第 1 主成分中载荷较高的有锰、镁、铁含量，其载荷值分别为 0.741、0.703、0.656，与第 1 主成分呈高度正相关，载荷有负向影响的为钾元素含量，主要反映石榴果汁中微量元素水平，即第 1 主成分越大时，锰、镁、铁含量越高；第 2 主成分中钾、氮、磷含量载荷较高，且有正向影响，载荷值分别为 0.757、0.751 和 0.545，载荷较高且有负向影响的指标为铜和钙含量，载荷值分别为 –0.404 和 –0.300，可判定影响第 2 主成分的主要指标为钾、氮、磷含量；第 3 主成分中钙含量有较高的载荷且呈高度正相关，载荷值为 0.680，载荷较高且有负向影响的为铜和磷含量；第 4 主成分中氮和镁含量有较高的载荷且呈正相关，载荷值为 0.477 和 0.472，载荷较高且有负向影响的是锌、铁元素含量。

表4 主成分分析旋转后的成分载荷矩阵
Table 4 Component load matrix after rotation of principal component analysis

元素指标 Element indicators	成份			
	1	2	3	4
N	0.351	0.751	−0.07	0.477
P	0.382	0.545	−0.423	0.068
K	−0.190	0.757	0.414	0.085
Ca	0.473	−0.300	0.680	0.098
Mg	0.703	−0.194	0.276	0.472
Fe	0.656	0.214	−0.221	−0.418
Cu	0.457	−0.404	−0.567	0.257
Zn	0.599	0.286	0.199	−0.571
Mn	0.741	−0.238	0.047	−0.076

2.6 不同石榴品种矿质元素含量主成分分析及综合评价

利用主成分初始因子载荷矩阵（表5）中各指标数据除以主成分相对应的特征值开平方根，便得到4个主成分中各指标所对应的系数，即特征向量。根据特征向量与相对应指标的标准化数据乘积再相加，得到4个主成分得分，设提取的4个主成分得分依次为Y1、Y2、Y3、Y4可列出4个主成分得分函数表达式：S=Y1×0.2857+Y2×0.2123+Y3×0.1451+Y4×0.1161。21个石榴品种矿质元素含量排在前6位的分别是：'大笨籽''谢花甜''岱红2号''满天红''竹叶青'和'泰山三白甜'；矿质元素含量排在后6位的是'秋艳''皮亚曼''牡丹'LQ1'突尼斯软籽'和'超青'。

表5 不同石榴品种矿质元素含量综合评价指数值
Table 5 Comprehensive score of mineral elements of different pomegranate varieties

品种 Varieties	主成分值 Y Value of principal components				综合评价指数 S 排序 Synthetic analysis ranking indexes	
	Y1	Y2	Y3	Y4		
CQ	−0.7426	−1.1559	−0.1847	−0.1886	−0.55681	16
DBZ	2.3472	−1.6522	0.6409	1.6953	2.224214	1
DH1	0.7521	1.3325	−0.245	−0.4271	0.151132	12
DH2	−0.5909	0.2629	−0.5454	1.3543	1.278248	3
DQPS	0.1181	0.0283	2.4747	−0.6126	−0.09774	13
HYBP	0.1697	1.7134	−1.0144	0.3175	0.698577	8
HBQPRZ	0.5016	0.0512	−1.0354	−0.6367	−0.51667	15
HBTSH	−0.3647	1.524	1.4833	−0.3969	0.153674	11
JY2	0.0664	1.7034	−0.2094	0.1578	0.624033	9

(续)

品种 Varieties	主成分值 Y Value of principal components				综合评价指数 S 排序 Synthetic analysis ranking indexes	
	Y1	Y2	Y3	Y4		
LQ1	−0.1649	−0.6407	0.3052	−0.9639	−0.98665	18
MD	0.5329	0.0425	−1.5445	−1.3489	−1.29564	19
MTH	0.7489	0.7042	−1.2655	0.6672	0.963101	4
PYM	0.1192	−1.3012	−0.5416	−1.4944	−1.69903	20
QY	−0.2772	−0.8555	−0.0158	−1.8538	−2.00079	21
SBS	0.1923	0.6031	0.4039	−0.4569	−0.09927	14
TNSRZ	−2.2169	−0.3685	0.4106	−0.2031	−0.73899	17
TSH	−0.6547	−1.0802	−1.4295	1.2259	0.71827	7
TSSBT	1.9946	−0.2722	1.0549	0.0334	0.814565	6
XHT	−0.8244	0.4433	0.8368	1.2672	1.363263	2
YSL1	−0.5937	−0.7289	0.0134	0.7743	0.568	10
ZYQ	−1.1132	−0.3537	0.4076	1.0897	0.871819	5

3 讨论

水果品质一般包括外观品质和内在品质，外观品质包括果形、色泽、大小、新鲜度和单果质量等，内在品质包括糖酸比、风味、营养成分等，其中可溶性糖含量、可滴定酸含量、糖酸比是影响水果风味品质和消费者选购的重要指标[13-16]，目前在石榴品质方面的比较研究多以石榴的外观品质及一些内在品质指标的比较为主，如可溶性糖、总酸、可溶性固形物、维生素 C、籽粒硬度、果皮厚度变化、百粒重、可食率、出汁率、色泽[17,18]等指标的研究比较。鲜有对不同石榴品种果实中矿质元素的比较研究，本研究通过测定不同石榴品种籽粒中的几种大量元素和微量元素含量，得出了石榴中其所测几种元素含量顺序为：K＞N＞Mg＞P＞Ca＞Zn＞Fe＞Mn＞Cu，且不同品种中各元素含量存在差异。而马小卫[19]等在芒果中的研究表明 10 种元素平均含量依次为：K＞P＞Mg＞Ca＞Na＞Mn＞Fe＞Zn＞Cu＞B，表明同一种矿质元素在不同树种间有较大差异。这可能与果树生长地的土壤养分状况有关，也可能受果树种类及品种自身营养吸收、运转、分配等因素影响。

石榴中的锌和铁元素含量均相对较高，对一些身体缺乏这些微量元素的患者可在饮食上多吃石榴以补充相应的矿质元素，尤其是微量元素的缺乏症。石榴中微量元素含量丰富，而这些微量元素对机体的生长发育及新陈代谢均有重要作用。铁、锰、锌、铜等微量元素是维持人体正常新陈代谢和生命活动的重要物质，人体必须微量元素的过度消耗可引起的人体代谢平衡失调[20]。如铁参与载体组成、转运和贮存营养素，人缺铁的典型症状是贫血；锰在脂类，碳水化合物，蛋白质和胆固醇代谢过程中作为体内各种酶的活化因子及其组成部分。而该试验元素主成分分析表明代表着主成分 1 的矿质元素为锰、镁和铁，表明锰、铁两种微量元素在石榴的矿质元素含量中起较关键作用。而人体对这些元素的摄入主要来源于食物，对食物中矿质元素成分的测定能更好搭配有利于健康的饮食结构。

4 结论

本研究表明石榴中的矿质元素含量与石榴品种的品质不一致，一般籽粒较大的品种及软籽品种矿质元素含量相对较低，如'秋艳''突尼斯软籽'和'鲁青1号'等；籽粒较小的石榴品种其矿质元素含量在主成分分析中排名靠前，如'大笨籽'和'谢花甜'等；酸石榴中矿质元素含量可能较甜石榴低，如'牡丹'石榴，虽然籽粒小，但其元素含量在主成分分析中仍排名靠后。通过该元素含量主成分分析可大体从石榴的籽粒情况判断其矿质元素水平，使之在今后石榴品质评价中发挥一定作用。

参考文献

[1] 韩玲玲,苑兆和,冯立娟,等.不同石榴品种果实成熟期酚类物质组分与含量分析[J].果树学报,2013,30(1): 99-104.

[2] 任平,阮祥稳,秦涛.石榴资源的开发利用[J].食品研究与开发,2005,26(3): 118-120.

[3] 惠李.石榴的综合开发与利用研究[J].现代农业科技,2008(24): 15-18.

[4] 刘家富,周家齐,李晚谊,等.云南蒙自石榴主要成分分析[J].云南农业科技,1995(6): 17-18.

[5] 马齐,秦涛,王丽娥.石榴的营养成分及应用研究现状[J].食品工业科技,2007,28(2): 237-241.

[6] 闵勇,王洪,张薇,等.石榴籽中微量元素含量及挥发油成分研究[J].食品科技,2010,35(12): 90-92.

[7] 秦改花,赵建荣,黄文江,等.几种石榴果实不同部位的矿质营养分析[J].食品工业科技,2012,33(6): 394-396.

[8] 杨雪梅,尹燕雷,冯立娟,等.石榴果实发育期内6种矿质元素含量变化[J].山东农业科学,2017,49(1): 59-64.

[9] 田春秋,邵坤.微波消解-磷钼蓝分光光度法测定土壤和水系沉积物中的总磷[J].冶金分析,2013,33(12): 52-56.

[10] 吕伟仙,葛滢,吴建之,等.植物中硝态氮、氨态氮、总氮测定方法的比较研究[J]. 光谱学与光谱分析,2004,24(2): 204-206.

[11] 刘敏轩,张宗文,吴斌,等.黍稷种质资源芽、苗期耐中性混合盐胁迫评价与耐盐生理机制研究[J].中国农业科学,2012,45(18): 3733-3743.

[12] 肖鑫辉,李向华,刘洋,等.野生大豆(Glycine soja)耐高盐碱土壤种质的鉴定与评价[J].植物遗传资源学报,2009,10(3): 392-398.

[13] 刘丙花,王开芳,王小芳,等.基于主成分分析的蓝莓果实质地品质评价[J].核农学报,2019,33(5): 927-935.

[14] 吴澎,贾朝爽,范苏仪,等.樱桃品种果实品质因子主成分分析及模糊综合评价[J].农业工程学报,2018,34(17): 291-300.

[15] 赵滢, 杨义明, 范书田, 等. 基于主成分分析的山葡萄果实品质评价研究[J]. 吉林农业大学学报, 2014, 36(5): 575-581.

[16] 张淑文, 梁森苗, 郑锡良, 等. 杨梅优株果实品质的主成分分析及综合评价[J]. 果树学报, 2018, 35(8): 977-986.

[17] 杨磊, 靳娟, 樊丁宇, 等. 新疆石榴果实品质主成分分析[J]. 新疆农业科学, 2018, 55(2): 262-268.

[18] 杨万林, 杨芳. 中国优质石榴品种品质比较与评价[J]. 保鲜与加工, 2015(2): 62-67.

[19] 马小卫, 马永利, 武红霞, 等. 基于因子分析和聚类分析的杧果种质矿质元素含量评价[J]. 园艺学报, 2018, 45(7): 1371-1381.

[20] 熊婵, 黎庆, 马庆伟. 人体微量元素检测方法及临床应用的研究进展[J]. 中国全科医学, 2018, 21(8): 888-895.

中微肥对软籽石榴光合色素和光合日变化的影响

丁丽[1]，张宏[1]，吴兴恩[1]，洪明伟[1]，张钰婕[2]，向怡洁[2]，王微[2]，王正合[3]，杨荣萍[1*]，王仕玉[1*]

([1]云南农业大学园林园艺学院，云南昆明 650201；[2]云南农业大学财务处，云南昆明 650201；[3]云南丽江市软籽石榴产业协会，云南丽江 674199)

Effects of Medium and Micro Fertilizers on Photosynthetic Pigments and Diurnal Changes of Photosynthesis in Soft Seed Pomegranate

DING Li[1], ZHANG Hong[1], WU Xing-en[1], HONG Ming-wei[1], ZHANG Yu-jie[2], XIANG Yi-jie[2], WANG Wei[2], WANG Zheng-he[3], YANG Rong-ping[1*], WANG Shi-yu[1*]

([1]*College of horticulture, Yunnan Agricultural University, Kunming, Yunnan 650201;* [2]*Finance department, Yunnan Agricultural University, Kunming, Yunnan 650201;* [3]*Yunnan Lijiang Soft Seed Pomegranate Industry Association, Yunnan Lijiang 674199*)

摘 要：【目的】通过叶面喷施不同中微肥探究各种中微肥对突尼斯软籽石榴叶片中光合色素含量以及光合速率日变化的影响。【方法】本试验设计不同浓度钙肥、镁肥、锌肥、铁肥分别在开花期、幼果期、膨果期进行叶面施肥处理，使用丙酮乙醇混合法测定叶绿素总量和类胡萝卜素含量，使用Li-6400型光合仪测光合日变化。【结果】结果表明，开花期和幼果期喷0.4%～0.5%钙、0.5%镁、0.2%～0.6%锌、0.1%铁显著或极显著提高了叶绿素和类胡萝卜素含量，开花期喷0.6%钙叶绿素a含量极显著降低；膨果期喷0.4%～0.6%钙、0.3%～0.5%镁、0.2%～0.6%锌、0.1%～0.5%铁以及混合处理的叶绿素和类胡萝卜素含量显著或极显著提高。除0.3%镁和0.4%钙，其余处理光合日变化峰值均较对照有所提升。【结论】综上4种中微肥均能在突尼斯软籽石榴各个时期显著或极显著提高光合色素含量，提高石榴光合速率日变化峰值。

关键词：突尼斯软籽石榴；中微肥；光合色素；光合速率日变化

Abstract:【Objective】The effects of various medium and micro fertilizers on the photosynthetic pigment content and photosynthetic rate of Tunisian soft seed pomegranate leaves were investigated by foliar spraying of different medium and micro fertilizers.【Methods】In this experiment, different concentrations of calcium fertilizer, magnesium fertilizer, zinc fertilizer and iron fertilizer were used for foliar fertilization at the flowering stage, young fruit stage and expansion fruit stage, and the total chlorophyll and carotenoid content were determined by acetone ethanol mixture method, and the photothesis daily change was measured by Li-6400 photosynthetic instrument.【Results】The results showed that the contents of chlorophyll and carotenoids were *significantly or significantly* increased by spraying 0.4%～0.5% calcium, 0.5% magnesium, 0.2%～0.6% zinc and 0.1% iron at the flowering stage and young fruit stage, and the content of chlorophyll a in 0.6% calcium chlorophyll was significantly reduced during flowering. The swelling stage sprays of 0.4%～0.6% calcium, 0.3%～0.5% magnesium, 0.2%～0.6% zinc, 0.1%～0.5% iron, and the chlorophyll and carotenoid content of the blended treatment were *significantly or significantly* increased. Except for 0.3% magnesium and 0.4% calcium, the peak changes of photosynthetic daily changes in the rest of the treatments were higher than those of the control.【Conclusion】In summary, the above 4 medium and micro fertilizers can *significantly*

基金项目：中国农村专业技术协会云南永胜石榴科技小院项目（农技协发字[2020]27号）。
作者简介：丁丽（1998-），女，山东泰安人，在读硕士研究生，主要从事果树生理、栽培技术研究。E-mail:3420254039@qq.com。
* 通讯作者 Corresponding author: 杨荣萍（1967-），女，云南元谋人，高级实验师，硕士生导师，主要从事果树种质资源、生理、栽培技术研究。E-mail: yangrongping2002@163.com；王仕玉（1965-），女，重庆人，副教授，硕士生导师，主要从事果树种质资源研究。E-mail:wsyfg@aliyun.com。

or significantly increase the photosynthetic pigment content and increase the daily peak of pomegranate photosynthetic rate at various stages of Tunisian soft seed pomegranate.

Key words: Tunisian soft seed pomegranate; Medium and micro fertilizer; Photosynthetic pigments; Diurnal variation of photosynthetic rate

突尼斯软籽石榴（*Punica granatum* L.）是石榴科石榴属果树植物。国家林业考察团于1986年由突尼斯引进，经栽培选育后于2002年将该品种命名为突尼斯软籽石榴[1-2]。该品种各方面性状表现优异，尤以成熟早、籽粒大、色泽鲜艳（籽粒红色）、果实大、果红色美观、果仁特软等特点突出，经济效益十分显著[3]。永胜县作为云南省突尼斯软籽石榴的一大产区，已栽培种植突尼斯软籽石榴十多年，有十分丰富的种植经验[4]，但目前存在栽培管理方式落后，农户还停留在凭经验施肥，忽视中微肥料等问题[5]。中微量元素是植物生长发育过程中不可缺少的重要元素，可直接供给作物养分，更利于作物生长，增产明显[6]。邹文桐等[7]研究发现，同一施氮水平下，叶片的叶绿素a、总叶绿素和类胡萝卜素含量均随着施钙量的增加而提高；林丽琳等[8]以"新天玲"西瓜为试材，研究不同镁水平对西瓜不同生育期叶片光合色素含量的影响，结果表明，各时期随着镁水平的升高，西瓜叶片中叶绿素、类胡萝卜素等呈先升高后降低趋势；魏孝荣等[9]研究发现，正常供水条件和干旱条件下施锌均可使玉米叶片叶绿素a、叶绿素b、总叶绿素含量不同程度增加；余倩倩等[10]研究发现新型叶面铁肥，可以有效增加李叶片叶绿素含量，缓解失绿现象。曲胜男[11]研究发现中微肥配施可增加花生叶片中的叶绿素含量，促进叶片光合作用。关于中微肥对突尼斯软籽石榴光合作用影响的报导较少，因此，本试验通过喷施不同浓度钙肥、镁肥、锌肥、铁肥进行叶面施肥处理，旨在探究钙、镁、铁、锌等中微肥对突尼斯软籽石榴叶片光合色素和光合日变化的影响。

1 材料与方法

1.1 试验时间、地点与材料

本试验于2021年3月至2021年7月进行。试验地点位于云南省永胜县片角镇软籽石榴种植基地，当地平均海拔为1430m，全年平均气温18.7℃，年降雨量641mm，属金沙江干热河谷气候。试验地土壤属酸性红壤土，土壤pH为4.8，有机质含量为12g/kg。4种中微肥选择康朴公司生产的康朴液钙、康朴铁肥、康朴悬浮锌和康朴悬浮镁，钙、镁、锌、铁均为螯合态。试验材料为树龄5年的突尼斯软籽石榴，株行距3m×2m。

1.2 试验设计

本试验选用钙、镁、锌、铁4种微量元素肥料，每种肥料各设置3个浓度梯度，另设4种微量元素肥料的混合处理1个，以叶面喷清水作为对照，共14个处理（见表1）。单株处理，每个处理重复3次。分别于石榴开花期、幼果期、膨果期喷施3次肥料，在天气晴朗的早上或傍晚用喷雾器均匀的喷施在叶片正反两面，以叶背喷施为主。施肥后一个月进行叶片取样，3次喷肥结束后一个月测定光合日变化。

表 1 施肥处理浓度

Table 1　Concentration of fertilization treatment

编号 Numbering	处理元素及浓度 /% Treatment elements and concentration/%	编号 Numbering	处理元素及浓度 /% Treatment elements and concentration/%
钙 T1 CaT1	钙 0.4 Ca0.4	锌 T2 ZnT2	锌 0.4 Zn0.4
钙 T2 CaT2	钙 0.5 Ca0.5	锌 T3 ZnT3	锌 0.6 Zn0.6
钙 T3 CaT3	钙 0.6 Ca0.6	铁 T1 FeT1	铁 0.1 Fe0.1
镁 T1 MgT1	镁 0.1 Mg0.1	铁 T2 FeT2	铁 0.3 Fe0.3
镁 T2 MgT2	镁 0.3 Mg0.3	铁 T3 FeT3	铁 0.5 Fe0.5
镁 T3 MgT3	镁 0.5 Mg0.5	混合 Mix	钙 0.6+ 镁 0.5+ 锌 0.2+ 铁 0.3 Ca0.6+Mg0.5+Zn0.2+Fe0.3
锌 T1 ZnT1	锌 0.2 Zn0.2	CK	清水 water

1.3 指标测定方法

取样时采集树冠中上部东、南、西、北 4 个方向生长良好的成熟叶片,每棵树取样 8 片,3 棵树共采样 24 片,将叶片放入干冰盒冷藏带回实验室。首先用自来水将叶片冲洗干净,用滤纸吸干,除去叶片主脉后用自封袋封存,放超低温冰箱存储备用。参照张宪政的丙酮乙醇混合法测定叶绿素 a、叶绿素 b、叶绿素总量和类胡萝卜素含量[12]。光合日变化测定时间为 3 次喷肥结束后一个月,使用 Li-6400 型光合仪进行测定,在晴天的上午 8∶00 至下午 18∶00 于田间进行,每隔两小时测定一次。

1.4 数据分析

使用 Excel 2019 和 SPSS 25.0 进行数据统计和方差分析。

2 结果与分析

2.1 叶绿素 a 含量

从表 2 可知,开花期喷肥后叶绿素 a 含量在 1.86～2.85mg/g 之间,除钙 T3 和镁 T1 叶绿素 a 含量(分别是 1.96mg/g 和 1.86mg/g)极显著低于对照(2.16mg/g)外,其余的钙肥和镁肥处理均极显著高于对照;锌肥的 3 个处理全部极显著高于对照;铁 T1 和铁 T3 叶绿素 a 含量极显著高于对照,铁 T2 与对照无显著差异;混合处理叶绿素 a 含量高于对照,但两者之间无显著差异。除钙 T3、镁 T1、铁 T2,其余处理叶绿素 a 含量较对照增加 0.93%～31.94%。

幼果期喷肥后,叶绿素 a 含量在 2.57～3.13mg/g 之间。除钙 T3 与对照无显著性差异外,钙 T1、钙 T2 均与对照有极显著差异;镁 T3 处理叶绿素 a 含量极显著高于对照,而镁 T1、镁 T2 与对照没有显著差异;锌 T2、锌 T3 显著高于对照,锌 T1 与对照相比没有显著差异;铁肥除铁

T1 极显著高于对照外，其余 2 个处理与对照没有显著差异；混合处理叶绿素 a 含量低于对照，但与对照无显著差异。除混合外，其他施肥处理叶绿素 a 含量提升了 2.29%～19.47%。

膨果期喷肥后，叶绿素 a 含量在 2.00～2.80mg/g 之间。所有处理叶绿素 a 含量均高于对照，增幅在 7%～40% 范围。钙肥 3 个处理均显著高于对照；镁肥除镁 T1 与对照无显著性差异外，其他两个处理极显著高于对照；锌肥所有处理均极显著高于对照；铁肥 3 个处理均显著高于对照。

表2 各处理叶绿素 a 含量比较

Table 2　Comparison of Chlorophyll A content among different treatments

（单位：mg/g）

处理 Treatment	开花期施肥 Fertilization at flowering stage	幼果期施肥 Fertilization in young fruit stage	膨果期施肥 Fertilization in fruit swelling stage
CK	2.16 ± 0.03bcC	2.62 ± 0.10aA	2.00 ± 0.05aA
钙 T1 CaT1	2.60 ± 0.05fgF	2.98 ± 0.15cdfBCD	2.31 ± 0.01bcABC
钙 T2 CaT2	2.72 ± 0.07ghFGH	3.02 ± 0.07dfCD	2.57 ± 0.02defCDE
钙 T3 CaT3	1.96 ± 0.02aAB	2.68 ± 0.20abAB	2.74 ± 0.01fDE
镁 T1 MgT1	1.86 ± 0.04aA	2.79 ± 0.04abcABC	2.14 ± 0.02abAB
镁 T2 MgT2	2.18 ± 0.03bcC	2.79 ± 0.03abcABC	2.49 ± 0.02cdeCDE
镁 T3 MgT3	2.80 ± 0.04hiGH	3.10 ± 0.04fD	2.43 ± 0.09cdBCD
锌 T1 ZnT1	2.41 ± 0.21eDE	2.77 ± 0.19abcABC	2.44 ± 0.02cdeBCD
锌 T2 ZnT2	2.66 ± 0.04fgFG	2.86 ± 0.16bcdABCD	2.80 ± 0.03fE
锌 T3 ZnT3	2.55 ± 0.01fEF	2.86 ± 0.01bcdABCD	2.67 ± 0.04efDE
铁 T1 FeT1	2.85 ± 0.02iH	3.13 ± 0.06fD	2.67 ± 0.04efDE
铁 T2 FeT2	2.11 ± 0.05bBC	2.74 ± 0.02abABC	2.27 ± 0.01bcABC
铁 T3 FeT3	2.35 ± 0.02deD	2.68 ± 0.25abAB	2.76 ± 0.03fDE
混合 Mix	2.25 ± 0.04cdCD	2.57 ± 0.02aA	2.57 ± 0.01defCDE

注：表中小写字母表示差异水平为 0.05，大写字母表示差异水平为 0.01。下表同。
Note: The lowercase letters in the table indicate that the difference level is 0.05, and the uppercase letters indicate that the difference level is 0.01. Same as the following table.

2.2　叶绿素 b 含量

从表 3 可知，开花期喷肥后，叶绿素 b 含量在 0.61～0.92mg/g 之间。除钙 T3 叶绿素 b 含量与对照无显著性差异外，钙 T1、钙 T2 叶绿素 b 含量均极显著提高；镁 T1 叶绿素 b 含量显著低于对照，镁 T2 与对照相比无显著差异，镁 T3 极显著高于对照；锌肥 3 个处理全部显著高于对照；铁 T1 和铁 T3 极显著高于对照，铁 T2 和混合与对照相比无显著差异。除镁 T1、钙 T3 外，其余施肥处理叶绿素 b 含量较对照提升 5.88%～35.29%。

幼果期喷肥后，叶绿素 b 含量在 0.41～0.80mg/g 之间。钙肥的 3 个处理均显著高于对照；镁 T1、镁 T2 与对照无显著差异，镁 T3 叶绿素 b 含量极显著高于对照；锌肥和铁肥除锌 T1 和铁 T2 与对照无显著差异外，其余处理均显著高于对照；混合与对照无显著差异。各施肥处理叶绿素 b 含量较对照增加 12.20%～95.12%。

膨果期喷肥后，叶绿素 b 含量在 0.72～0.90mg/g 之间。钙肥 3 个处理与对照无显著差异；镁 T1 和镁 T3 与对照无显著差异，镁 T2 叶绿素 b 含量显著低于对照；锌肥、铁肥与混合全部处理除锌 T3 低于对照，其余处理均高于对照，但与对照无显著差异。除钙 T1、钙 T2、镁 T2、镁 T3、锌 T3 外，其余 8 个处理较对照增加 1.25%～12.5%。

表3　各处理叶绿素 b 含量比较

Table 3 Comparison of Chlorophyll B Content among Different Treatments

（单位：mg/g）

处理 Treatment	开花期施肥 Fertilization at flowering stage	幼果期施肥 Fertilization in young fruit stage	膨果期施肥 Fertilization in fruit swelling stage
CK	0.68 ± 0.01bAB	0.41 ± 0.26aA	0.80 ± 0.04bcdeABC
钙 T1 CaT1	0.84 ± 0.01eCDE	0.68 ± 0.05bcdABC	0.72 ± 0.01abAB
钙 T2 CaT2	0.85 ± 0.03efCDE	0.73 ± 0.03cdBC	0.77 ± 0.04abcdABC
钙 T3 CaT3	0.68 ± 0.03bAB	0.68 ± 0.04bcdABC	0.83 ± 0.02bcdeABC
镁 T1 MgT1	0.61 ± 0.02aA	0.52 ± 0.24abcABC	0.86 ± 0.02deBC
镁 T2 MgT2	0.72 ± 0.02bcB	0.47 ± 0.02abAB	0.68 ± 0.03aA
镁 T3 MgT3	0.89 ± 0.01efDE	0.76 ± 0.01dBC	0.75 ± 0.06abcABC
锌 T1 ZnT1	0.76 ± 0.07cdBC	0.62 ± 0.09abcdABC	0.88 ± 0.14deC
锌 T2 ZnT2	0.84 ± 0.04eCDE	0.76 ± 0.07dBC	0.81 ± 0.05bcdeABC
锌 T3 ZnT3	0.83 ± 0.04deCDE	0.70 ± 0.04cdABC	0.78 ± 0.01abcdABC
铁 T1 FeT1	0.92 ± 0.01fE	0.80 ± 0.03dC	0.87 ± 0.08deBC
铁 T2 FeT2	0.72 ± 0.01bcB	0.46 ± 0.03aAB	0.90 ± 0.04eC
铁 T3 FeT3	0.82 ± 0.09deCD	0.68 ± 0.19bcdABC	0.87 ± 0.04deBC
混合 Mix	0.72 ± 0.05bcB	0.59 ± 0.06abcdABC	0.84 ± 0.07cdeBC

2.3 叶绿素总含量

表4 各处理叶绿素总含量比较

Table 4 Comparison of total chlorophyll content of each treatment

（单位：mg/g）

处理 Treatment	开花期施肥 Fertilization at flowering stage	幼果期施肥 Fertilization in young fruit stage	膨果期施肥 Fertilization in fruit swelling stage
CK	2.83 ± 0.03cBC	3.12 ± 0.31aA	2.65 ± 0.58aA
钙 T1 CaT1	3.44 ± 0.06efF	3.66 ± 0.11deCDE	3.03 ± 0.01bcABC
钙 T2 CaT2	3.57 ± 0.10fgFGH	3.75 ± 0.10defDE	3.37 ± 0.03defCDE
钙 T3 CaT3	2.65 ± 0.03bAB	3.31 ± 0.17abABC	3.60 ± 0.02efgDE
镁 T1 MgT1	2.48 ± 0.06aA	3.26 ± 0.17aAB	2.82 ± 0.05abAB
镁 T2 MgT2	2.90 ± 0.03cC	3.26 ± 0.03aAB	3.27 ± 0.04cdeCDE
镁 T3 MgT3	3.68 ± 0.05ghGH	3.86 ± 0.05efDE	3.29 ± 0.25cdeCDE
锌 T1 ZnT1	3.17 ± 0.28dDE	3.38 ± 0.26abcABC	3.22 ± 0.02cdBCD
锌 T2 ZnT2	3.50 ± 0.07efFG	3.62 ± 0.12cdeCDE	3.72 ± 0.05gE
锌 T3 ZnT3	3.38 ± 0.03eEF	3.56 ± 0.03bcdBCD	3.54 ± 0.08defgDE
铁 T1 FeT1	3.76 ± 0.02hH	3.93 ± 0.04fF	3.50 ± 0.11defgDE
铁 T2 FeT2	2.83 ± 0.06cBC	3.20 ± 0.04aA	3.05 ± 0.02bcABC
铁 T3 FeT3	3.17 ± 0.11dDE	3.36 ± 0.09abABC	3.63 ± 0.04fgDE
混合 Mix	2.98 ± 0.09cCD	3.16 ± 0.08aA	3.43 ± 0.04defgCDE

由表4可知，开花期施肥后，叶绿素总含量在2.48～3.76mg/g范围。除钙T3叶绿素总含量与对照无显著性差异外，钙T1、钙T2均与对照有极显著差异；镁T1叶绿素总含量显著低于对照，仅为2.48mg/g，镁T2与对照相比无显著性差异，镁T3叶绿素总含量为3.68mg/g，极显著高于对照；锌肥3个处理均极显著高于对照；除铁T2与对照无显著性差异外，铁T1、铁T3均与对照有极显著差异；混合与对照无显著差异。除钙T3、镁T1、铁T2，其余处理叶绿素总含量增加了2.47%～32.86%。

幼果期施肥后，叶绿素总含量在3.12～3.93mg/g范围。钙T1、钙T2叶绿素总含量极显著高于对照，钙T3与对照无显著性差异；镁T1、镁T2与对照无显著性差异，镁T3叶绿素总含量极显著高于对照；锌T1与对照无显著性差异，锌T2和锌T3极显著高于对照；铁T1叶绿素总含量极显著高于对照，铁 T2 和铁 T3 和混合与对照无显著性差异。施肥处理叶绿素总含量较对照增加 1.28%～25.96%。

膨果期施肥后，叶绿素总含量在 2.65～3.63mg/g 范围。钙肥 3 个处理都显著高于对照；镁肥除镁 T1 与对照无显著差异，其余处理极显著高于对照；锌肥 3 个处理都极显著高于对照；铁肥 3 个处理都显著高于对照；混合与对照差异极显著。施肥处理叶绿素总含量较对照增加 6.42%～36.98%。

2.4 类胡萝卜素含量

由表 5 可得出，开花期施肥后，类胡萝卜素含量在 0.43～0.63mg/g 之间。钙 T1、钙 T2 类胡萝卜素含量极显著高于对照，钙 T3 与对照差异不显著；镁 T1 类胡萝卜素含量极显著低于对照，镁 T2 与对照差异不显著，镁 T3 类胡萝卜素含量极显著高于对照；锌肥 3 个处理类胡萝卜素含量均显著高于对照；铁 T1 类胡萝卜素含量极显著高于对照，铁 T2 显著低于对照，铁 T3 和混合与对照无显著差异。除钙 T3、镁 T1、铁 T2，其余处理使类胡萝卜素含量增加 2.04%～28.57%。

幼果期施肥后，类胡萝卜素含量在 0.36～0.68mg/g 之间。所有肥料处理类胡萝卜素含量均高于对照，钙 T1、钙 T2 类胡萝卜素含量极显著高于对照，钙 T3 与对照差异不显著；镁 T1 与对照无显著差异，镁 T2、镁 T3 类胡萝卜素含量极显著高于对照；锌肥 3 个处理类胡萝卜素含量均极显著高于对照；铁肥 3 个处理类胡萝卜素含量均显著高于对照；混合与对照没有显著性差异。13 个施肥处理类胡萝卜素含量较对照增加 25%～88.89%。

膨果期施肥后，类胡萝卜素含量在 0.41～0.60mg/g 之间。钙肥 3 个处理均极显著高于对照；镁 T1 与对照无显著差异，镁 T2、镁 T3 类胡萝卜素含量显著高于对照；镁 T3 类胡萝卜素含量极显著高于对照；锌肥 3 个处理均极显著高于对照；铁肥除铁 T2 类胡萝卜素含量与对照差异不显著外，其余处理和混合极显著高于对照。13 个施肥处理类胡萝卜素含量较对照增加 7.32%～46.34%。

表 5　各处理类胡萝卜素含量比较

Table 5　Comparison of carotenoid content in different treatments

（单位：mg/g）

处理 Treatment	开花期施肥 Fertilization at flowering stage	幼果期施肥 Fertilization in young fruit stage	膨果期施肥 Fertilization in fruit swelling stage
CK	0.49 ± 0.01bcBCD	0.36 ± 0.11aA	0.41 ± 0.11aA
钙 T1 CaT1	0.59 ± 0.01efEF	0.65 ± 0.03dBC	0.52 ± 0.00cdBCD
钙 T2 CaT2	0.61 ± 0.01fF	0.66 ± 0.01dBC	0.54 ± 0.00deCDE
钙 T3 CaT3	0.46 ± 0.01abABC	0.45 ± 0.02abcAB	0.57 ± 0.01deDE
镁 T1 MgT1	0.43 ± 0.00aA	0.46 ± 0.12abcAB	0.44 ± 0.01abAB
镁 T2 MgT2	0.50 ± 0.01bcBCD	0.61 ± 0.01cdBC	0.54 ± 0.01deCDE

（续）

处理 Treatment	开花期施肥 Fertilization at flowering stage	幼果期施肥 Fertilization in young fruit stage	膨果期施肥 Fertilization in fruit swelling stage
镁 T3 MgT3	0.63 ± 0.01fF	0.68 ± 0.01dC	0.48 ± 0.02bcABC
锌 T1 ZnT1	0.55 ± 0.04deDE	0.61 ± 0.04cdBC	0.51 ± 0.00cdBCD
锌 T2 ZnT2	0.59 ± 0.01fEF	0.63 ± 0.02dBC	0.60 ± 0.00eE
锌 T3 ZnT3	0.55 ± 0.02deDE	0.60 ± 0.021bcdBC	0.58 ± 0.00eDE
铁 T1 FeT1	0.61 ± 0.00fF	0.66 ± 0.01dBC	0.58 ± 0.01eDE
铁 T2 FeT2	0.45 ± 0.01aAB	0.56 ± 0.00bcdABC	0.47 ± 0.01abcABC
铁 T3 FeT3	0.52 ± 0.02cdCD	0.58 ± 0.06bcdBC	0.57 ± 0.00eDE
混合 Mix	0.50 ± 0.07bcBCD	0.45 ± 0.25abAB	0.52 ± 0.01cdBCD

2.5 光合速率日变化

从图1可以看出，镁T1、镁T3、锌T2、铁T1、铁T2等5个处理的光合速率在10:00和14:00有两个峰值，在12:00出现午休现象；钙T3、镁T2、铁T3、对照等4个处理在10:00和16:00有两个峰值，前3个处理在12:00出现午休现象，对照在14:00出现午休现象；这9个处理光合日变化呈现双峰曲线。钙T1在10:00时出现最高峰，随后光合速率逐渐下降，在18点时略有回升；钙T2在12:00时出现最高峰，随后光合速率逐渐下降；锌T1和混合在10:00光合速率达到最大值后逐渐下降；锌T3在8:00时光合速率最大，随后平稳下降。在8:00和14:00时对照的光合速率最低；10:00时镁T2光合速率低于对照，其余处理均高于对照；16:00

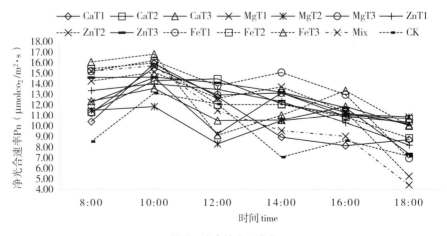

图1 光合速率日变化

Fig. 1 Diurnal Variation of photosynthetic rate

时钙 T1 光合速率低于对照，其余处理均高于对照。

3 讨论

光合色素是绿色植物进行光合作用的基础物质，其含量多少直接影响叶片光能利用率的高低。谭迪等[13]发现喷施钙肥能够增加桃树叶片的叶绿素含量，增强叶片光能利用率；林松明等[14]研究发现施钙可以提高花生叶片叶绿素含量，这与本试验的研究结果较为一致。本试验中，开花期第一次喷肥后，叶面单独喷适当浓度钙肥提高了突尼斯软籽石榴叶片叶绿素含量，但喷施较高浓度的钙 T3 却抑制了叶绿素含量的合成，结果与冯天宇等[15]研究发现高浓度钙处理下苹果幼树叶绿素含量逐渐降低一致。

光合色素在光合作用中起吸收、传递光能或引起原初光化学反应的作用，其含量直接影响植物的光合能力，而镁离子是叶绿素分子唯一的金属元素，占叶绿素分子量的 2.7%，参与光合色素的组成。很多研究都表明在缺镁的条件下，叶绿素 a、叶绿素 b 和类胡萝卜素的合成是受阻的，即镁离子是可以促进植物光合色素的合成[16]。本试验中较高浓度镁肥极大的提高了叶片中叶绿素 a、叶绿素 b、总叶绿素和类胡萝卜素的含量，与吕玉兰[17]在台湾青枣上的研究结果一致。

裴雪霞等人[18]研究发现锌肥能提高冬小麦旗叶中叶绿素含量，刘海琴[19]研究发现叶片喷适当浓度锌肥可提高芍药叶片中叶绿素含量，本试验中叶片喷施 3 种不同浓度的锌肥均在不同程度上提高了光合色素的含量，与前人试验结果相符。

铁虽然不是叶绿素的组成成分，但它对叶绿素的形成是不可缺少的，铁是植物体内铁氧还蛋白的重要组成部分，而铁氧还蛋白与叶绿体相结合，在光合作用电子传递系统中起电子传递作用；本试验表明，喷施铁肥可以提高叶片叶绿素含量，与余倩倩等[9]在李树上的研究结果以及蒲思宜等[20]人在蓝莓上的研究结果一致。

本研究中测得突尼斯软籽石榴光合日变化多数呈现双峰曲线，与刘永碧等人[21]在结果期测得两个石榴品种净光合速率日变化的曲线相符。绝大多数中微肥处理的光合速率峰值比起对照有不同程度的提高，铁 T3 在 10：00 和 16：00 两个峰值处的光合速率均最高，与其膨果期叶绿素含量最高有一定联系，光合日变化在一定程度上反应光合色素含量与光合速率的联系。

4 结论

开花期喷施浓度 0.4%～0.5% 钙肥、0.5% 镁肥、0.2%～0.6% 锌肥、0.1% 和 0.5% 铁肥可显著或极显著提高突尼斯软籽石榴叶片中叶绿素 a、叶绿素 b、总叶绿素和类胡萝卜素的含量。幼果期喷施 0.4%～0.5% 钙肥可显著或极显著提高叶绿素 a、总叶绿素和类胡萝卜素的含量，0.4%～0.6% 钙肥可显著或极显著提高叶绿素 b 含量；喷施 0.5% 镁肥、0.4%～0.6% 锌肥可显著或极显著提高叶绿素 a、叶绿素 b、总叶绿素含量，0.3～0.5% 镁肥、0.4%～0.6% 锌肥可显著或极显著提高类胡萝卜素的含量；喷 0.1% 铁肥可显著或极显著提高叶绿素 a、叶绿素 b、总叶绿素的含量，0.1%～0.5% 铁可显著或极显著提高类胡萝卜素含量。膨果期喷施 0.4%～0.6% 钙、0.3%～0.5% 镁、0.2%～0.6% 锌以及混合可显著或极显著提高突尼斯软籽石榴叶片中叶绿素 a、叶绿素 b、总叶绿素和类胡萝卜素的含量，0.1%～0.5% 铁可显著提高叶绿素 a 和总叶绿素含量，0.1% 和 0.5% 铁可显著提高类胡萝卜素的含量。突尼斯软籽石榴光合速率日变化呈现双峰曲线，在 10 点和 14 点或 16 点出现峰值，在 18 点时光合速率最低，除 0.3% 镁和 0.4% 钙，其余处理光合日变化峰值均高于对照。

参考文献

[1] 陈延惠，史江莉，万然，等. 中国软籽石榴产业发展现状与发展建议[J]. 落叶果树，2020，52(3): 01-04, 79-80.

[2] 侯乐峰，郭祁，郝兆祥，等. 我国软籽石榴生产历史、现状及其展望[J]. 北方园艺，2017(20): 196-199.

[3] 李庚兰，高正清，梁明泰，等. 云南软籽石榴产业发展思路探索[J]. 中国果菜，2020，40(4): 89-90.

[4] 黄建红. 浅谈永胜县软籽石榴栽培技术及病虫害防治措施[J]. 南方农业，2020，14(18): 34, 36.

[5] 周树华. 涛源镇软籽石榴产业发展现状及对策[J]. 现代农业科技，2017(11): 101.

[6] ARNON D I, STOUT P R. The essentiality of certain elements in minute quantity for plant with special reference to copper[J]. Plant Physiology, 1939, 14: 371–375.

[7] 邹文桐，陈星峰，熊德中. 不同氮水平下施钙量对烤烟叶片光合特性和干质量的影响[J]. 植物资源与环境学报，2015，24(1): 69-76.

[8] 林丽琳，陈晟，施木田，等. 镁对'新天玲'西瓜叶片光合色素、可溶性蛋白含量和硝酸还原酶活性的影响[J]. 热带农业科学，2015，35(1): 26-30.

[9] 魏孝荣，郝明德，邱莉萍，等. 干旱条件下锌肥对玉米生长和光合色素的影响[J]. 西北农林科技大学学报(自然科学版)，2004(9): 111-114.

[10] 余倩倩，董朝菊，邓烈，等. 新型叶面铁肥对李树叶片营养及光合效率的影响[J]. 中国南方果树，2016，45(2): 61-64.

[11] 曲胜男. 中微肥配施对花生生长发育及产量品质的影响[D]. 沈阳: 沈阳农业大学，2019.

[12] 张宪政. 植物叶绿素含量测定——丙酮乙醇混合液法[J]. 辽宁农业科学，1986(3): 26-28.

[13] 谭迪，李金雷，王三红. 喷施不同钙肥对桃生长发育和果实品质的影响[J]. 安徽农业科学，2021，49(7): 160-166.

[14] 林松明，孟维伟，南镇武，等. 施钙对间作遮荫条件下花生生育后期光合特性、糖代谢及产量的影响[J]. 中国油料作物学报，2020，42(2): 277-284.

[15] 冯天宇，蒋皓，孔旭，等. 苹果幼树钙、镁失调诊断及其对生长发育的影响[J]. 北方园艺，2021(20): 18-26.

[16] 魏秋兰. 不同镁肥对烤烟产质量形成及烤后烟叶外观色泽的影响[D]. 广州: 华南农业大学，2017.

[17] 吕玉兰. 镁肥对台湾青枣叶片光合色素和矿质养分含量的影响[J]. 热带农业科技，2006(3): 16-17, 31.

[18] 裴雪霞, 党建友, 王姣爱, 等. 钾锌锰配施对冬小麦旗叶叶绿素含量的影响[J]. 河南职业技术师范学院学报, 2002(2): 13-15.

[19] 刘海琴. 几种微量元素对芍药生长及品质影响的研究[D]. 南京: 南京农业大学, 2010.

[20] 蒲思宜, 杨静慧, 冀馨宁, 等. 不同类型铁肥和施肥方式对蓝莓叶片光合色素的影响[J]. 天津农学院学报, 2019, 26(1): 6-9.

[21] 刘永碧, 杨崔. 两个石榴品种结果期光合特性的比较[J]. 北方园艺, 2010(20): 46-48.

PART THREE

石榴遗传育种与分子生物学

石榴新品种——'紫美'的选育

黄云[1]，刘斌[1]，李贵利[1]，李洪雯[2]，王友富[3]，杜邦[1]，王成[1]

([1]攀枝花市农林科学研究院，四川攀枝花 617061；[2]四川省农业科学院园艺研究所，四川成都 610066；[3]凉山彝族自治州亚热带作物研究所，四川西昌 615050)

Breeding of a New Pomegranate Variety 'Zimei'

HUANG Yun[1], LIU Bin[1], LI Guili[1], LI Hongwen[2], WANG Youfu[3], DU Bang[1], WANG Cheng[1]

([1]*Panzhihua Academy of Agriculture and Forestry Sciences, Panzhihua, Sichuan 617061, China*; [2]*Institute of Horticulture, Sichuan Academy of Agricultural Sciences Chengdu, Sichuan 610066, China*; [3]*Institute of Subtropical Crops, Liangshan Prefecture, Xichang, Sichuan 615050, China*)

摘　要：'紫美'石榴是从以色列引入四川的鲜食与加工兼用型石榴品种，果实近球形，果形指数0.86，平均单果重518g；果皮深红色，果皮质地粗糙，果皮厚度3mm。籽粒紫红色，籽粒较软，平均百粒重44g，可食率47.9%，汁液紫黑色，可溶性固形物含量17.9%，氨基酸0.21%，维生素C 10.1mg/100g，总糖13.8%，可滴定酸含量0.939%，糖酸比为14.7∶1，风味酸甜，口感好。品质优。果实于9月中下旬成熟。在金沙江干热河谷海拔1500～1700m区域适应性强，树势强，丰产稳产。

关键词：石榴；新品种；'紫美'

Abstract: 'Zimei' pomegranate is a kind of pomegranate variety introduced from Israel to Sichuan for both fresh food and processing. The fruit is nearly spherical, the fruit shape index is 0.86, and the average single fruit weight is 518g. The skin is dark red, rough texture, and the thickness of the skin is 3mm. The average weight of 100 grains is 44g, the edible rate is 47.9%, the juice is purple black, the soluble solid content is 17.9%, the amino acid is 0.21%, vitamin C10.1mg/100g, the total sugar is 13.8%, the titratable acid content is 0.939%, the sugar-acid ratio is 14.7:1, the flavor is sour and sweet, and the taste is good. Excellent quality. The fruit ripens in mid - to late September. In the area of 1500～1700m above sea level in the dry-hot valley of Jinshajiang River, there are strong adaptability, strong tree potential and high and stable yield.

Key words: Pomegranate; New variety; 'Zimei'

石榴为石榴科石榴属植物，落叶灌木或小乔木，原产于中亚的伊朗、阿富汗等国，在我国已有2000多年的栽培历史，各地均有石榴分布[1]。石榴具有很高食用和药用价值，我国自古就把石榴作为观赏花卉及药用植物进行栽培，果实只作为副产品，因而其药用价值及利用等研究较充分，花用、药用良种较多，果用良种较少[2]。四川省攀西地区（主要包括攀枝花市仁和区和凉山州的会理县、会东县、西昌市）是全国最大的石榴产区，石榴种植面积达到2hm²（2012年统计数据），但品种单一，'青皮软籽'栽培面积占90%以上，在生产中存在品种部分退化、品质下降、抗性降低等问题[3,4]。攀枝花市农林科学研究院果树研究所从"十五"期间开始进行石

基金项目：四川省科技支撑计划项目"突破性果树新品种选育"项目子项"石榴龙眼新品种选育及配套技术研究"（2011NZ0098-8）；四川省科技支撑计划项目"突破性果树育种材料与方法创新"项目子项"果树优异基因资源发掘保存与利用"（2016NY0034）；攀枝花市重点科技项目"青皮软籽石榴优良单株采集及新品种选育"（2008CY-N-2）；攀枝花市仁和区科技计划项目"石榴新品种选育"。

黄云电话：0812—5713975，E-mail：pzhnlyhy@163.com。

榴种质资源的收集、保存、评价和创新利用工作，经引种观察、试验示范、品种比较试验和区域试验，筛选出石榴新品种'紫美'。

1 选育经过

'紫美'石榴是1996年从以色列引进，在攀枝花市农林科学研究院石榴资源圃适宜性观察，2008年在攀枝花市仁和区、凉山州会理县、西昌市等地区开展品种比较试验、示范和推广。试验结果表明，'紫美'果实品质、丰产性和适应性在攀西地区均表现优良并稳定，适应性强，丰产稳产性好。2015年12月通过四川省农作物品种审定委员会审定（编号：川审果2015.010）。

2 主要性状

2.1 植物学特征

'紫美'石榴树势半开张，树势强。主干灰褐色，枝条密集，成枝力较强；新生枝条浅紫红色，老熟枝条灰褐色；叶脉羽状脉，叶片长8～10cm，叶片宽2～3.5cm，叶柄长0.3～0.8cm，叶着生为对生、簇生，叶片长椭圆形、倒卵形、叶尖钝形、凸尖，叶缘全缘，叶基楔形，叶片质地薄革质，具光泽，幼叶浅红色，老叶深绿色；总花量中等，两性花比例高。萼片深红色，6枚，花托深红色，筒状或钟状，花药黄色。

2.2 果实主要经济性状

'紫美'石榴果实近球形，果形指数0.86，平均单果重518g。果皮深红色，质地粗糙，厚度3mm。籽粒紫红色，较软，平均百粒重44g，可食率47.9%，汁液紫黑色，可溶性固形物含量17.9%，氨基酸0.21%，维生素C 10.1mg/100g，总糖13.8%，可滴定酸含量0.939%，糖酸比为14.7:1，风味酸甜，口感好。品质优（表1、表2）。

表1 '紫美'与'青皮软籽'果实性状比较

品种名称	成熟期	平均单果重（g）	果形	籽粒软度	品质
'紫美'	9月中下旬	518	近圆形	软	风味酸甜、品质优
'青皮软籽'	8月下旬至9月上旬	335	近圆形	硬	甜、汁多、品质中上

表2 '紫美'与'青皮软籽'品质比较

品种名称	可食率（%）	可溶性固形物（%）	总糖（%）	总酸（%）	维生素C（mg/100g）	香气	风味	品质评价
'紫美'	47.9	17.9	13.8	0.939	10.1	浓郁芳香	甜酸	优
'青皮软籽'	65.6	13.7	11.6	0.414	8.82	芳香	清甜	中上

2.3 生长结果特性

'紫美'石榴的结果母枝为上年形成的营养枝，在结果枝的顶端大多只形成1个花蕾，结果枝长 1~50mm，叶片 2~8 枚。'紫美'石榴雌蕊自受精后，幼果不断增大，初期 4 月中下旬到 5 月上中旬，果实膨大更快，体积迅速增大，过后果实体积增长速度减慢。结果枝坐果后，果实居于枝顶，坐果后结果枝不再伸长。坐果率达 40%~50%。

2.4 丰产性

通过高接换种的产量表现：'紫美'石榴比'青皮软籽'石榴产量更高。亩栽 74 株左右的石榴园扦插定植苗第三年开始试花结果，嫁接后第二年开花结果，高接后第三年'紫美'石榴平均株产达 12kg，株行距 3m×3m，亩产可达 903.98kg，第五年平均株产达 23kg，亩产可达 1698.99kg，表现较丰产。9 月下旬完全成熟（表 3）。

表 3 '紫美'与对照品种'青皮软籽'比较

年份	平均产量 （kg/15 株）	'紫美' 折合亩产（74 株/亩）	平均产量 （kg/15 株）	青皮软籽（对照） 折合亩产（74 株/亩）	跟对照比较（%）
2012	183.24	903.98	152.63	752.97	20.06
2013	309.6	1527.36	260.88	1287.01	18.68
2014	344.39	1698.99	304.26	1501.02	13.19

3 栽培技术要点

3.1 栽植时期

在攀西地区最好在 1 月中下旬石榴落叶期，选择健壮无病虫害的平茬苗定植。一般行距为 3~5m，株距 2~4m。

3.2 土肥水管理

定植后逐年对树盘外围的土壤进行改良，深翻熟化的深度应达 60~80cm，并结合深翻每 667m² 施入 2500~3000kg 有机肥。逐步达到全园深翻熟化。幼年树，每树施 10~20kg 农家肥，若用优质有机肥减半。盛果期树，按生产 500g 果，补充 500g 有机肥施用。石榴成年树需肥情况，氮磷钾比为 5:3:4，施基肥时加入适量微量元素（100g 以内）。春季在施追肥后要求 5 天内及时灌水，在果实生长发育期遇干旱应及时浇水，雨季汛期应及时排除果园沟内积水。

3.3 整形修剪

基本骨架结构：全树具 40~60cm 主干 1 个，主枝 3 个，侧枝 6~9 个，树高 2~3m，冠幅略大于或等于树高，全树无中央领导干。冬剪以疏和缩为主，去除基部的萌蘖枝，疏除过密的下垂枝、重垂枝、病虫枝和枯死枝。对衰老枝、徒长枝和细弱枝，要及时回缩更新。夏季要及时抹芽摘心，疏除竞争枝、徒长枝和过密枝。

3.4 花果管理

用休眠延长剂推迟萌芽期，让盛花期避开"倒春寒"天气，提高一二茬花坐果率，以稳定产量。在盛花期进行人工液态授粉，一次花末叶面喷施 250 倍 PBO 溶液。石榴现花蕾后及时疏除多余钟状花，对弱枝上对生的筒状花，去小留大，留单花，减少营养消耗和后期果实机械损伤，在二次花谢后，进行疏果。

3.5 病虫害防治

桃蛀螟：导致果熟期树上烂果、落果及采后贮藏中烂果的主要原因。5月上中旬开始防治，第一代幼虫孵化初期，喷防治药剂主要有喷 50% 的杀螟松或 3000 倍 2.5% 溴氰菊酯。

蚧壳虫：宜选用吡丙醚、噻嗪酮、速蚧克 2000～3000 倍液、克螨蚧 800～1000 倍液，于大部分嫩叶转绿后喷施。

疮痂病：石榴果实褐色斑形成的主要原因，于雨季来临时用品润 600 倍液、苯醚甲环唑 3000 倍液进行防治，多种药剂交替使用。

干腐病：干腐病是造成果面果斑的主要因素。从雨季开始，喷一次 3000 倍绿亨二号或苯醚甲环唑 3000 倍液进行防治，从 7 月开始至果采收前 20 天，每 20～30 天喷一次。

果实腐烂病（俗称酒果）：每年 8 月，果进入成熟期发病，雨季中连续降雨时间较长时尤为严重。防治方法有①冬季剪除近地面果枝。②对留枝过多，树冠郁闭度大的果园，应剪除部分树冠上部枝，增加树冠透光通风性。③在易发病季节，对果实喷布可杀得 3000 倍液、硫胶悬浮剂、波尔多液等保护性药剂。

参考文献

[1] 苑兆和.中国果树科学与实践：石榴[M].西安：陕西科学技术出版社，2015.

[2] 曹尚银，侯乐峰.中国果树志·石榴卷[M].北京：中国林业出版社，2013.

[3] 李贵利，黄云，杜邦，等.四川石榴产业现状、问题及对策[C]//侯乐峰，郝兆祥.中国石榴产业高层论坛论文集.北京：中国林业出版社，2013：85-87.

[4] 黄云，李贵利，杜邦，等.五个石榴品种在攀西地区的引种表现[C]//侯乐峰，郝兆祥.中国石榴产业高层论坛论文集.北京：中国林业出版社，2013：190-193.

'中石榴 4 号' '中石榴 5 号' '中石榴 8 号' 三个超软籽石榴新品种的选育

李好先[1]*，曹尚银[1]**，陈利娜[1]，姚方[2]，陈金德[3]，姚岗[4]，唐丽颖[1]，秦英石[1]

([1] 中国农业科学院郑州果树研究所，河南郑州 450009；[2] 河南林业职业学院，河南洛阳 471002；[3] 江苏省盐城市盐都区大冈镇现代农业园，江苏盐城 224000；[4] 淅川县林业局林果业研究所，河南淅川 474450)

Breeding Report of Three New Super Soft-seed Pomegranate Cultivars 'Zhongshiliu 4' 'Zhongshiliu 5' and 'Zhongshiliu 8'

LI Haoxian[1], CAO Shangyin[1,*], CHEN Lina[1], YAO Fang[2], CHEN Jinde[3], YAO Gang[4], TANG Liying[1], QIN Yingshi[1]

([1]*Zhengzhou Fruit Research Institute, Chinese Academy of Agricultural Sciences, Zhengzhou, Henan 450009, China;* [2]*Henan Forestry Vocational College, Luoyang, Henan 471002, China;* [3]*Yandu Dagang Modern Agriculture Park, Yancheng, Jiangsu 224000, China;* [4]*Forest and Fruit Research Institute of Xichuan County Forestry Bureau, Nanyang, Henan 474450, China*)

摘 要：'中石榴 4 号'是以'突尼斯软籽'为母本，'中石榴 1 号'为父本杂交选育而成的超软籽新品种。果实近圆形，大果型，平均单果质量 462.0g，纵径 94.56mm，横径 83.86mm；果皮光洁明亮，果面深红色，果皮厚度 5.62mm；籽粒深红色，汁多味甜酸，百粒重 44g，核仁超软（硬度 1.07 kg/cm^2）；可溶性固形物含量 15.2%，可溶性糖 12.58%，抗坏血酸含量 8.48mg/100g，总酸（以柠檬酸计）3.26g/kg，氨基酸总量 10.29g/kg，品质优良。河南郑州 9 月下旬成熟，极易成花结果。'中石榴 5 号'是以'中石榴 1 号'为母本，'突尼斯软籽'为父本杂交选育而成的超软籽新品种。果实近圆形，特大果型，平均单果质量 494.7g，纵径 89.30mm，横径 96.6mm；果皮光洁明亮，果面鲜红色，果皮厚度 3.52mm；籽粒红色，汁多味甜酸，百粒重 53g，核仁超软（硬度 1.22 kg/cm^2）；可溶性固形物含量 17%，可溶性糖 13.74%，抗坏血酸含量 18.0mg/mg，总酸（以柠檬酸计）2.26g/kg，氨基酸总量 7.30g/kg，品质优良。河南郑州 9 月下旬成熟，容易成花结果。'中石榴 8 号'是以'突尼斯软籽'（母本♀）×'中石榴 1 号'（父本♂）育成的超软籽石榴新品种。平均单果重 454g，纵径 87.62mm，横径 94.68mm。果面红色，籽粒红色，百粒重 58g，晶莹剔透，风味甘甜可口，可溶性固形物含量 15.5%，可滴定酸 0.22%，氨基酸 7.52 g/kg，维生素 C 12.9mg/100g，核仁硬度 1.55kg/cm^2。河南郑州 9 月下旬成熟，早丰性好。

关键词：石榴；新品种；'中石榴 4 号'；'中石榴 5 号'；'中石榴 8 号'；超软籽；红皮；免套袋

Abstract：'Zhongshiliu 4' is a new super soft-seed pomegranate cultivar from the progenies of 'Tunisruanzi' (♀) × 'zhongshiliu 1', (♂). The average single fruit weight is 462g, the longitudinal diameter is 94.56mm, and the transverse diameter is 83.86mm. Its fruit skin and aril are scarlet. The weight of one hundred aril is 44g. The aril is crystal clear. The juicy is sweet and sour. The basic trait data of each component of fruit like this: soluble solid content 15.2%, soluble sugar 12.58%, ascorbic acid content 8.48mg/100g, total acid (calculated as citric acid) 3.26g/kg, total amino acid 10.29g/kg. The fruit is ripening in late September in Zhengzhou city, Henan province. The early yield of the variety is good. The tree is strong and vigorous. 'Zhongshiliu 5' was selected by ZhengZhou Fruit Research Institute of Chinese Academy of Agricultural Sciences. It is a new super soft-seed pomegranate variety, we selected it from cross-fertilize of 'Tunisiruanzi' (♂) which was introduced to China in 1986 and 'Zhongshiliu 1' (♀) which was selected in 2000. Fruit average weight was 494.7g. The appearance of the strain was pretty. The fruit was nearly round, and the fruit peel was bright and clean. The fruit surface was red. The coloring rate was over 85%, and fruit cracking was not obvious. The juicy flavor was sweet and sour, and

---

作者简介：李好先，男，助理研究员，研究方向果树遗传育种。电话：0371-65330990，E-mail：lihaoxian@caas.cn。
* 通信作者曹尚银，E-mail：s.y.cao@163.com。

the juice rate was 83.8%. Besides, the nucleolus super soft-seed (hardness 1.22kg/cm^2) was edible. The basic trait data of each component of fruit like this: soluble solid content 17%, soluble sugar 13.74%, ascorbic acid content 18.0mg/100g, total acid (calculated as citric acid) 2.26g/kg, total amino acid 7.30g/kg. 'Zhongshiliu 8' is a new super soft-seed pomegranate cultivar from the progenies of 'Tunisruanzi'(♀)×'Zhongshiliu 1 (♂). The average single fruit weight is 454g, the longitudinal diameter is 87.62mm, and the transverse diameter is 94.68mm. Its fruit skin and aril are pink red. The weight of one hundred aril is 58g. The aril is crystal clear, sweet and delicious. 'Zhongshiliu 8' contains 15.5% of the total soluble solid content, 0.22% of the total titratable acid, 7.52g/kg of the total amino acid, 12.9mg/kg of vitamin C, and the seed hardness is 1.55kg/cm2. The fruit is ripening in late September in Zhengzhou city, Henan province. The early yield of the variety is good.

Key words: Pomegranate; New cultivar; 'Zhongshiliu 4'; 'Zhongshiliu 5'; 'Zhongshiliu 8'; Super soft-seed; Red surface; Bagging-free Cultivation

石榴（*Punica granatum* L.）属石榴科（Punicaceae）石榴属(Punica) 灌木或小乔木，是一种集生态、经济、社会效益、观赏价值与保健功能于一身的特色优良果树[1-2]。原产中亚，向东传播到印度和中国，向西传播到地中海周边国家及世界其他各适生地。石榴全身是宝，果籽、果皮、花、叶等皆有较好的保健和食疗效果。尤其是软籽石榴，价格一般是硬籽石榴2～4倍，深受种植户和消费者喜爱。截至2019年，中国石榴栽培总面积约9.33万hm^2（140万亩），其中，软籽石榴面积约4万hm^2（60万亩），约占总面积的43%[3]，面积还在逐年增长中。软籽石榴凭借其核软、吃石榴不吐籽的特点受到种植者和消费者的欢迎，在国内传统产区和新兴产区的栽植面积逐渐增加，市场占比越来越高，2018年被评选为'网红水果'。由于石榴的食疗保健作用、社会效益和商品价值日益显著，国内外市场对石榴的需求越来越大，石榴生产发展迅速，面积和产量迅速增加，石榴栽培和生产管理方面有了大幅度的提高，石榴产业得到迅速发展。

我国石榴资源丰富，在长期的自然驯化过程中形成各种类型的种质，拥有丰富的特色性状基因，加之国内外种质资源交流频繁，为我国石榴育种特别是软籽石榴培育注入了新鲜血液，大大提升了我国石榴育种亲本组成和育种进程。据资料记载，中国原有的软籽石榴品种也有不少，比如'范村软籽''郭村软籽''河阴软籽''会理青皮软籽''临潼软籽白'等，这些品种有的难觅踪迹，如果以引入品种'突尼斯软籽'籽粒硬度作为参考标准的话，有的又很难称得是软籽。核仁软度是石榴的重要特性，也是育种中最为重要的选育目标，硬度值是判断核仁软度的量化指标。经质构仪测定，我们按照籽粒硬度值大小将软籽石榴品种分为：极（特）软籽（＜1.0kg/cm^2）、超软籽（1.0～1.5kg/cm^2）、软籽（1.5～3.67kg/cm^2）、半软籽（3.67～4.20kg/cm^2）和硬籽（＞4.20kg/cm^2）[4]。根据糖酸比大小，我们将软籽石榴品种分为纯甜型（糖酸比≥40）、甜酸型（30≤糖酸比＜40）、酸甜型（20≤糖酸比＜30）、纯酸型（糖酸比＜20）。

目前我国栽培软籽石榴品种有'突尼斯软籽''中石榴1号''以色列软籽甜''以色列软籽酸'等，但存在一些短板，比如主栽品种'突尼斯软籽'的果面着色晚且浅，成熟期果皮颜色为黄绿色底色向阳处着红晕；'中石榴1号'果面着色早且好，但成熟期果实籽粒着色浅且抗病性差。目前生产上影响软籽石榴产业的关键因素：一是抗寒性较差，北方地区易遭受越冬冻害[5]；二是头茬花坐果率较低，在湖南怀化、云南永胜、贵州黔西等地区表现较为明显[6]；三是近几年河南荥阳、南阳，四川攀枝花等地发现'突尼斯软籽'成熟期果实籽粒出现褐化（或糖化）。目前研究认为籽粒软硬度和抗寒性强弱表现出一定的相关性，籽粒褐化可能是由于品种退化、内源激素分泌不足或者微量元素缺乏导致的，具体原因还有待进一步探究。除此以外，影响软籽石榴栽培增产增效的因子还有头茬花坐果率[7]、干腐病发病率[8]、人工成本、果实耐贮性[9]和高效栽培技术[10]等。

因此，中国农业科学院郑州果树研究所特色果树资源与育种团队充分利用收集的软籽石榴种质资源，确定了以下育种方向：①高丰产性（产量30t/hm^{2}以上）；②果实性状：核软（籽粒硬度值小于1.5kg/cm^2），红皮红籽，大果型（单果均重350g以上），甜酸适宜（糖酸比≥30），可溶性固形物含量15%以上，中等皮厚（小于5.0mm），可食率高；③成熟期：特早熟（8月初）到特晚熟（10月底）；④提高果实储藏期：长达3个月以上；⑤提高果树生理病害抗性：抗寒性、耐盐碱性，无裂果，无太阳果；⑥提高与人体健康相关成分：消炎成分、抗癌成分、抗氧化成分；⑦病虫害抗性：对大部分虫害（石榴茎窗蛾、蚜虫等）和病害（干腐病等）有较强抗性。

通过配置亲本组合，采用杂交育种方式和品种评价方法，选育出超软籽、免套袋、果面和籽粒同期变红、易形成花芽、坐果率高、品质优的石榴品种'中石榴4号''中石榴5号'和'中石榴8号'。2020年12月21日获得国家林业与草原局植物新品种权登记（品种权号：20200336、20200337、20200338），2020年12月26日、2020年3月4日、2018年12月23日通过河南省林木品种审定委员会审定（良种编号：豫S-SV-PG-004-2020、豫S-SV-PG-010-2019、豫S-SV-PG-035-2018）。

1 选育过程

2004年5月根据育种目标开展石榴杂交试验，以'突尼斯软籽'石榴为母本，以'中石榴1号'石榴为父本，通过套袋、人工授粉、套袋、去袋等操作，当年9月份获得杂交果实23个，经清洗、晾晒后获得杂交种子，沙藏保存。次年3月份催芽，4月份播种，育成4780株杂种苗。2005年4月定植于中国农业科学院郑州研究所石榴选种圃。2008年杂交苗结果后，发现编号为'03-04-06'的单株所结果实品质优异，被选为优良单株。经过3年连续观察，'03-04-06'果实籽粒硬度1.5kg/cm^{2}以下，可溶性固形物15.2%，品质优，丰产性和抗病强，综合性状优良、遗传性状稳定，被复选为优系。2010—2011年通过硬枝扦插和嫩枝扦插繁育苗木，2013—2020年开始在河南荥阳、淅川、焦作和新安通过高接大树和苗木定植进行区试，2018—2020年进行DUS测试。经连续多年观察，综合性状表现稳定、优良，2020年被确定为石榴优良新品系，命名为'中石榴4号'（图1）。

图1 超软籽石榴新品种'中石榴4号'

Fig.1 A new super soft-seed pomegranate cultivar 'Zhongshiliu 4'

'中石榴4号''中石榴5号''中石榴8号'三个超软籽石榴新品种的选育

2004年,以'中石榴1号'为母本,以'突尼斯软籽'为父本,通过人工套袋、授粉、套袋、去袋等操作,按照正常管理,于当年9月份获得杂交果实11个,剥籽后清洗、晾晒获得杂交种子。2004年冬沙藏处理,2005年4月经催芽后播种在营养钵中,获得杂种苗1163株。2006年将小苗定植于中国农业科学院郑州研究所石榴选种圃。2008年开始开花结果,发现编号为'03-01-103'的单株所结果实品质优异,被选为优良单株。经过3年连续观察,'03-01-103'果实籽粒超软(籽粒硬度2.5kg/cm^{2}以下),可溶性固形物高(15%以上),果面光洁,红色,味甜酸,早期丰产性强,综合性状优良、遗传性状稳定,被复选为优系。2011年秋通过硬枝扦插和光雾化快繁技术繁育苗木,2013年在淅川县、荥阳、焦作和洛阳等地进行区试,综合性状表现遗传稳定、优良,2019年被确定为石榴优良新品系,命名为'中石榴5号'(图2)。

图2 超软籽石榴新品种'中石榴5号'

Fig.2 A new super soft-seed pomegranate cultivar 'Zhongshiliu 5'

2004年5月'突尼斯软籽'为母本,以'中石榴1号'为父本,通过套袋、人工授粉、套袋、去袋等操作,当年获得杂交果17个,经沙藏层积处理后2005年获得杂种苗4780株。2008年开始结果,调查发现编号为'05-01-36'的单株所结果实品质优异,被选为优良单株。经过2009—2011年连续3年观察,'05-01-36'果实籽粒超软,可溶性固形物15%以上,品质优,果面和籽粒着色度优于'突尼斯软籽',早期丰产性强,综合性状优良、遗传性状稳定,被复选为优系。2012~2018年进行区试。2018通过河南省林木品质审定委员会审定,定名为'中石榴8号'(图3)。

图3 超软籽石榴新品种'中石榴8号'

Fig.3 A new super soft-seed pomegranate cultivar 'Zhongshiliu 8'

2 品种特性

2.1 植物学特征

'中石榴4号'石榴树姿半开张,树势强健。幼树针刺稍多,成年树针刺不发达,树干灰褐色,多年生枝青灰色,皮孔稀而少,一年生枝条绿色,阳面紫红色。成枝力较强。叶片深绿色,长椭圆形,大而肥厚,平均叶长5.1cm,宽2.3cm。叶柄红色,长度2.6mm,基部绿色;成叶叶色浓绿,幼叶叶色绿色,叶面光滑,有光泽,叶尖渐尖,叶全缘,叶柄绒毛中等。叶芽大,圆锥形,贴伏,红褐色,绒毛较多。顶花芽呈圆锥形,中大,鳞片较松,绒毛较多。雌雄同花,单瓣,每瓣1轮(花瓣数5~8),花蕾红色,花冠直径4.4cm,花瓣圆形,红色,开花整齐,花期较长。幼树以中、长果枝结果为主,成龄树中、长、短果枝均可结果,花量大,完全花率高,自然坐果率高。

'中石榴5号'石榴为灌木或小乔木,树势强健,树冠半圆形,枝条半直立。主干灰褐色,多年生枝灰色,幼树针刺稍多,成年树针刺不发达,皮孔稀而少,一年生枝条绿色,阳面紫红色。萌芽力较强。成枝力中等。叶片绿色,长椭圆形,大而肥厚,平均叶长5.7cm,宽2.4cm。叶柄红色,长度3.2mm,基部绿色;成熟叶叶色浓绿,幼叶叶色绿色,叶面光滑,有光泽,叶尖渐尖,叶全缘,叶柄绒毛中等。叶芽大,圆锥形,贴伏,红褐色,绒毛较多。顶花芽呈圆锥形,中大,鳞片较松,绒毛较多。雌雄同花,单瓣,每瓣1轮(花瓣数5~7),花蕾红色,花冠直径4.4cm,花瓣圆形,红色,开花整齐,花期较长,为24d。幼树以中、长果枝结果为主,成龄树中、长、短果枝均可结果,花量中等。

'中石榴8号'石榴小乔木,树姿开张,树势强健。幼树针刺稍多,成年树针刺不发达,树干灰褐色,多年生枝青灰色,皮孔稀而少,一年生枝条绿色,阳面紫红色。成枝力较强。叶片深绿色,长椭圆形,大而肥厚,平均叶长5.4cm,宽2.2cm。叶柄红色,长度3.1mm,基部绿色;成叶叶色浓绿,幼叶叶色绿色,叶面光滑,有光泽,叶尖渐尖,叶全缘,叶柄绒毛中等。叶芽大,圆锥形,贴伏,红褐色,绒毛较多。顶花芽呈圆锥形,中大,鳞片较松,绒毛较多。雌雄同花,单瓣,每瓣1轮(花瓣数5~8),花蕾红色,花冠直径4.1cm,花瓣圆形,红色,开花整齐,花期较长。幼树以中、长果枝结果为主,成龄树中、长、短果枝均可结果,花量大,完全花率高,自然坐果率高。

2.2 果实经济性状

'中石榴4号'平均单果重462g。该品系外观漂亮,果实近圆形,果皮光洁明亮,果面红色,着色率可达98%以上,无裂果现象。籽粒红色,汁多味甜酸,出汁率83.1%,核仁超软(硬度值1.07kg/cm^2)可食用,尤其适合老人和儿童食用。可溶性固形物含量15.0%以上,品质佳。'中石榴5号'平均单果重494.7g,特大果型。该品种果实近圆形或圆球形,外观漂亮,果面呈红色,果皮光洁明亮,着色率高达85%以上,无明显裂果。籽粒红色,汁多味甜酸,出汁率83.8%(籽粒榨汁重/籽粒重),核仁超软(硬度1.22kg/cm^2)可食用,嚼后残渣少。可溶性固形物含量17.0%,风味甜酸可口,品质极佳。'中石榴8号'果实近圆形,纵径87.62mm,横径94.68mm,果形指数0.92,平均单果重454g;果面红色,果皮光洁明亮,着色率80%以上;果皮厚4.36mm,底色黄绿色,有果棱,裂果不明显。籽粒红色,汁多味甜酸,百粒重58g,可溶性固形物含量15.5%,可滴定酸0.22%,氨基酸7.52g/kg,维生素C 12.9mg/kg,核仁硬度1.55kg/cm^2。

'中石榴4号''中石榴5号''中石榴8号'三个超软籽石榴新品种的选育

表1 '中石榴4号''中石榴5号''中石榴8号'与对照品种'突尼斯软籽'果实性状对比

Table 1 Comparison of fruit traits 'Tunisiruanzi' and 'Zhongshiliu 4' 'Zhongshiliu 5' 'Zhongshiliu 8'

品种	成熟期（月-日）	单果重（g）	皮色	皮厚（mm）	籽粒颜色	百粒重（g）	核仁硬度（kg/cm²）	可溶性固形物（%）	出汁率（%）	风味
'中石榴4号'	9-26	462	深红	5.62	深红	44	1.07	15.2	83.1	甜酸
'中石榴5号'	9-28	494.7	红	5.22	红	53	1.22	17.0	83.8	甜
'中石榴8号'	9-28	454	红	5.52	红	58	1.55	15.5	—	甜
'突尼斯软籽'	9-30	455	黄绿着红晕	4.40	粉红	53.2	1.9	15.2	81.6	甜

2.3 品种特异性

按照《GB/T 35566-2017 植物新品种特异性、一致性、稳定性测试指南 石榴属》要求，对比各性状，'中石榴4号''中石榴5号''中石榴8号'软籽石榴与对照品种'突尼斯软籽'石榴相比，在以下方面具有特异性（表2、表3、表4）。

表2 '中石榴4号'与对照品种'突尼斯软籽'主要差异性状对比

Table 2 Comparison of main different traits 'Tunisiruanzi' and 'Zhongshiliu 4'

品种	果实横切面形状	果皮颜色	籽粒颜色
'中石榴4号'	圆	鲜红	红
'突尼斯软籽'	圆到有棱	黄绿色着红晕	粉红

表3 '中石榴5号'与对照品种'突尼斯软籽'主要差异性状对比

Table 3 Comparison of main different traits 'Tunisiruanzi' and 'Zhongshiliu 5'

品种	叶片长宽比	果皮厚度
'中石榴5号'	高	厚
'突尼斯软籽'	低	薄

表4 '中石榴8号'与对照品种'突尼斯软籽'主要差异性状对比

Table 4 Comparison of main different traits 'Tunisiruanzi' and 'Zhongshiliu 8'

品种	叶片长度	果皮颜色	籽粒颜色
'中石榴8号'	中	红	红
'突尼斯软籽'	短	黄绿色着红晕	粉红

2.4 物候期

'中石榴4号''中石榴5号''中石榴8号'在郑州地区9月中下旬成熟，与'突尼斯软籽'石榴基本同期；3月萌芽，5月初初花，5月上中旬至5月底进入盛花期，盛花期持续约20～25天，

6月中旬进入末花期，花后1～2周开始生理落果，一般生理落果持续2～3天，果实生育期约118天，9月下旬果实开始成熟，11月中下旬落叶，全年生育期约180天。

2.5 其他特性

成熟期果实果面光洁着色早且着色面积超过95%，基本无日灼发生，可以免套袋栽培；对低温冻害有一定的抗性，2021年1月6～7日郑州遭受低温达到－11℃，调查发现'突尼斯软籽'上部枝条全部冻死未发芽，'中石榴4号'受冻较轻。

3 栽培技术要点

3.1 园址的选择

应选择土层深厚肥沃，灌溉和排水条件良好的壤土或沙壤土地建园，全园施肥3000kg/667m²后深翻、整理，平地采用起垄栽培，呈梯形。北方地区起垄高度一般为40～60cm，上部宽150～170cm，下部宽180～200cm。南方地区起垄高度一般为100～120cm，特别是多雨且排水不通畅的地区要严格执行，上部宽100～120cm，下部宽160～180cm。在山地上建园，要选择选择阳坡或半阳坡的中、下腹地，坡度以10°以下的缓坡地为好。pH 6.5～7.5。

3.2 栽培要点

南方温暖地区宜苗木落叶后1周至土壤封冻前进行栽植，苗木根系伤口愈合早，发根早，缓苗快。株行距一般采用2.5m×4.5m，每亩栽60株。北方寒冷地区等地温回升后春天定植，栽后浇水覆膜保湿防草。

3.3 授粉树配置

石榴是雌雄同花的果树，可自花授粉，但异花授粉的坐果率更高。配置授粉树后，可提高坐果率。因此宜配置'突尼斯软籽'做授粉树，配置比例一般以1:8～1:10为宜。

3.4 土肥水管理

秋季基肥是关键。施肥量为：幼树每株施过磷酸钙0.25 kg和有机肥2～3kg，结果树每株施过磷酸钙1.0～1.5 kg和有机肥15～20kg，每年可在萌芽期、开花前、幼果膨大期和果实采收后进行。灌水包括四个关键时期，萌芽水（3～4月份萌芽前）、花后水（6月下旬至7月初）、果实膨大期（7～8月）、封冻水（10月底至11月中旬）。灌水时，以湿透根系集中分布层为宜。

3.5 整形修剪

树形主要采用单干式小冠疏层形，树高2.5～3.0m，干高40～50cm，中心干三层留8个主枝，第一层三主枝基本方位接近120°，主枝与主干夹角50°～55°，第二层主枝留3个，距第一层主枝50～70cm，与主干夹角40°～50°，第三层主枝留2个，距第一层主枝60～70cm，与主干夹角40°～45°，每个主枝上配1～2个侧枝，并按层次轮状分布。该树形骨架牢固紧凑，立体结果好，管理方便，有利早期丰产。

PgL0044700 基因调控石榴抗寒性相关功能验证

唐丽颖,陈利娜,李好先,曹尚银*
(中国农业科学院 郑州果树研究所,河南郑州 450009)

Functional Verification of *PgL0044700* Involved in Cold Tolerance of Pomegranate

TANG Liying, CHEN Lina, LI Haoxian, CAO Shangyin*
(Zhengzhou Fruit Research Institute, Chinese Academy of Agricultural Sciences, Zhengzhou 450009, China)

摘 要:探索石榴 PgL0044700 基因对石榴冷胁迫应答的影响。将 PgL0044700-pBI121 质粒转化农杆菌后,对野生型拟南芥进行遗传转化。通过 PCR 扩增,获得 11 株 35s:: PgL0044700 转基因拟南芥植株,对转基因拟南芥植株进行实时荧光定量,L2 单株的表达量显著高于其他单株,对 35s:: PgL0044700 转基因拟南芥进行冷处理,观察表型,L2 单株在冷处理 10 天后未枯萎死亡,30 天后正常抽薹开花结实。这证明石榴中 PgL0044700 可以提高植株耐寒性。这为石榴的抗寒性机理研究奠定了基础,为解析石榴抗寒性调控网络提供了依据。

关键词:石榴;抗寒性;冷胁迫;拟南芥;功能验证

Abstract: Pomegranate iss one of the favourite table fruits in the world, which is valued for their flavorful, juicy aril sacs and more lately for commercial juice production. Most pomegranates have poor cold tolerance and can not pass the winter smoothly in northern China. Our previous study found that gene *PgL0044700* may be involved in regulating the cold stress response in pomegranate. To verify this function, we commissioned a biological company to synthesize the *PgL0044700-pBI121* gene plasmid. The wild-type Arabidopsis thaliana was used as the experimental material for genetic transformation, and 11 35S::*PgL0044700* transgenic Arabidopsis thaliana were obtained by PCR amplification. Real-time fluorescence quantification of transgenic Arabidopsis thaliana plants showed that the expression level of L2 single plant was significantly higher than that of other single plants. The 35S::*PgL0044700* transgenic Arabidopsis thaliana was cold-treated, and the phenotype was observed. The single plant of L2 did not wither and die after cold treatment for 10 days, and the flowering and fruiting were normal after 30 days. This proves that *PGL0044700* in pomegranate can improve the cold tolerance of the plant. These results laid a foundation for the study on the mechanism of cold tolerance in pomegranate and provided a basis for the analysis of the regulatory network of cold tolerance in pomegranate.

Keywords: Pomegranate; Cold tolerance; Cold stress; *Arabidopsis thaliana*; Functional verification

石榴(*Punica granatum* L.)起源于中西亚地区,后向地中海周边国家以及印度、中国等地传播,在世界范围内广泛栽植[1]。石榴园遍及世界各地,如印度、高加索地区、非洲等[2],应用价值高,用途广泛,不仅可作为鲜食、果汁[3],提取物还可以做药用[4]、果实保鲜[5]等。"汉张骞出使西域,得涂林安国榴种以归",两千多年前,我国古代劳动人民就已经开始栽培石榴,

---

作者简介:唐丽颖(1995—),女,河北承德人,硕士研究生,主要从事果树遗传育种研究。
* 通信作者:曹尚银,邮箱 s.y.cao@163.com。

享有"天下之奇树，九洲之名果"的美誉[6]。现阶段，我国石榴栽培面积逐渐扩大，除极寒冷地区，北至河北，南至海南，东至辽宁、江苏、上海、浙江，西到新疆、西藏，均存在石榴分布。我国陕西、山东、河南、安徽、云南、四川及新疆等地已形成七大石榴产区，石榴栽培也给果农带来了较大的经济效益。但石榴喜温畏寒，我国适宜栽培区为淮河以南地区。调查数据表明，淮河以北地区进行石榴栽培易遭受冻害。我国栽植广泛的'突尼斯软籽'石榴在 –10 ℃ 低温环境中超过 12 小时就会被冻伤[7]。2002 年，山东省济宁市任城区长沟镇栽培的 5.3hm² 二年生石榴冻死株率达 70% 以上[8]；同年，陕西临潼地区绝对低温为 –12.9 ℃，石榴树普遍发生冻害[9]；2009 年，河南荥阳遭遇寒潮侵袭时，'突尼斯软籽'石榴约 90% 被冻死[10]；山东枣庄的石榴产区于 2010—2015 年间曾多次遭受冻害[11]。严重的冻害使已产生经济效益的石榴树被冻死，果农遭到了极大的经济损失，这一现象不仅强烈打击果农种植石榴的热情与信心，还严重制约着我国石榴生产、育种、研究等相关工作的开展，是阻碍石榴产业在我国发展的主要因素之一。

本课题已经完成了对'突尼斯软籽'石榴基因组的组装，并以 26 份籽粒硬度不同的石榴种质资源进行重测序，构建系统进化树发现硬籽品种与软籽、半软籽品种分属于 3 个亚群。硬籽石榴品种与软籽石榴品种存在地理位置、气候环境等差异，因此对与进化相关区段进行选择性分析，分别在硬籽、软籽品种 1 号染色体中得到 26.2Mb（16.33～42.53Mb）的受选择区段。对受选择区段进行 KEGG 富集分析，发现 S/TK 家族基因 *PgL0044700* 可能参与石榴冷胁迫应答，进而提高石榴抗寒性[12]。

丝氨酸 / 苏氨酸蛋白激酶（Serine/Threonine protein kinase, S/TK），是生物酶中一大家族，包括许多蛋白激酶亚族。研究表明，S/TKs 在蛋白质磷酸化过程发挥作用，在生物体细胞间传递信号[13]。在对植物中 S/TKs 的研究发现，很多植物中可以分离出 S/TKs，包括拟南芥、小麦[14]、水稻[15]、烟草[16]、番茄[17]等，在梨树中也分离出了 S/TKs[18]。

利用拟南芥进行功能验证是分子生物学研究中的常用手段，对拟南芥进行 *PgL0044700* 基因遗传转化，分析验证基因功能，为石榴的抗寒性研究提供更多的信息，丰富石榴抗寒性研究的相关内容。

1 材料与方法

1.1 试验材料

1.1.1 植物材料

野生型拟南芥种子由本实验室保存。

1.1.2 菌株和质粒

农杆菌 GV3101；基因 *PgL0044700-pBI121* 质粒委托上海生工生物工程股份有限公司合成。

1.1.3 试剂

Kan（卡那霉素）、Rif（利福平）、YEP 液体培养基、YEP 固体培养基、MS、蔗糖、Agar、75% 乙醇、5% NaClO 溶液、ddH₂O、NaCl、EDTA、SDS、Vazyme 2 × Rapid Taq Msster Mix DNA 聚合酶、TIANGEN RNAprep Pure 多糖多酚植物总 RNA 提取试剂盒、TIANGEN FastKing 第一链合成试剂盒、SYBR Green Real-time PCR Master Mix。

所用引物委托河南尚亚生物技术有限公司合成。

表1 *PgL0044700* 基因实时荧光定量引物

Table 1 Real-time fluorescent quantitative primers for *PgL0044700* gene

基因 Gene	引物名称 Primer name	引物序列（5'-3'） Primer sequence (5'-3')
PgL0044700	PgL0044700–F	GCTGGAATCGAAAGATAGCCTG
PgL0044700	PgL0044700–R	ACACAGGCTGAACGGTGCAGA
PgL0044700	PgL0044700RT–F	GGCTCCGCTGCTCTATATGAC
PgL0044700	PgL0044700RT–R	TTCACTGGCTCCATCGCTTC
AtActin	AtActin–F	TGGTGTCATGGTTGGGATG
AtActin	AtActin–R	CACCACTGAGCACAATGTTAC

注：F 表示上游引物，R 表示下游引物。
Note: F represents the upstream primer, R represents the reverse primer.

1.2 试验方法

1.2.1 热激法转化农杆菌感受态

（1）取 10μL PgL0044700-pBI121 质粒加入 100 μL 农杆菌 GV3101 中，弹拨混匀；

（2）依次置于冰上 5 分钟，液氮 5 分钟，37℃水浴 5 分钟，冰浴 5 分钟；

（3）加入 700μL 液体无抗 YEP 培养基，200rpm，28℃培养 2～3 小时；

（4）取 100μL 菌液涂布在 50mg/L Kan 的固体 YEP 培养基上，28℃培养 2～3 天；

（5）挑取单菌落，使用 YEP 液体培养基进行扩大培养，并于 -80℃保菌。

1.2.2 播种野生型拟南芥

（1）取野生型拟南芥种子，加 1mL 75% 乙醇，上下颠倒清洗 2 分钟，弃上清；

（2）加 5% NaClO 溶液 1mL，上下颠倒清洗 3 分钟，弃上清；

（3）用 ddH$_2$O 清洗 5～6 次；

（4）配制 MS 固体培养基（MS 4.405g/L、Agar7g/L、蔗糖 30g/L），pH=5.8，高温高压灭菌后在超净工作台中分装至培养皿，凝固后 4℃冰箱保存；

（5）在超净工作台中将拟南芥种子点播在 MS 固体培养基上，并放于 4℃冰箱过夜，取出后放入光照培养箱中 16 小时光照 /8 小时黑暗，温度 23℃，湿度 80%，培养 1 周；

（6）草炭土：珍珠岩 =3：1，灭菌后分装至营养钵，浇透水，将刚萌发两片子叶的幼苗移栽进土里，尽量不伤根，光照培养箱中 16 小时光照 /8 小时黑暗，温度 23℃，湿度 80% 培养，在拟南芥花蕾较多时，剪掉已完全开放的花和荚果，准备浸染。

1.2.3 菌液制备

（1）把带有 PgL0044700-pBI121 的农杆菌分别在 YEP 固体培养基上进行划板接种，培养 24～48 小时：YEP +Kan 50 mg/L+Rif 25mg/L；

（2）挑取单克隆，转接到 1mL 液体培养基中：YEP+ Kan50 mg/L+Rif 25mg/L，230rpm，28℃培养 24 小时；

（3）利用菌液 PCR 方法鉴定出阳性单菌落后按照 1∶100 的比例，继续在 YEP + Kan 50 mg/L + Rif 25mg/L 液体培养基中扩大培养，230rpm，28℃培养 12 小时左右，OD_{600} 处于 0.8～1.2 之间最佳；

（4）将获得的农杆菌菌液 4000rpm，4℃，离心 10 分钟，收集菌体，然后用重悬液（5% 蔗糖）将菌体重悬至 OD_{600} 为 0.8 左右，加入 0.03% V/V 表面活性剂 Silwet L-77 置于冰上备用。

1.2.4 浸染转化

（1）将制备好的菌液分别倒入塑料盒中，提前剪掉完全开放花和荚果的拟南芥花序完全浸没在重悬液中 90 秒；

（2）转化后将拟南芥用黑色袋子套住，黑暗培养 24 小时后去掉袋子，正常培养；

（3）为提高转化效率，一周后再进行一次转化，操作方法相同；

（4）拟南芥荚果完全成熟时，收取种子，记为 T0 代。

1.2.5 转基因拟南芥阳性苗筛选

（1）配制 MS 培养基，冷却至室温后在超净工作台中加入 Kan 50mg/L，分装至平板培养皿，冷却凝固备用；

（2）T0 代种子消毒点播，方法同 1.2.2；

（3）约一周后将 MS+Kan 50mg/L 培养基中的绿色拟南芥幼苗播种至灭菌的草炭土∶珍珠岩=3∶1 中，方法同 1.2.2。

1.2.6 转基因拟南芥 DNA 提取及阳性苗鉴定

（1）取拟南芥叶片，液氮速冻后磨样；

（2）gDNA buffer：0.2M NaCl+0.025M EDTA+0.5%SDS，pH=7.5，灭菌备用；

（3）研磨好的样品中加入 gDNA buffer1mL，涡旋 5～20 秒；

（4）室温，12000rpm，10 分钟，取上清，加入等体积氯仿，上下颠倒混匀；

（5）室温，12000rpm，5 分钟，取上清，加入等体积预冷的异丙醇。上下颠倒混匀后放入 -20℃冰箱，1 小时；

（6）室温，12000rpm，5 分钟，弃上清，75% 乙醇洗涤两遍；

（7）弃乙醇，晾干后加入 30～60μL ddH_2O 溶解；

（8）使用 Vazyme 2× Rapid Taq Msster Mix DNA 聚合酶进行 PCR 反应，阴性对照：ddH_2O，阳性对照：PgL0044640- pBI121、PgL0044700-pBI121 质粒。PCR 反应体系为：Vazyme 2× Rapid Taq Msster Mix 12.5μL，上、下游引物各 1μL（10μmol/L），gDNA 模板 1μL，加灭菌蒸馏水补至 25μL。反应程序为：95℃ 3 分钟；95℃ 15 秒，58℃ 15 秒，72℃ 30 秒，35 个循环；72℃ 5 分钟；

（9）PCR 产物进行 1% 凝胶电泳检测，扩增出目的条带的样品即为阳性植株；

（10）待果夹完全成熟后，收取阳性植株的种子，记为 T1 代。

1.2.7 T1 代转基因拟南芥播种及 RNA 提取、表达量测定

（1）将种子消毒点播在 MS+Kan 50mg/L 培养基中，长出子叶后将绿色幼苗播种至营养钵，方法同 1.2.2；

（2）取拟南芥叶片适量，使用液氮速冻后进行磨样，使用试剂盒提取 RNA，反转录为 cDNA，-20℃保存；

（3）表达量测定方法及体系、程序同 2.1.2.2。

1.2.8 T2 代转基因拟南芥阳性苗表型鉴定

待 T2 代植株约 15 天时，每个株系取一营养钵，连同苗龄相同的野生型拟南芥一起放入低温冰箱，–10℃，处理 4 小时，取出后放入光照培养箱使其恢复正常生长，10 天后观察表型。

1.2.9 数据处理

采用 $2^{-\Delta\Delta Ct}$ 法对荧光定量数据进行计算，Excel 2013、SPSS 20.0、TBtools 对荧光定量结果进行数据分析。

2 结果与分析

2.1 *PgL0044700* 转基因拟南芥表达量分析

在 11 株 MS+Kan 50mg/L 筛选出的 *PgL0044700* 转基因拟南芥抗性植株进行表达量分析，11 株抗性苗均发生了表达量变化，表达量高于野生型拟南芥，进行显著性分析，结果显示在 $P \leq 0.05$ 水平上 L2 表达量显著高于其他单株（图 1）。

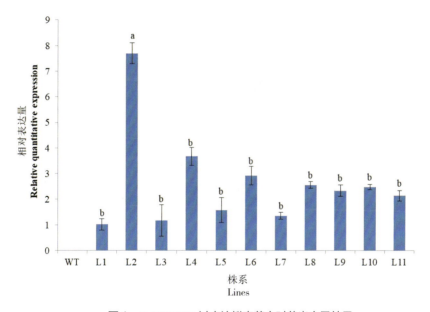

图 1 *PgL0044700* 过表达拟南芥实时荧光定量结果

Fig.1 Real-time fluorescence quantitative results of PgL0044700 overexpression in Arabidopsis

2.2 *PgL0044700* 转基因拟南芥表型观察

将 15 天的 *PgL0044700* 转基因拟南芥及野生型拟南芥 –10℃ 处理 4 小时，恢复生长 10 天后观察表型[6]。发现表达量较高的 *PgL0044700* 转基因拟南芥 L2、L4、L6、L8、L9、L10、L11 处理后，L2、L4、L8 长出嫩叶，L9、L10 叶柄基部表现为绿色，未枯萎（图 2）；L2 表达量与其他株系存在显著性差异，30 天后抽薹开花结实，与野生型拟南芥表型差异明显（图 3）。

图2 *PgL0044700* 过表达拟南芥冷处理前后对比

Fig. 2 Comparison of *PgL0044700* overexpression in Arabidopsis before and after cold treatment

注：为便于区分，使用黑色营养钵播种野生型拟南芥，黄色营养钵播种转基因拟南芥。营养钵大小一致，二者同时播种

Note: In order to facilitate the distinction, the wild-type Arabidopsis thaliana was sown in the black nutrient bowl and the transgenic Arabidopsis thaliana was sown in the yellow nutrient bowl. The size of the nutrient bowl is the same and the two were seeded at the same time

图3 冷处理 30 天后抽薹开花

Fig. 3 Bolting and flowering after 30 days of cold treatment

注：为便于区分，使用黑色营养钵播种野生型拟南芥，黄色营养钵播种转基因拟南芥。营养钵大小一致，二者同时播种

Note: In order to facilitate the distinction, the wild-type Arabidopsis thaliana was sown in the black nutrient bowl and the transgenic Arabidopsis thaliana was sown in the yellow nutrient bowl. The size of the nutrient bowl is the same and the two were seeded at the same time

3 讨论

细胞内大部分生命活动需要蛋白磷酸化的作用，且生物体中很多信号转导途径中的关键环节均为蛋白磷酸化。研究表明，S/TK 蛋白激酶磷酸化参与多种逆境胁迫应答过程。

早在 1991 年，有学者在豌豆中发现了五个具有典型 S/TK 结构特征的基因，并将其命名为 *PsPK1*、*PsPK2*、*PsPK3*、*PsPK4*、*PsPK5*。在研究其功能时发现 *PsPK3*、*PsPK4*、*PsPK5* 均参与光胁迫应答[19]。此后，ANDERBERG 等人[20]发现小麦 PKABA1 具有 S/TK 蛋白激酶的特征，并且在幼苗中检测不到 PKABA1 转录水平，但是当植物遭受水分胁迫时会显著诱导 PKABA1 转录，PKABA1 转录也可以通过供应低浓度的 ABA 来诱导，并且当水分胁迫时，ABA 会诱导 PKABA1 的表达。MIZOGUCHI 等[21]从拟南芥中发现两个与 S/TK 具有同源性的基因 cAtPK19 和 cAtPK6，并成功将其分离。这两个基因的氨基酸序列包含蛋白激酶催化结构域的 11 个保守区域，并且这些区域还包含被酪氨酸或脯氨酸定向识别的蛋白激酶磷酸化位点。当植物受到冷或盐胁迫时，AtPK19 和 AtPK6 基因的转录水平迅速增加。这些结果表明 AtPK19 和 AtPK6 可能在植物受到冷胁迫或盐胁迫时发挥作用。在对拟南芥遗传转化进行功能验证及分析时，发现 TaSnRK2.4 （Triticum aestivum L.）是小麦中一种 SNF1 型 S/TK 蛋白激酶，可以提高拟南芥的多重胁迫耐受性。过表达 TaSnRK2.4 的转基因拟南芥植株与野生型拟南芥植株相比，存在生长发育延缓，根部伸长的现象，对过表达 TaSnRK2.4 的转基因拟南芥植株的生理指标进行测定，发现其细胞膜的稳定性增强，渗透势增加，相对含水量有所增加，从而提高光合作用能力，增强过表达 TaSnRK2.4 的转基因拟南芥植株对干旱、冷胁迫、盐胁迫的耐受性。实验结果表明，TaSnRK2.4 是小麦植株中一种多功能调控因子，参与植株所受到的非生物胁迫应答过程[22]。冯娟等人在对陆地棉进行转录组测序发现基因 GarCIPK8 与 CIPK（Calcineurin B-like calcium sensor interacting protein kinase）高度相似，将 GarCIPK8 转化烟草植株，结果表明过表达 GarCIPK8 的烟草植株耐盐性有明显提升，还推测该基因可能增强植株的抗旱性[23]。

本研究中，PgL0044700 过表达拟南芥植株 L2 显著表达，在进行 –10℃低温处理 4 小时，恢复生长后发出嫩叶，并正常抽薹开花结果，表型差异显著，说明 PgL0044700 基因在石榴中参与冷胁迫应答。根据前人的研究结果可以知道，PgL0044700 在拟南芥中的同源基因可能参与生长素的极性运输，影响根的发育，在石榴中可能存在相似的调控网络，当植株受到冷胁迫时，PgL0044700 被上游蛋白激酶磷酸化，影响生长素极性运输，促进根的生长发育，提高植株耐寒性。

4　结论

对 35s::PgL0044700 转基因拟南芥植株进行实时荧光定量以及冷胁迫后的表型观察，在 11 株转基因拟南芥中存在表达量显著升高的单株，且在受冷胁迫 10 天后正常生长，30 天后正常抽薹开花结实。表明 PgL0044700 参与石榴的冷胁迫应答，且起正调控作用。

参考文献

[1] 曹尚银,侯乐峰.中国果树志·石榴卷[M].北京:中国林业出版社,2013.

[2] GE S S, DUO L, WANG J Q, et al. A unique understanding of traditional medicine of pomegranate, Punica granatum L. and its current research status[J]. Journal of Ethnopharmacology, 2021, 271: 59.

[3] HEGAZI N M, EI-SHAMY S, FAHMY H, FARAG M A. Pomegranate juice as a super-food: A comprehensive review of its extraction, analysis, and quality assessment approaches[J].

Journal of Food Composition Analysis, 2021, 97.

[4] ZHANG B H, CHEN N Z, PENG X J, et al. Identification of the PP2C gene family in paper mulberry (Broussonetia papyrifera) and its roles in the regulation mechanism of the response to cold stress[J]. Biotechnology Letters, 2021, 43(05):1089-1102.

[5] GULL A, BHAT N, WANI S M, et al. Shelf life extension of apricot fruit by application of nanochitosan emulsion coatings containing pomegranate peel extract[J]. Food Chemistry, 2021, 349.

[6] 刘贝贝. 石榴抗寒品种筛选及转录因子PgCBF1功能分析[D]. 北京: 中国农业科学院, 2018.

[7] 李敏. '突尼斯软籽'石榴冻旱的发生与预防[D]. 泰安: 山东农业大学, 2013.

[8] 栾翠华, 曹成文, 褚福宽, 等. 石榴遭受晚霜冻害的原因及防治措施[J]. 果农之友, 2003(5): 28.

[9] 申东虎, 苏佳明. 石榴树冻害发生的机理及应对措施[J]. 烟台果树, 2005(2): 42.

[10] 随少锋, 王玉岗, 张友安. 低温冻害对河南省荥阳市软籽石榴成灾的分析与研究[J]. 北京农业, 2013(27): 26-27.

[11] 田加才, 李甲梁, 尹燕雷, 等. 2015年山东枣庄石榴冻害情况分析[J]. 落叶果树, 2017, 49(1): 57-58.

[12] LUO X, LI H X, WU Z K, et al. The pomegranate (Punica granatum L.) draft genome dissects genetic divergence between soft-seeded and hard-seeded cultivars[J]. Plant Biotechnology Journal, 2020, 18(04): 955-968.

[13] 蒋正宁, 别同德, 赵仁惠, 等. 受条锈菌诱导的小麦丝氨酸苏氨酸激酶基因TaS/TK的克隆与表达[J]. 江苏农业学报, 2016, 32(5): 980-986.

[14] 张照贵, 李冰, 王佳佳, 等. 小麦SnRK2.2基因克隆、表达载体构建及转化[J]. 山东农业科学, 2014, 46(11): 1-7.

[15] 赵丽, 张国嘉, 郑世刚, 等. 水稻类受体蛋白激酶OsESG1的原核表达[J]. 山东农业科学, 2015, 47(1): 1-5.

[16] ITO Y, BANNO H, MORIBE T, et al. NPK15, a tobacco protein-serine/threonine kinase with a single hydrophobic region near the amino terminus[J]. Molecular and General Genetics, 1994, 245(1): 1-10.

[17] MARTIN G B, BROMMONSCHENKEL S H, CHUNWONGSE J, et al. Map-based cloning of a protein kinase gene conferring disease resistance in tomato[J]. Science, 1993, 262(5138): 1432-1436.

[18] 许园园, 李晓刚, 李慧, 等. 梨CDPK基因家族全基因组序列鉴定分析[J]. 江苏农业学报, 2015, 31(3): 659-666.

[19] LIN X, FENG X H, WATSON J C. Differential accumulation of transcripts encoding protein kinase homologs in greening pea seedlings[J]. Proceedings of the National Academy of Sciences of the United States of America, 1991, 88(16): 6951-6955.

[20] ANDERBERG R J, WALKER-SIMMONS M K. Isolation of a wheat cDNA clone for an abscisic acid-inducible transcript with homology to protein kinases[J]. Proceedings of the

National Academy of Sciences of the United States of America, 1992, 89(21): 10183-10187.

[21] MIZOGUCHI T, HAYASHIDA N, YAMAGUCHISHINOZAK K, et al. 2 genes that encode ribosomal-protein S6 kinase homologs are induced by cold or salinity stress in Arabidopsis thaliana[J]. FEBS Letters, 1995, 358(2): 199-204.

[22] MAO X G, ZHANG H Y, TIAN S J, et al. TaSnRK2.4, an SNF1-type serine/threonine protein kinase of wheat (*Triticum aestivum* L.), confers enhanced multistress tolerance in Arabidopsis[J]. Journal of Experimental Botany. 2010, 61(3): 683-696.

[23] 冯娟, 范昕琦, 徐鹏, 等. 棉属野生种旱地棉蛋白激酶基因*GarCIPK8*的克隆与功能分析[J]. 作物学报, 2013, 39(1): 34-42.

石榴 *UFGT* 基因克隆与表达特征

招雪晴[2]，沈雨[1]，苑兆和[2*]

（[1]南京林业大学南方现代林业协同创新中心，南京 210037；[2]南京林业大学林学院，南京 210037）

Cloning and expression analysis of pomegranate *UFGT* gene

ZHAO Xueqing[2], SHEN Yu[1], YUAN Zhaohe[2*]

([1]Co-Innovation Center for sustainable Forestry in Southern China, Nanjing Forestry University, Nanjing 210037;
[2]College of Forestry, Nanjing Forestry University, Nanjing 210037)

摘　要：【目的】为了研究 *UFGT*（UDP-类黄酮糖基转移酶）基因在石榴果皮花色苷合成中的作用。【方法】本研究以'泰山红'石榴为试材，测定总花色苷含量，克隆 *UFGT* 基因并对数据进行生物信息学分析。采用实时荧光定量 PCR（qRT-PCR）技术，分析 *UFGT* 基因在果实不同发育阶段的表达量，分析 *UFGT* 基因表达与总花色苷含量之间的相关性。【结果】在石榴果皮中获得了一个 *UFGT* 基因，命名为 PgUFGT1，在 NCBI 的登录号为 MW574958。该基因序列长度为 1152 bp，编码 383 个氨基酸，属碱性不稳定蛋白，亲水性较强，不属于分泌蛋白，没有跨膜结构域，位于叶绿体中。进化树分析发现其与荔枝（AHK12773），可可（XP_007042805）亲缘关系较近。qRT-PCR 结果表明，PgUFGT1 在果实发育前期表达量较低，中后期的表达量升高。相关性分析结果表明，PgUFGT1 表达量与总花色苷含量具有一定的正相关性。【结论】石榴 PgUFGT1 可能在石榴果皮花色苷合成中起一定作用。

关键词：石榴；*UFGT*；基因克隆；基因相对表达量；花色苷

Abstract:【Objective】In order to study the roles the *UFGT* (UDP--glucose: flavonoid O-glucosyltransferase) played in the anthocyanin biosynthesis in pomegranate fruit peel.【Methods】'Taishanhong' pomegranate was used as study material. After detecting the total anthocyanin contents, the *UFGT* gene was cloned and the physical and chemical properties was analyzed by bioinformatics. The relative expression levels of *UFGT* were obtained by fluorescent real-time PCR (qRT-PCR). And then, the correlation between expression levels of gene and total anthocyanin contents was evaluated.【Results】A *UFGT* gene, named PgUFGT1, was cloned in pomegranate fruit peel and the accession number in NCBI database was MW574958. The PgUFGT1 gene sequence was 1152 bp in length, encoding 383 amino acids. The encoded protein was a basic and unstable one. The protein possessed high hydrophilicity, but it could not be grouped into a secreted protein. There was no transmembrane domain in protein, and was predicted in chloroplast. The phylogenetic tree revealed that the PgUFGT1 was closed to lichi (AHK12773) and cacao (XP_007042805). The qRT-PCR results demonstrated that there was a low transcription level of PgUFGT1 gene in early developmental stages, while a higher expression level in middle and later stages. The correlation analysis showed that the expression quantity of PgUFGT1 was positively correlated with total anthocyanins.【Conclusion】The PgUFGT1 may play some role in anthocyanin biosynthesis in pomegranate fruit peel.

Keywords: Pomegranate; *UFGT*; Gene cloning; Relative gene expression; Anthocyanins

---

基金项目：江苏省自然科学基金青年基金项目（BK20180768）；国家自然科学基金青年基金（31901341）；南京林业大学高层次人才科研启动基金（GXL2018032）；江苏省高校优势学科建设工程项目（PAPD）。
作者简介：招雪晴，副教授，研究方向：石榴种质资源评价与育种。Tel: 18251990580；E-mail: zhaoxq402@njfu.edu.cn。
* 通信作者 Author for correspondence. Tel: 025-85427056, E-mail: zhyuan88@hotmail.com。

石榴（*Punica granatum* L.）是千屈菜科石榴属的落叶灌木或小乔木，原产于伊朗、阿富汗、巴基斯坦等中亚地区，是世界上已知的最古老的果树之一。由于其适应性强，目前在地中海、热带及亚热带地区广泛种植[1]。2000多年前，石榴沿丝绸之路传入中国[2]，并形成了几大栽培品种集群。石榴是美丽多产的象征，被认为是营养和健康成分的重要来源。大量的研究表明，石榴具有抗氧化、抗肿瘤、抗糖尿病、抗菌、抗炎等强大功效[3-5]，因而获得了"功能水果"的美誉。

果实的色泽外观品质是决定商品价值和内在价值的重要因素。果实色泽主要由花色苷、类黄酮、叶绿素和类胡萝卜素等色素物质共同决定。其中，花色苷是果实呈色的主要物质，花色苷组分的比例及浓度决定了果实色泽密度[6]。目前，花色苷生物合成途径已经比较清楚，其生物合成是类黄酮代谢的一个重要分支，以苯丙氨酸为直接前体，由一系列酶催化完成，与原花青素和黄酮醇的生物合成共有上游途径[7]。其中，UDP-类黄酮糖基转移酶（*UFGT*）主要控制类黄酮及花色素形成结构稳定的糖苷，在糖基化过程中起重要作用。

前人研究确认了石榴 *UFGT* 基因表达与花色苷合成中的关系。在野生石榴中，*PgUFGT* 在红色果实中表达量与总花色苷含量呈正相关[8]。Harel-Beja 研究发现，石榴 *UFGT* 表达与花色苷和安石榴苷呈正相关关系[9]。前期研究发现，在红皮石榴中果实发育过程中，*UFGT* 有两个表达高峰，但白皮石榴中仅检测到一个表达高峰期[10]。这些研究结果为深入探讨 *UFGT* 在石榴花色苷合成中的作用奠定了基础。本实验以'泰山红'石榴为试材，以前期课题组从基因组和转录组数据筛选出的参与石榴花色素糖基化的 *UFGT* 基因为基础，通过克隆 *UFGT* 基因并对其进行生物信息学分析，研究该基因其在果实发育过程中的表达变化，分析基因表达与总花色苷含量的相关性，解析其在石榴果皮花色苷合成中的作用，为石榴果实花色苷物质合成机理研究奠定基础。

1 材料及方法

1.1 材料

采样地点为山东省泰安市。以不同发育时期的'泰山红'石榴品种为实验材料，选取树势一致、健康无病虫害的果实，分别在 7 月 15 日、7 月 30 日、8 月 15 日、8 月 30 日、9 月 10 日、9 月 20 日、9 月 30 日等 7 个时间采样（图 1）。果实运至实验室清洗干净后，削取外果皮，液氮速冻后保存 -80℃ 冰箱备用。

图 1 不同发育时期的'泰山红'石榴

Fig.1 'Taishanhong' fruits in different developmental stages

1.2 总花色苷含量测定

总花色苷的测定按照招雪晴[11]的方法进行。取0.2g石榴皮研磨至粉末状,移至10mL离心管后加入5mL的0.1%盐酸甲醇溶液,避光冰箱放置过夜。然后取出离心取上清,分别测定530nm以及657nm的吸光值,以吸光值的变化表示总花色苷含量。重复三次。

1.3 基因克隆

提取果皮总RNA,按照Takara公司试剂盒进行第一链cDNA合成。设计引物(表1)进行PCR扩增。采用50μL的反应体系:25μL的2×Taq Master Mix、19μL的ddH$_2$O、2μL上游引物、2μL下游引物(表1)、2μL的cDNA模板。反应PCR程序设置为95℃ 3分钟、95℃ 30秒、56℃ 45秒、72℃ 1.5分钟、72℃ 5分钟,35个循环。按照北京擎科生物公司试剂盒GE0101的说明进行PCR产物的回收纯化,按照北京全式金生物公司试剂盒的说明进行载体连接与转化,菌液PCR后选择阳性克隆送至上海生工生物公司测序。

表1 PCR和qRT-PCR引物

Table 1 The primers used for PCR and qRT-PCR

引物名称	G/C	引物序列
PgUFGT1-F	52.6	ATG ATG AGC CTC TTG CCA G
PgUFGT1-R	35	TTA AGA GGA GAT TAT GTC CA
D-PgUFGT1-F	52.4	TTA CTC ATA GCA ACC GGG GAC
D-PgUFGT1-R	55	GAC CGC GAT TGC CAT TTC GT
Actin-F	55	AGTCCTCTTCCAGCCATCTC
Actin-R	45	CACTGAGCACAATGTTTCCA

1.4 生物信息学分析

在ProtParam(https://web.expasy.org/protparam/)预测蛋白的分子量、等电点、疏水性等;利用SignalP(http://www.cbs.dtu.dk/services/SignalP/)预测蛋白信号肽。应用在线分析工具TMHMM(http://www.cbs.dtu.dk/services/TMHMM/)分析该蛋白是否含有跨膜结构域;在工具(http://www.csbio.sjtu.edu.cn/bioinf/Cell-PLoc-2/)上进行亚细胞定位预测。

1.5 系统进化树构建

从NCBI下载如下物种的UFGT序列,拟南芥(*Arabidopsis thaliana*):AAF19756、BAA98157、CAB88253、AAF80123、AAG52529、AAG52529、AAD20156、BAB02351、AAB87119、AAB58497、AAB64024、AAC00570、AAC16958、AAD31582、AAF18537、BAB02840、AAC35226、CAB42903、AAB61023、VYS67080、AAN13230、AAF19756、AAN28835、BAB10792;石榴(*Punica granatum*):PKI39483、OWM84556;葡萄(*Vitis vinifera*):BAB41020;荔枝(*Litchi chinensis*):AHK12773;杧果(*Mangifera indica*):BBJ35510;可可(*Theobroma cacao*):XP_007042805;巨桉(*Eucalyptus grandis*）：KCW79444。利用 MEGA7 软件构建系统进化树。

1.6 qRT-PCR 分析

分别提取 7 个不同时期的石榴果皮总 RNA，反转录后合成第一链 cDNA，利用 qRT-PCR 分析基因的表达水平，以石榴 *Actin*（GU376750）为内参引物（表1）。20μL 反应体系：2μL 的 cDNA 模板、10μL MonAmpTMSYBR®Gree qPCR Mix、0.4μL 上游引物、0.4μL 下游引物（表1）、7.2μL Nuclease-free water。PCR 程序设置为：95℃预变性 30 秒；95℃变性 10 秒；60℃退火 & 延伸 30 秒；40 个循环。用 $2^{-\Delta\Delta CT}$ 法对数据进行定量分析。

1.7 数据分析

采用 SPSS 计算基因表达量与总花色苷含量之间的 Person 相关系数。

2 结果与分析

2.1 石榴发育期内总花色苷含量变化

从图 2 可以看出，花色苷含量在果实发育前期较低，随着果实的发育，总花色苷含量不断增加，总体呈现逐渐上升的趋势，这与果皮在发育期内红色逐渐累加的外观色泽相一致。

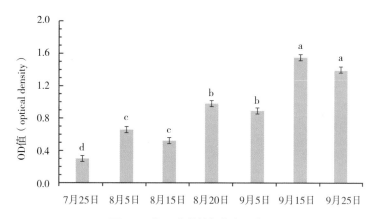

图 2 石榴果皮总花色苷含量变化

Fig.2 Changes of total anthocyanins during fruit developing stages

注：小写字母表示 P ＜ 0.05 水平上的显著性

Note: The lower case indicates the significance at P ＜ 0.05

2.2 基因的克隆

提取石榴果皮总 RNA，1% 琼脂糖凝胶电泳检测总 RNA 提取质量（图 3a），发现在 28S 条带及 18S 条带皆成像清晰，可用于后续的反转录实验。PCR 扩增后，电泳检测结果表明扩增条带与目的条带大小基本一致（图 3b）。测序结果分析发现，基因序列与 NCBI 的石榴 *UFGT*（KF841620）序列一致性达 95%，表明克隆的序列为糖基转移酶基因，命名为 *PgUFGT1*，在 NCBI 登录号为 MW574958。

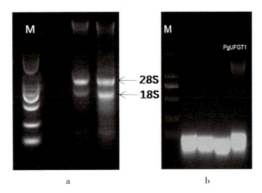

图 3 凝胶电泳检测图

a. RNA 电泳检测条带；b. PCR 产物的电泳凝胶检测

Fig.3 Agarose gel electrophoregram

a. RNA electrophoresis band; b. PCR product gel electrophoregram

2.3 生物信息学分析

PgUFGT1 基因序列长度为 1152bp，编码 383 个氨基酸。氨基酸构成比例如图 4 所示，PgUFGT1 蛋白富含亮氨酸（Leu）及丙氨酸（Ala），两者所占比例分别为 11.5%、7.8%。蛋白质的分子量为 42.5kD，pI 等电点的值为 6.23。PgUFGT1 蛋白的不稳定指数为 42.57，属于不稳定蛋白。由于每分子该蛋白带有 43 个正电荷残基数，39 个负电荷残基数，又因带正电荷的氨基酸呈碱性，所以判断 PgUFGT1 蛋白为碱性蛋白。如图 5-a 疏水性预测显示，异亮氨酸（Ile）分值最大为 4500。精氨酸（Arg）分值最小，数值为 -4500。由于氨基酸分值越低亲水性越强，并且亲水位点显著多于疏水位点，推测 PgUFGT1 蛋白属于亲水性蛋白。每个氨基酸都对应一个 S 值和一个 C 值，而信号肽剪切位置，C 值和 S 值会发生明显变化。如图 5b，C 值和 S 值的曲线基本无变化，推测 PgUFGT1 蛋白不属于分泌蛋白。跨膜结构预测分析显示，PgUFGT1 蛋白没有跨膜结构（图 5c），不属于膜蛋白。亚细胞定位结果表明蛋白位于叶绿体中。

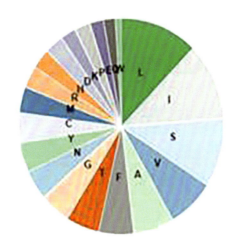

图 4 石榴 PgUFGT1 蛋白氨基酸构成

Fig.4 Amino Acid composition of PgUFGT1

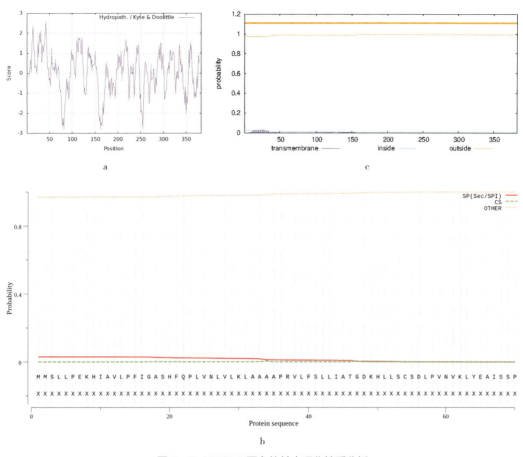

图 5　PgUFGT1 蛋白的基本理化性质分析

a. PgUFGT1 蛋白疏水性预测；b. PgUFGT1 信号肽结构域预测；c. PgUFGT1 蛋白跨膜结构域预测

Fig.5　Physical and chemical properties of PgUFGT1 protein

a. PgUFGT1 protein hydrophobicity prediction; b. PgUFGT1 signal peptide domain prediction; c. PgUFGT1 protein transmembrane domain prediction

2.4　系统进化树分析

利用 MEGA 软件构建进化树（图 6），根据同源性可将蛋白分为 8 组，分别是 A、B、D、E、F、H、J、L 组。其中，PgUFGT1 属 UGT 超家族中的 F 组。该组蛋白以类黄酮、苯甲酸衍生物为催化底物。进化关系表明，PgUFGT1 与石榴（OWM84556）、巨桉（KCW79444）、荔枝（AHK12773）、可可（XP_007042805）亲缘关系较近。

2.5　基因表达量变化及与总花色苷含量的关系

如图 7，PgUFGT1 在果实发育前期（7 月）表达量较低，8 月 15 日有一个表达小高峰，中后期（9 月 10 日后）的表达量升高，在 9 月 20 日的相对表达量最高。

相关性分析结果表明，*PgUFGT1* 基因表达量与总花色苷含量的 Person 相关系数为 0.514，这表明，*PgUFGT1* 基因与总花色苷含量具有一定的正相关性。说明 *PgUFGT1* 基因可能在石榴果皮花色苷合成中起一定的作用。

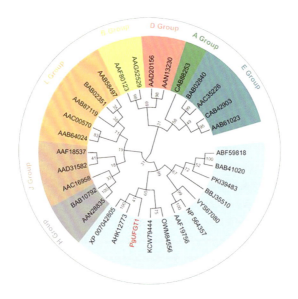

图 6　PgUFGT1 与其他植物蛋白 UGT 的系统进化树
Fig. 6　Phylogenetic tree of PgUFGT1 protein and UGTs in other plants

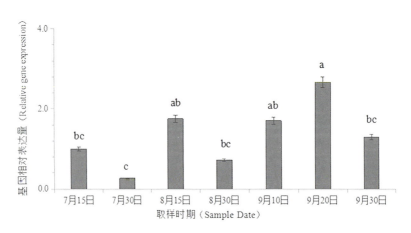

图 7　PgUFGT1 在果实发育期的相对表达量
Fig.7　The relative expression of PgUFGT1 during fruit developmental stages

3　讨论

　　植物体内的糖苷化是次生代谢产物多样化的原因之一。在糖基转移酶（GT）家族中，UDP-糖基转移酶（UGT，尿嘧啶核苷二磷酸—糖基转移酶）是最受关注的一类酶。按照同源性，植物 UGT 可分为 14 个亚组（A–N）[12]，其中，B、D、E、F、L 等五组以类黄酮、花色苷、苯甲酸盐（结构上与没食子酸类似）为底物[13]，而将以类黄酮为底物催化进行糖基化反应的 UGT 称为类黄酮 - 糖基转移酶（UFGT）。根据同源性聚类，本研究中克隆的 *PgUFGT1* 划分为 F 组，表明其可能以石榴类黄酮类或没食子酸等单宁类为底物进行反应。

桃（*Prunus persica*）有 4 个糖基转移酶 PpUGT78A1、pUGT78A2、pUGT78B、pUGT79B 负责花色素糖基化，其中 pUGT78B 在红色果肉中表达，在花中不表达；PpUGT78A1、pUGT78A2 都在花中表达，pUGT79B 在果实中不表达，但叶和花中可检测到转录活性[14]。猕猴桃 F3GT1 与花色苷积累具有很强的关联性，仅在红肉猕猴桃的果肉中显著表达，F3GT2 则在红肉和黄肉猕猴桃中的果肉均高表达[15]。在石榴中，Kaur 等[8]和 Harel–Beja 等[9]的研究结果表明，UFGT 的表达与花色苷积累呈正相关关系。本研究结果发现，虽然 PgUFGT1 与花色苷的积累呈正相关关系，但未达到显著水平，表明该基因可能在花色苷合成中起作用，但可能不是关键基因，这与 UFGT 在荔枝[16]、葡萄[17, 18]花色苷合成中的关键作用不同。

与植物基因组大量的 UGT 成员相比，仅有很少的 UGT 功能得以解析。Ono 等[19]利用转录组技术从石榴果皮中筛选出了 32 个 UGT 基因，注释了 1 个参与花色苷合成的 UGT 基因，但 UGT 如何参与催化花色苷形成仍不得知。Alexdander 等[20]分离得到了 PgUGT95B2，发现其在花和叶中的表达量要高于果皮中，酶动力学研究结果表明，PgUGT95B2 特异性催化黄酮/黄酮醇，且可在多个位点进行糖基化反应，其中，对五羟黄酮（tricetin）的催化活性最高。此外，通过遗传转化手段，确认了石榴 UGT84A23 和 UGT84A24 在水解单宁合成中起关键的催化作用[21]。本研究中，仅是对 PgUFGT1 基因的表达进行了研究，该基因的催化特性还需进一步确认。

4 结论

本研究从石榴果实皮中克隆得到了 *PgUFGT1* 基因，通过生物信息学分析，明确了该基因及编码蛋白的基本理化性质，通过荧光定量表达分析，总结了基因在果实发育期内的表达规律，相关性分析结果表明，该基因可能在花色苷合成中起一定作用，但具体的催化特性及糖基化机制还需进一步研究确认。

参考文献

[1] HOLLAND D, HATIB K, BARYA'AKOV I. Pomegranate: botany, horticulture, breeding[J]. Horticultural Reviews. 2009,35 (2):127-191.

[2] YUAN Z, FANG Y, ZHANG T, et al. The pomegranate (*Punica granatum* L.) genome provides insights into fruit quality and ovule developmental biology[J]. Plant Biotechnology Journal, 2018,16 (7):1363-1374.

[3] MACKLER A M, HEBER D, COOPER E L. Pomegranate:its health and biomedical potential[J]. Evidence-Based Complementary and Alternative Medicine. 2013, 903457.

[4] SREEKUMAR S, SITHUL H, MURALEEDHARAN P, et al. 2014. Pomegranate fruit as a rich source of biologically active compounds[J]. Biomed Research International, 2014:686921.

[5] KARIMI M, SADEGHI R, KOKINI J. Pomegranate as a promising opportunity in medicine and nanotechnology[J]. Trends in Food Science and Technology, 2017, 69:59-73.

[6] CASTANEDA-OVANDO A, DE LOURDES PACHECO-HERNANDEZ M, Elena Paez-Hernandez M, et al. Chemical studies of anthocyanins: a review[J]. Food Chemistry. 2009, 113

(4):859-871.

[7] PERVAIZ T, SONGTAO J, FAGHIHI F, et al. Naturally occurring anthocyanin, structure, functions and biosynthetic pathway in fruit plants[J]. Journal of Plant Biochemistry, Physiology. 2017, 5 (2):1000187.

[8] KAUR R, KAPOOR N, ASLAM L, et al. Molecular characterization of PgUFGT gene and R2R3-PgMYB transcription factor involved in flavonoid biosynthesis in four tissues of wild pomegranate (*Punica granatum* L.) [J]. Journal of Genetics, 2019, 98:94.

[9] HAREL-BEJA R, TIAN L, FREILICH S, et al. Gene expression and metabolite profiling analyses of developing pomegranate fruit peel reveal interactions between anthocyanin and punicalagin production[J]. Tree Genetics, Genomes, 2019, 15 (2):22.21-22.13.

[10] 招雪晴, 李勃, 苑兆和. 石榴*PgUFGT*基因克隆及表达分析[J]. 西北植物学报, 2017, 37(4): 646-653.

[11] 招雪晴, 苑兆和. 2个石榴品种果皮花色苷合成相关基因表达分析[J]. 西北植物学报, 2018, 38(5): 823-829.

[12] BOWLES D, ISAYENKOVA J, LIM E K, et al. Glycosyltransferases: managers of small molecules[J]. Current Opinion in Plant Biology, 2005, 8(3):254-263.

[13] OSMANI S A, BAK S, MLLER B L. Substrate specificity of plant UDP-dependent glycosyltransferases predicted from crystal structures and homology modeling[J]. Phytochemistry, 2010, 40(3):325-347.

[14] CHENG J, WEI G, ZHOU H, et al. Unraveling the mechanism underlying the glycosylation and methylation of anthocyanins in peach[J]. Plant physiology, 2014, 166(2): 1044-1058.

[15] MONTEFIORI M, ESPLEY R V, Stevenson D, et al. Identification and characterisation of F3GT1 and F3GGT1, two glycosyltransferases responsible for anthocyanin biosynthesis in red-fleshed kiwifruit (*Actinidia chinensis*)[J]. Plant Journal for Cell, Molecular Biology, 2011, 65(1):106–118.

[16] 王慧聪, 黄旭明, 胡桂兵, 等. 荔枝果皮花青苷合成与相关酶的关系研究[J]. 中国农业科学, 2004, 37(12): 2028-2032.

[17] KOBAYASHI S, ISHIMARU M, DING C K, et al. Comparison of UDP-glucose: flavonoid 3-O-glucosyltransferase (UFGT) gene sequences between white grapes (*Vitis vinifera*) and their sports with red skin[J]. Plant Science, 2001, 160(3):543-550.

[18] CORBIERE P, ANANGA A, OCHIENG J W, et al. Gene expression and molecular architecture reveals UDP-Glucose: Flavonoid-3-O-Glucosyltransferase UFGT as a controller of anthocyanin production in grapes[J]. Jacobs Journal of Biotechnology and Bioengineering, 2015, 2(2): 11

[19] ONO N N, BRITTON M T, FASS J N, et al. Exploring the transcriptiome landscape of pomegranate fruit peel for natural product biosynthetic gene and SSR marker discovery[J]. Journal of Integrative Plant Biology, 2011, 53(10): 800-813.

[20] WILSON A E, WU S, TIAN L. PgUGT95B2 preferentially metabolizes flavones/flavonols

and has evolved independently from flavone/flavonol UGTs identified in *Arabidopsis thaliana*[J]. Phytochemistry, 2018,157: 184-193.

[21] ONO N N, QIN X, WILSON A E, et al. Two UGT84 Family Glycosyltransferases Catalyze a Critical Reaction of Hydrolyzable Tannin Biosynthesis in Pomegranate (*Punica granatum*)[J]. Plos One, 2016, 11(5):e0156319.

PART FOUR

石榴病虫害防治

建水石榴主要病害发生规律及综合防治研究

王雪蓉，赵勇*

（云南省建水县园艺站，云南建水 654399）

Study on the Occurrence and Comprehensive Control of the Main Diseases of Pomegranate in Jianshui

WANG Xuerong, ZHAO Yong

(Yunnan Province Jianshui County Horticultural Station, Jianshui 654399, China)

摘 要：建水石榴栽培历史悠久，为地方传统名特果树，已获农产品地理标志登记保护。建水传统石榴品种为'红玛瑙''红珍珠''红宝石'，近几年先后引进'突尼斯软籽''青皮软籽''以色列黑籽''红如意'等品种进行种植、观察、筛选，部分已试果投产，市场价格较好。但随着种植面积的扩大、树龄的增加、引种的加快、管理的不当，几种危害石榴的病害也越来越严重。为此，笔者根据多年的生产实践经验，查阅相关资料，了解、观察危害建水石榴的几种主要病害的发生规律及危害症状，在建水石榴产区有针对性地制定防治措施并付诸实践，收到了较好效果，病害危害有所降低，产量及品质得到提高，对助农增收起到了积极作用。

关键词：建水；石榴；病害；发生规律；综合防治

Abstract: Jianshui pomegranate cultivion has a long history, For the local traditional names, It has been protected by registration of geographical indications ofagricultural products.The traditional varieties of pomegranates in Jianshui are redagate, red pearl and ruby, In recent years, we have introduced Tunisian softseed, green soft seed, Israeli black seed, red ruyi and other varieties for planting, observation and screening, Part of the fruit has been put into production, the market price is better.But wite the expansion of planting area, the increase of tree age, the acceleration of introduction and the improper management, Several pomegranate diseases are also becoming more serious.Therefore, according to years of production practice experience, look up for relevant information, To understand and observe the occurrence regularity and symptoms of several main diseases of pomegranate harmful to Jianshui, In the production area of pomegranate in jianshui County,targeted prevention and control measures were formulated and put into practice. Good effect has been obtained,and the disease harm has been reduced, Yield and quality have been improved, to help farmers increase income had positive effect.

Key words: Jianshui;Pomegranate;Disease; Occurrence law; Integrated control

1 石榴枯萎病

1.1 病原

病原菌属子囊菌门长喙壳属，甘薯长喙壳（*Ceratocystis fimbriata*）。病原菌可产生两种形态

第一作者：王雪蓉，女，高级农艺师；联系电话：13988076762；E-mail：jswxr@163.com。
* 通信作者：赵勇；地址：云南省建水县临安镇清远路园艺巷2号（建水县园艺站）；联系电话：13887349129；E-Mail：zy9129@126.com。

不同的分生孢子及一种厚垣孢子。

1.2 发生规律

石榴枯萎病多发生在春、夏两季，每年4～5月、8～9月为发病高峰期。中耕施肥、除草、果树修剪导致石榴根系、枝叶受伤，病原菌通过伤口侵入；果园灌溉有利于病原的传播。石榴枯萎病传播途径广，感染能力强，病菌分布广，存活时间长，植株死亡率高。

1.3 危害症状

石榴树发病初期，部分枝条出现萎蔫，茎杆变为黄色，病害多从叶柄基部开始发生，首先产生黄褐色病斑，并沿叶柄向上扩展到叶片，病叶逐渐凋萎枯死。病斑延及树干产生紫褐色病斑，木质部部分变为黄褐色，导致维管束变色坏死，树干腐烂，叶片枯萎，植株趋于死亡。若在石榴干梢部位，其幼嫩组织腐烂，则更为严重。茎基部和根部表层变黑，在枯死的叶柄基部和烂叶上，常见到许多白色菌丝体。当地上部分枯死后，地下根系也很快随之腐烂，严重者两周后全树枯萎死亡。

1.4 防治措施

1.4.1 清除病原

对已确诊为枯萎病的石榴树必须彻底刨根挖除，所有病叶、病枝、病根集中烧毁，并对病树塘及时用根腐消一包兑水70kg/塘或百菌清50g兑水70kg/塘泼浇后改种其他作物；对尚未确诊的病树距树冠覆盖外沿1～2m处挖一圈30cm宽、50cm深的环状沟进行隔离并按病树塘的处理方法对隔离环状沟进行药剂处理，避免带病须根与其他未发病树根接触传染。

1.4.2 劳动工具消毒

将果树修剪、中耕除草、施肥松土、刨挖树根等所有的劳动工具放入250倍根腐消药液中浸泡10～15分钟进行消毒处理。杀灭工具所带的病菌后才能再次使用。

1.4.3 果园免耕和种植绿肥

提倡免耕或尽量减少中耕，最大限度减少石榴根部伤口，避免病菌侵入，可降低发病率。冬季在果园种植绿肥（紫花苕）、大豆等作物，实现生物多样化，恢复土壤微生物平衡，有利于土壤肥沃和疏松，可增强树势，减少枯萎病的发生。

1.4.4 科学的肥水管理

（1）重施有机肥 每年10月下旬至11月每株施入30kg优质农家肥，施肥前先用250倍液的"根腐消"对施肥沟（塘或穴）进行喷洒消毒。

（2）增施磷钾肥 早春每株施普钙1～2kg、硫酸钾0.5～1kg，可与农家肥拌施；果实膨大期每株施0.5～1.5kg普钙和0.5～1kg硫酸钾，也可叶面喷施0.1%～0.3%磷酸二氢钾，每隔10～15天喷施一次，共喷3次。

（3）慎施氮肥 氮肥过多，果树抗病力明显降低，发病严重。在以前施用氮肥的基础上，应适当减少氮肥的施用量。

（4）适时适量浇水 浇水时不能串灌，以防病菌顺水流传播。

1.4.5 合理修剪

以冬剪为主，修剪时疏除多余的萌蘖，疏除多余的下垂枝、背上枝、病虫枝、枯死枝，使树冠呈上稀下密、大枝稀小枝密的状态，改善树体通风透光条件，增强树势，提高抗病性。

1.4.6 防治钻蛀性害虫和地下害虫

害虫是石榴枯萎病传播的途径之一。防治钻蛀性害虫可结合冬季修剪清除带虫枝条或向蛀洞内放入杀虫剂的棉球，封闭各蛀孔后可熏蒸杀死害虫。对地下害虫要及时防治，以防造成伤口后增加病菌的传染。

1.4.7 药剂防治

（1）"根腐消" 针对防治石榴枯萎病的产品，具有高效、低毒、环保的特点。结合果园冬季管理，12月每株用"根腐消"60g兑水70kg灌根一次；立春石榴树萌芽后，用同样方法每月各灌根一次，直到雨季来临。

（2）其他药剂 30%戊唑·多菌灵悬浮剂、30%噁霉灵、25%丙环唑等药剂灌根，喷施12.5%烯唑醇、70%代森锰锌等药剂，对病害的发生可起到一定的缓解作用。

2 石榴干腐病

2.1 病原

病原菌属半知菌类腔孢纲垫壳孢属，石榴垫壳孢（*Coniella granati*）分生孢子器暗褐色，近球形，埋生或半埋生。病原菌生长最适温度为24～28℃，最低为12.5℃，最高为35℃。

2.2 发生规律

干腐病的病原菌丝或分生孢子在病果、病果台、病枝内越冬。僵果上的菌丝于翌年4月中旬前后产生新的孢子器，是该病的传播病原。主要经风雨传播侵染寄主，以寄主的伤口或自然孔口侵入。侵染寄主进行初侵染和多次再侵染，造成该病扩展蔓延。发病适温为24～28℃。降雨量和田间湿度决定病情的轻重。

2.3 危害症状

主要危害果实，也侵染化蕾、化朵、果台和新梢。该病在开花时即开始侵染危害植株，受害花的花瓣最初为褐色，后扩大到花萼、花托。花萼产生黑褐色椭圆形凹陷小斑，最终使花整个变为褐色。花梗、花托染病出现褐色凹陷斑，重病花提早脱落。幼果一般在萼筒处先出现豆粒大小的不规则浅褐色病斑，直至整个果实变褐腐烂。幼果严重受害时早期落果和干缩成僵果悬挂在枝上。僵果上着生许多黑色颗粒体，僵果内的种子、隔膜等部位也可找到这些颗粒。枝干受害后，秋冬产生灰黑色不规则病斑。翌年春季变成油渍状灰黑色病斑。果实染病部先出现褐色小点，形成圆形和不规则形褐斑，果实籽粒也从病斑处开始腐烂，渐失水干缩，随着果实长大病斑开裂，整个果实变为褐色，后期其上密生黑色小粒点，即病菌分生孢子器，发病后造成落果，最后造成结果枝枯死。

2.4 防治措施

（1）农业措施 春季修剪时，剪除树上的干僵果、病枝，及时检出掉落地上的病果集中烧毁，生长期清除树上树下的病组织以清除病源，降低病原基数。基数施肥灌水，增强树势，提高树体的抗病性。及时防治害虫，减少虫害造成的伤口。坐果后减少套袋，切断侵染途径。修剪时尽量避免大伤口，控制春季修剪，减少病菌从伤口侵入的机会。干腐病发病期正值石榴花期，人工摘除病花也很有必要。

（2）休眠期喷洒3～5波美度石硫合剂。

（3）发病初期用75%百菌清600～800倍液、硫悬浮剂200～400倍液、80%大生600～800倍液、50%甲基硫菌灵可湿性粉剂700倍液喷雾防治。

3 石榴褐斑病

3.1 病原

病原菌属半知菌类腔孢纲假尾孢属，石榴假尾孢（*Pseudocercospora punicae*）病原子实体生于叶面，成微细黑点，散生。

3.2 发生规律

褐斑病为真菌病害，由石榴假尾孢菌侵染所致。石榴褐斑病病原以分生孢子梗和分生孢子在叶片罹病组织上越冬，越冬分生孢子或新生分生孢子借风雨溅到石榴新梢叶片上萌发出菌丝侵染，此后继续重复侵染。梅雨期间或秋季多雨，则有利于病害发生，夏季高温不利于发病。此外，发病与石榴品种抗病性相关。此病危害期一般在7月下旬至8月中旬，9～10月由于叶片上病斑数量增多，病叶率增加，叶片脱落现象明显，对花芽分化不利，是来年生理落果严重的原因之一。

3.3 危害症状

发病初期在叶面上产生针头大小的斑点，呈紫色或紫红色。边缘有褪绿圈，以后逐渐扩展成圆形、多角形或不规则形，发展成圆形至多角状不规则褐色斑，大小0.4～3.5mm。后期病斑深褐色至黑褐色，边缘常呈黑线状，病斑两面着生细小的黑色霉点。气候干燥时，病部中心区常呈灰褐色。一般情况下，叶面散生一至数个病斑，严重时可多达20个甚至密布叶片，导致叶片变黄，病斑常连接成片，变成干枯状。果实受害，初为红色小点，然后扩大为不规则形的黑褐色病斑，病部凹陷，危害严重时导致落果。

3.4 防治措施

（1）结合冬季修剪和施肥　彻底清除地面病残枝叶、病果集中烧毁，减少病原存量。

（2）因地制宜　选用适宜当地而又具抗病性的品种进行种植。

（3）合理密植　剪除过密枝、细弱枝，加强肥水管理，增强树势，减轻发病。

（4）化学防治　在进入雨季时，病害传播快，应抓晴朗日及时进行化学防治。效果较好的药剂为20%多菌灵硫磺胶悬剂500倍液喷雾不易被雨水冲洗，保护效果好；发病初期用10%世高1000倍液或50%菌核净600～800倍液喷雾防治，地面和树上同时用药效果更好。

4 石榴盘单毛孢叶枯病

4.1 病原

病原菌属半知菌亚门,厚盘单毛孢(*Monochaetia pachyspora* Bubak)

4.2 发生规律

病菌以分生孢子盘或菌丝体在病组织中越冬,翌年产生分生孢子,借风雨传播,进行初侵染和多次再侵染。夏秋多雨或石榴园湿气滞留易发病。

4.3 危害症状

主要危害叶片,病斑圆形或近圆形,褐色至茶褐色,直径 8~10mm,后期病斑生出黑色小粒点,即病原菌的分生孢子盘。

4.4 防治措施

4.4.1 土肥管理

保证肥水充足,培肥地力,疏松土壤,抑制杂草,提倡采用生物多样性栽培法间作矮棵经济作物。

4.4.2 化学防治

发病初期喷洒 80% 大生 800~1000 倍液、75% 百菌清 1000 倍液、27% 铜高尚悬浮剂 600 倍液,间隔 10 天左右喷雾一次,防治 3~4 次。

5 石榴蒂腐病

5.1 病原

属半知菌类真菌(*Phomopsis punicae* C.W.)。分生孢子器扁球形至近球形,黑褐色,单腔或双腔。

5.2 发生规律

病菌以菌丝或分生孢子器在病部或随病残体叶遗留在地面或土壤中越冬,翌年条件适宜时,在分生孢子器中产生大量分生孢子,从分生孢子器孔口逸出,借风雨传播,进行初侵染和多次再侵染。一般进入雨季,空气湿度大易发病。

5.3 危害症状

主要危害果实,引起蒂部腐烂,病部变褐呈水渍状腐烂,后期病部生出黑色小粒点,即病原菌分生孢子器。

5.4 防治措施

(1)加强石榴园管理 施用酵素菌沤制的堆肥或保得生物肥或腐熟有机肥,及时灌水保持石榴树生长健壮。

（2）雨后及时排水　防止湿气滞留，可减少发病。

（3）及时摘除发病果深埋并生石灰消毒。

（4）发病初期喷洒10%世高水分散粒剂3000倍液、47%加瑞农可湿性粉剂700倍液、75%百菌清可湿性粉剂600倍液、50%百·硫（百菌清硫黄）悬浮剂600倍液，隔10天1次，防治2～3次。

6　石榴根结线虫病

6.1　病原

危害石榴的根结线虫主要有南方根结线虫（*Meloidogyne incognita*）、北方根结线虫（*Meloidogyne hapla*）和花生根结线虫（*Meloidogyne arenaria*）。

6.2　发生规律

根结线虫一年发生多代，一般以卵或2龄幼虫在寄主根部或粪肥、土壤中越冬，主要通过水流、带有病原线虫的苗木、土壤、肥料、农具及人畜传播。条件适宜时，卵在卵囊中发育，孵化成幼虫，幼虫活动于土壤中并侵入根系，在根皮与中柱之间危害，刺激根组织过度生长，在根端形成不规则的根瘤。根结线虫病多发生在土质疏松、肥力差的沙土地，通气不好的黏土不利于其发生。当地温高于26℃或低于10℃，土壤含水量占最大持水量的20%以下或90%以上均不利于根结线虫侵入。总体来说，雨季来得早、雨量多的年份石榴树受害轻，灌溉条件好、保水性和保肥性好的石榴园受害也轻。

6.3　危害症状

主要危害石榴树根系，引起根部形成大小不同的根瘤，须根结成饼团状，使吸收根减少，从而阻碍根系吸收水分和养分。初发病时根瘤较小，白色至黄白色，以后继续扩大，呈结节状或鸡爪状，黄褐色，表面粗糙，易腐烂。发病树体的根较健康树体的短，侧根和须根很少，发育差。染病较轻的树体地上部分一般症状不明显，危害较重的树体才表现出树势衰弱的症状，即抽梢少、叶片小而黄化、无光泽，开花多而结果少、果实小、产量低，与营养不良和干旱表现的症状相似。

6.4　防治措施

（1）加强植物检疫，选用无病苗木　不从病区调运苗木，在无病区建立育苗基地，培育无病苗木。

（2）合理施用有机肥　施足经过充分有氧腐熟的无线虫污染的有机肥或生物菌肥。

（3）在果园中操作的农具要及时消毒。

（4）土壤药剂处理　秋冬季施肥时加入5%特丁硫磷颗粒剂30～45kg/hm^2，或10%克线丹颗粒剂45～75kg/hm^2，或3%呋喃丹颗粒剂30～45kg/hm^2。也可用50%辛硫磷乳油500倍液，或48%毒死蜱乳油1000倍液，或80%敌敌畏乳油1000倍液，或90%敌百虫晶体800倍液灌根，每株用250～500mL，灌1次即可，效果较好。

（5）药剂防治　春季用1.8%阿维菌素乳油5000倍液，或48%毒死蜱乳油1000倍液，顺树行或在树冠外围挖环状沟灌药，然后用地膜覆盖；或沟施3%米乐尔颗粒剂60kg/hm^2，覆土后灌水。

7　石榴煤烟病

7.1　病原

病原菌属半知菌类烟霉属，散播霉菌（*Fumago vagans*）。

7.2　发生规律

煤烟病常常因蚜虫、介壳虫的分泌物诱导而发生。当虫害发生严重时，分生孢子经气流、雨水或昆虫传播，在果园中进行多次再侵染。

7.3　危害症状

煤烟病多发生在叶片表面，在叶片表面初期产生灰黑色霉斑，后期整个叶片覆盖一层煤烟状物，即病原菌的分生孢子梗和分生孢子，后期叶面黑霉可部分剥落。受害严重的石榴树叶因霉层影响光合作用，常导致提早落叶。

7.4　防治措施

（1）农业防治　加强果园管理，合理修剪，清洁好果园卫生，保证通风透光良好；避免偏施氮肥，增强树势，减少发病。

（2）减少病原　及时防治介壳虫、蚜虫等。

（3）化学防治　发病初期，及时喷洒50%代森锰锌可湿性粉剂600倍液、40%多菌灵胶悬剂600倍液等药剂进行防治，也可喷洒甲基硫菌灵、甲基托布津、波尔多液和石硫合剂等药剂。

8　石榴根腐病

8.1　病原

病原菌属卵菌门腐霉属（*Pythium* sp.）。

8.2　发生规律

石榴根腐病是由真菌、线虫、细菌引起的植物病害，为一种土传病害，主要通过土壤内水分、地下昆虫和线虫传播。病菌从根茎部或者根部伤口侵入，通过雨水或灌溉水进行传播和蔓延。

8.3　危害症状

该病在建水地区时有发生，幼树或地下水位高、地势低洼、排水不良、易积水的果园受害较为常见。地上部分症状表现为先是 1~2 条枝的叶片发黄，后转为黄红色，后病害逐渐发展，可致整株叶片变黄变红，发病枝条或发病植株基本不能挂果，最后整株枯死。地下部症状表现为先是部分侧根被病原菌侵染，皮层变为黑褐色，后病害进一步发展，可使主根受害，皮层变为黑褐色，最终导致全根腐烂，地上部分枯死。

8.4 防治措施

（1）合理选择种植区域　种植石榴树时，应当优先选择土层深厚肥沃、土质疏松、通透性较强、地势相对平坦或较高且不易积水、地下水位相对较低、田间排灌条件优良的地块上种植，而且要尽量避免在土壤黏性重、土壤酸性大或土壤板结盐碱较重的土壤上种植。种植前先用杀菌剂对石榴苗木根系浸泡 10~20 分钟，晾干后再进行定植，可以起到预防根腐病的作用。

（2）加强果园管理　及时挖沟排水，防止土壤积水。地下水位高、非种植石榴不可的地块采取起垄高墒栽培模式，果园内部及周边多留排水沟。发现病株及时挖除烧毁，施用石灰、苯泌甲环唑、内坏唑等药剂进行土壤处理。

（3）喷施叶面肥，补充营养　使用沃丰素 600 倍液 + 有机硅喷雾 2~3 次，喷雾时叶片正反两面均要喷雾均匀。

（4）地下害虫防治　做好蛴螬、根结线虫等地下害虫的防治。

（5）可采用青枯立克 200~300 倍液 + 根基宝 300 倍液 + 大蒜油 1000 倍液 + 有机硅进行灌根或 25% 甲霜灵可湿性粉剂 800 倍液、15% 噁霉灵水剂 500 倍液进行喷施和灌根防治。

9　石榴日灼病

9.1　病因

石榴日灼为一种生理性病害，夏季强光直接照射果面，导致局部蒸腾作用加快，温度升高和持续时间长易发生日灼，建水地区 6~8 月容易发病。

9.2　症状

发生在果肩至果腰朝阳部位。初期果皮失去光泽，隐现出油渍状浅褐斑，继而变为褐色、赤褐色至黑褐色大块斑，病健组织界限不明显。后期病部稍凹陷，脱水而坚硬，中部常出现米粒状灰色疱皮。剥开坏死果皮观察，内果皮变褐，子实体的外层灼死，汁少味劣，果实畸形。

9.3　防治方法

（1）加强施肥管理　合理施肥，适量降低化肥用量，增施有机肥，增强树势，提高树体抗性。

（2）选择适宜树形　采用疏散分层形、自由纺锤形或改良纺锤形。

（3）合理修剪　修剪时在果实附近适当增加留叶数量，遮盖果实，防止烈日曝晒；在石榴幼果期，选择适宜的留果位置，尽力疏去树冠顶部和西晒面外层暴露在阳光下的小果，以免其抢养分长大后成为日灼果。

（4）加强水分管理　在干旱天气加强果园水分管理，采用果园灌水或浇水，有条件的果园最好采用喷灌和滴灌，保证石榴对水分的需要；高温炎热天气采取喷灌、洒水措施，降低温度，增加湿度或于午前喷洒 0.2%～0.3% 磷酸二氢钾溶液对日灼有一定的预防效果。

（5）果实套袋　建水地区一般在石榴幼果长至兵乓球大小时进行果实套袋，套袋前喷洒 1～2 次杀虫剂+杀菌剂，果袋最好选用双层纸袋，树冠中上部外围当阳果套袋防止日灼效果好。

10　石榴裂果病

10.1　病因

石榴裂果为一种生理性病害，石榴的外果皮质地致密，中果皮疏松，内果皮与心室连生。在果实发育前期，外果皮延展性性好，不易裂果。果实膨大期，建水地区因经春季及夏季前期久旱、高温、干燥和日光直射，外果皮组织受到损害，果皮老化失去弹性，丹宁含量增加，质地变脆，分生能力变弱。但此时，中果皮生长能力仍较强，种子生长旺盛，籽粒迅速膨大的张力导致果皮内外生长速度不一致，使果皮开裂，分生裂果。持久干旱又缺乏灌溉，突然降水和灌溉，根系迅速吸水导至植株的根、茎、叶片、果实各个器官，种子的生长速度明显高于处于老化且基本停止生长的外果皮，当外果皮承受不住时，导致开裂。建水地区石榴裂果发生的严重时期一般为 5 月下旬至 6 月进入雨季时，严重的年份裂果率高达 50% 甚至更多。树冠外围较内腔、朝阳比背阴裂果重，果实的阳面裂口多，机械损伤部位易裂果。

10.2　症状

石榴裂果多数以果实中部横向开裂为主，伴以纵向开裂，严重的有横、纵、斜向混合开裂的，少数以纵向开裂为主。

10.3　防治方法

（1）合理修剪　改善果园通风透光条件，促进石榴着色和防止裂果。冬剪时，疏掉或回缩一部分较大的交叉枝和重重叠枝，调节好各级骨干枝的从属关系，间疏和回缩外围密生结果枝、细弱下垂枝；夏季修剪，主要是抹芽、摘心和剪枝等。对无用枝和密生枝芽要及早抹除，及时疏除无用的徒长枝，有空间的无用枝可以通过摘心、扭枝使其转化为结果枝。

（2）果园覆盖　果实生长前期，在树盘内覆盖农作物秸秆或塑料薄膜、地布，有利于保持土壤水分，防止果园板结，减少石榴裂果。此外，在石榴园内间套绿肥、豆类或其他矮秆经济作物，亦有同样效果。

（3）合理灌溉　应本着少量、均衡、多次和适当控制的原则。生产上，建水地区一般在幼果快速增长或膨大期，每隔 10-15 天灌水 1 次；临近雨季，逐步增加灌水次数，并每隔 7～10 天给树冠喷 1 次水，以增加果园内空气湿度，湿润果皮，增强果皮对连续阴雨、高湿环境的适应性，防止裂果发生；在果实快要成熟前，停止浇水。

（4）合理施肥　应以有机肥为主，配方施足磷、钾肥，尽量少施氮肥。果实膨大期，用 0.3% 磷酸二氢钾溶液或 0.5% 氯化钙溶液叶面喷施，有利于增强果皮的韧性，防止裂果发生。

（5）合理化学防控　在石榴果实发育的中后期，用 25mg/L 赤霉素溶液喷洒果面，可减少裂果的发生。此外，在石榴果实萼洼处，贴上用 10～30mg/L 赤霉素溶液浸泡过的布条，或者喷洒

0.3%多效唑溶液，或者喷洒20～25mg/L乙烯利溶液，亦有减轻或防止裂果的作用。

（6）果实套袋　套袋是防止裂果最有效的方法之一，套袋兼有防病、防虫、防日灼、防裂果的作用。建水地区一般在幼果长至乒乓球大小时套袋，套袋前结合掏花丝并喷洒1～2次杀虫剂＋杀菌剂后进行套袋效果好。套袋对温、湿度的剧烈变化具有一定的缓冲作用，可以保护果皮，减少干旱干燥期日光对果皮的灼伤和持续高温对果皮韧性的损伤，从而防止裂果。

参考文献

[1] 曹尚银,侯乐峰.中国果树志·石榴卷[M].北京:中国林业出版社,2013.

[2] 郑晓惠,何平.石榴病虫害原色图志[M].北京:科学出版社,2013.

[3] 苑兆和.中国果树科学与实践·石榴[M].西安:陕西科学技术出版社,2015.

[4] 黄琼,卢文洁,范金祥,等.云南发现石榴枯萎病[J].植物病理学报,2004,34(1): 95-96.

[5] 刘红彦,等.果树病虫害诊治原色图鉴[M].北京:中国农业科学技术出版社,2013.

6 种杀菌剂对石榴干腐病菌的室内毒力测定

吴瑕[1]，杨飞[1]，郑晓慧[1]，洪杰[2*]

([1]西昌学院，西昌 615013；[2]凉山彝族自治州农业农村局植检站，西昌 615013)

Inhibitory Effect of Six Fungicides on Pomegranate Dry Rot Causeing by *Coniella Granati*

WU Xia[1], YANG Fei[1], ZHENG Xiaohui[1], HONG Jie[2*]

([1]Xichang University, Xichang 615013, Sichuan, China; [2]Plant inspection station of agricultural and rural Bureau of Liangshan Yi Autonomous Prefecture, Xichang 615013, Sichuan, China)

摘 要：【目的】明确 6 种不同的杀菌剂对石榴干腐病菌的防治效果，以期为有效防止石榴干腐病提供理论依据。【方法】采用菌丝生长速率法，分别测定了 6 种杀菌剂：30% 苯甲吡唑酯、37% 苯醚甲环唑、75% 肟菌戊唑醇、25% 硅唑咪鲜胺、30% 唑醚戊唑醇、21.4% 柠铜络氨铜对石榴干腐病病原菌的室内毒力。【结果】室内毒力实验结果表明，6 种杀菌剂对石榴干腐病致死中浓度（EC_{50}）依次为：30% 苯甲吡唑酯＜ 37% 苯醚甲环唑＜ 75% 肟菌戊唑醇＜ 25% 硅唑咪鲜胺＜ 30% 唑醚戊唑醇＜ 21.4% 柠铜络氨铜，30% 苯甲吡唑酯和 37% 苯醚甲环唑抑制石榴干腐病菌的 EC_{50} 值分别是 32.6119 ± 0.1899 mg/L 和 36.9667 ± 0.2190 mg/L。【结论】30% 苯甲吡唑酯、37% 苯醚甲环唑对石榴干腐病菌毒力较强，可推荐作为州防治石榴干腐病的杀菌剂。

关键词：石榴干腐病；杀菌剂；毒力测定

Abstract: [Objective]Pomegranate dry rot caused by *Coniella granati* is the main diseases on pomegranate fruit, which caused serious losses in the pomegranate production areas. At present, pomegranate dry rot has widely occurred worldwide and has been reported in Brazil, Italy, Greece, Israel, Iran, South Korea, India, etc. This disease mainly damages pomegranate fruits and branches, and occurs from the bud stage to the post-harvest period, posing a major threat to the production and sales of pomegranate fruits. The surface of the diseased fruit produces small immersed spots, which gradually expand into large brown spots. The disease develops rapidly and produce different length and depth of cracks on the peel, causing the fruit and seeds to soften. The fruit loses its normal shape and cannot mature. Eventually, the peel of the diseased fruit turns into a hard dark brown dry fruit, and the branches and leaves of the lower part of the diseased fruit will die. In order to provide theoretical basis for controlling this disease, inhibitory effect of six fungicides on the pathogen causing pomegranate dry rot of *C. granati* were screened. [Methods]The toxicity testing of six fungicides, 30% benzopyrazole ester, 37% difenoconazole, 75% oxime tebuconazole, 25% silazol prochloraz, 30% oxazol tebuconazole, 21.4% limonite cupric chloride against *C. granati* hypha was determined by using the mycelial growth rate method under laboratory conditions. [Results]The results showed that the median lethal concentrations (EC_{50}) of six fungicides to pomegranate dry rot were as follows: 30% benzopyrazole ester ＜ 37% difenoconazole ＜ 75% oxime tebuconazole ＜ 25% silazol prochloraz ＜ 30% oxazol tebuconazole ＜ 21.4% limonite cupric chloride. When the concentration of 75% oxime tebuconazole was 1200 mg/L, the inhibition rate against pomegranate dry rot reached 93.76%, followed by that of 30% benzopyrazole ester at 600 mg/L, the inhibition rate against pomegranate dry rot reached 91.32%. [Conclusion]The study indicated that 30% benzopyrazole ester had high virulence to *C. granati*.

Key words: Pomegranate dry rot; Fungicides; Virulence test

基金项目：国家自然科学基金项目（31860036）；西昌学院"两高人才"项目（LGLZ201905）。
作者简介：吴瑕（1984-），女，讲师，博士，研究方向：植物病原真菌。
＊通信作者：洪杰；联系电话：13881512226，E-mail：154863811@qq.com。

石榴（*Punica granatum*）起源于伊朗、阿富汗和高加索等中亚西亚地区，西汉时期由伊朗传入我国。石榴果实含有丰富而独特的天然活性物质，具有极强的抗氧化、延缓衰老、预防动脉粥样硬化、减缓癌变进程等作用，具有很高食用和药用价值。石榴产业已成为贫困彝区发展农村经济、增加农民收入的支柱产业。

随着石榴的大面积种植以及新品种的引进，导致石榴上的新病害不断出现并在石榴产区大面积蔓延和危害。其中由垫壳孢（*Coniella granati*）引起的石榴干腐病是贯穿石榴栽培整个过程最主要的病害。石榴干腐病在世界范围内广泛发生，巴西、意大利、希腊、以色列、伊朗、韩国、印度等均有报道。该病害主要为害石榴的叶片、果实和枝干，从嫩叶、花蕾到采后均有发生，对石榴果实的生产和销售造成重大威胁。在叶片上，病原菌主要从叶尖和叶缘侵入，最后在叶尖形成"V"形病斑；在果实上发生，先形成水渍状小点，逐渐扩大成褐色大斑，病害发展迅速，并在果皮上产生不同长度和深度的裂痕，导致果实和种子软化，果实失去正常形态，无法成熟。最终其果皮变为坚硬的黑褐色干果，并在其上形成大量的发生孢子器。

目前，石榴干腐病已成为我国石榴生产上潜在的巨大威胁，并可能对石榴产业可持续发展产生严重的制约。四川省攀西地区的主要石榴产区调查发现，该病害扩展蔓延迅速，且尚无有效药剂防治或其他防控方法。本研究测定6种杀菌剂对石榴干腐病菌菌丝生长的抑制作用，旨在明确不同杀菌剂对该病的防治效果，以期为石榴干腐病的防治提供理论基础。

1 材料和方法

1.1 材料

供试菌株：西昌学院作物病理研究室分离并保存的石榴干腐病菌株，采集自凉山彝族自治州会理市。

供试药剂：25%硅唑咪鲜胺（silazol prochloraz）水乳剂（上海沪联生物药业股份有限公司）；37%苯醚甲环唑（difenoconazole）水分散粒剂（上海沪联生物药业股份有限公司）；30%苯甲吡唑酯（benzopyrazole ester）悬浮剂（上海沪联生物药业股份有限公司）；75%肟菌戊唑醇（oxime tebuconazole）水分散粒剂（湖南农大海特农化有限公司）；30%唑醚戊唑醇（oxazol tebuconazole）悬浮剂（湖南农大海特农化有限公司）；21.4%柠铜络氨铜（limonite cupric chloride）水剂（山西省临猗县精细化工有限公司）。

1.2 试验方法

采取生长速率法测定6种杀菌剂对石榴干腐病菌菌丝生长的抑制作用。根据田间农药计算公式每种杀菌剂取1g用无菌水加入适量链霉素制取100mL母液备用，将6种杀菌剂分别配置5个浓度梯度，有效成分终质量浓度分别为25%硅唑咪鲜胺（50、100、200、400、800mg/L）、37%苯醚甲环唑（30、60、120、240、480mg/L）、30%苯甲吡唑酯（37.5、75、150、300、600mg/L）、75%肟菌戊唑醇（75、150、300、600、1200mg/L）、30%唑醚戊唑醇（75、150、300、600、1200mg/L）、21.4%柠铜络氨铜（250、500、1000、2000、4000mg/L）。

在无菌操作条件下，根据试验处理将预先融化的灭菌培养基定量加入无菌锥形瓶中，从低浓度到高浓度依次定量吸取药液，分别加入锥形瓶中，充分摇匀后等量倒入直径为 9cm 的培养皿中，制成含相应浓度药剂的平板，不含药剂的处理做空白对照，每个处理设置 3 个重复。将培养好的石榴干腐病菌用 5mm 灭菌打孔器打成菌饼，使菌面向下接种于含药培养基中央。接种好放置于 26℃恒温培养箱中培养，根据空白对照培养皿中菌落的生长情况调查病原菌菌丝生长情况，用游标卡尺测量各菌落直径，计算相对抑菌率。

相对抑菌率（%）=（对照菌落直径 – 处理菌落直径）/ 对照菌落直径 ×100

将数据整理后利用在 DPS 软件中将浓度高到低排序，再添上对应的抑制率，使用生物测定数量型统计，计算毒力回归方程、EC_{50}值、几率值和相关系数。

2　结果与分析

2.1　杀菌剂对干腐病菌的抑菌效果

对照组石榴干腐病菌在培养 2 天后菌饼周围开始出现明显白色菌丝，3 天后生长明显，7 天基本长满，靠近菌饼周围开始出现小黑点及分子孢子器，随后逐渐向周围扩散。6 种杀菌剂在制成含药培养平板后，对石榴干腐病病菌均有不同程度的抑制作用。其中 75% 肟菌戊唑醇有效成分终质量浓度 1200mg/L 时，对石榴干腐病菌的抑菌率达到了 93.76%，抑菌效果显著；30% 苯甲吡唑酯有效成分终质量浓度 600mg/L 浓度时，对石榴干腐病病菌的抑制率为 91.32%（表 1）。

表 1　6 种杀菌剂对干腐病菌的抑菌效果

Table 1　The inhibitory effect of six fungicides to *C. granati*

药剂名称	浓度梯度（mg/L）	相对抑菌率 (%)	抑菌几率值
25% 硅唑咪鲜胺	50	35.96 ± 0.1050	4.6405
	100	41.78 ± 0.2020	4.7925
	200	57.22 ± 0.4192	5.1820
	400	58.07 ± 0.2021	5.2037
	800	76.22 ± 0.1504	5.7134
37% 苯醚甲环唑	30	50.72 ± 0.2285	5.018
	60	48.37 ± 0.1529	4.9591
	120	77.02 ± 0.1517	5.7395
	240	77.75 ± 0.1031	5.7638
	480	88.19 ± 0.1021	6.1845
30% 苯甲吡唑酯	37.5	46.06 ± 0.1517	4.9011
	75	74.14 ± 0.2184	5.6477
	150	75.47 ± 0.0990	5.6894
	300	83.55 ± 0.1991	5.9761
	600	91.32 ± 0.0577	6.3607
75% 肟菌戊唑醇	75	42.78 ± 0.1040	4.8180
	150	59.09 ± 0.2474	5.2299
	300	68.49 ± 0.0995	5.4814
	600	80.11 ± 0.1010	5.8456
	1200	93.76 ± 0.0853	6.5349

(续)

药剂名称	浓度梯度（mg/L）	相对抑菌率（%）	抑菌几率值
30%唑醚戊唑醇	75	32.53 ± 0.0201	4.5471
	150	36.38 ± 0.3038	4.6517
	300	77.01 ± 0.4195	5.7392
	600	76.22 ± 0.1519	5.7134
	1200	88.58 ± 0.1559	6.2045
21.4%柠铜络氨铜	250	25.80 ± 0.1701	4.3505
	500	31.32 ± 0.2673	4.5132
	1000	36.58 ± 0.1819	4.6570
	2000	64.86 ± 0.2194	5.3815
	4000	79.72 ± 0.3375	5.8317
CK	—	—	—

2.2 杀菌剂对石榴干腐病病原菌的毒力分析

在试验所使用的杀菌剂中，30%苯甲吡唑酯EC_{50}为32.6119 ± 0.1899mg/L，对石榴干腐病菌的菌丝生长抑制作用最好；其次是37%苯醚甲环唑，EC_{50}为36.9667 ± 0.2190mg/L；75%肟菌戊唑醇、25%硅唑咪鲜胺与30%唑醚戊唑醇的EC_{50}分别为EC_{50}为110.7913 ± 0.1428 mg/L、149.8870 ± 0.1292mg/L、166.6581 ± 0.2898mg/L，三者EC_{50}相差不是很大；21.4%柠铜络氨铜的EC_{50}高达1101.0946 ± 0.2205mg/L，药效明显低于另外的五种杀菌剂（表2）。

表2　6种杀菌剂对石榴干腐病病原菌的毒力

Table 2　The toxicity of six fungicides to *C. granati*

药剂名称	毒力回归方程	相关系数（R^2）	EC_{50}（mg/L）
25%硅唑咪鲜胺	y=0.8494x+3.1518	0.9670	149.8870 ± 0.1292
37%苯醚甲环唑	y=1.0423x+3.3659	0.9397	36.9667 ± 0.2190
30%苯甲吡唑酯	y=1.0789x+3.3672	0.9565	32.6119 ± 0.1899
75%肟菌戊唑醇	y=1.3452x+2.2497	0.9835	110.7913 ± 0.1428
30%唑醚戊唑醇	y=1.4539x+1.7698	0.9452	166.6581 ± 0.2898
21.4%柠铜络氨铜	y=1.2725x+1.1292	0.9578	1101.0946 ± 0.2205

3　讨论

国外曾报道多种真菌引起的石榴果实腐烂病，其中石榴干腐病是石榴果实上最为主要的病害。近年来，国内外关于石榴干腐病病原菌的研究更多的倾向于石榴干腐病主要是由垫壳孢引起。但对其研究仅限于生物学和形态学特征，针对其地理分布、发生发展规律、致病机制及防治技术等并没有深入的研究[6-11]。目前国内关于石榴干腐病防治的研究较少，主要报道的是传统杀菌剂对石榴干腐病的防治效果，或单一杀菌剂的药效[12-15]。本研究测定了25%硅唑咪鲜胺、37%苯醚甲环唑、30%苯甲吡唑酯、75%肟菌戊唑醇、30%唑醚戊唑醇、21.4%柠铜络氨铜6

种杀菌剂对石榴干腐病菌的室内毒力，旨在明确不同杀菌剂对该病的防治效果，以期为石榴干腐病的防治提供理论基础。

本研究通过菌丝生长速率法研究发现 30% 苯甲吡唑酯、37% 苯醚甲环唑对石榴干腐病菌具有很强的抑制作用。作为历史悠久的广谱有机铜杀菌剂，21.4% 柠铜络氨铜虽然其对真菌、细菌甚至一些病毒都有抑制作用，但对石榴干腐病菌的杀菌效果显著低于 30% 苯甲吡唑酯、37% 苯醚甲环唑，EC_{50} 达到 1101.0946mg/L。而三唑类杀菌剂苯醚甲环唑在与其他杀菌剂互配后，例如 30% 苯甲吡唑酯（20% 苯醚甲环唑 +10% 吡唑醚菌酯），对石榴干腐病菌的 EC_{50} 由 36.9667mg/L 降到了 32.6119mg/L，药效增强。因此在对石榴石榴干腐病菌进行防治时，可选择苯醚甲环唑与其他广谱杀菌剂互配。

4 结论

6 种杀菌剂对石榴干腐病病菌均有不同程度的抑制作用，致死中浓度（EC_{50}）依次为：30% 苯甲吡唑酯 < 37% 苯醚甲环唑 < 75% 肟菌戊唑醇 < 25% 硅唑咪鲜胺 < 30% 唑醚戊唑醇 < 21.4% 柠铜络氨铜；30% 苯甲吡唑酯 EC_{50} 为 32.6119 ± 0.1899mg/L，对石榴干腐病菌的菌丝生长抑制作用最好；其次是 37% 苯醚甲环唑，EC_{50} 为 36.9667 ± 0.2190mg/L，二者对石榴干腐病菌的毒力较强，可用于石榴干腐病菌防治。

参考文献

[1] LEVY E, Elkind G, BEN-ARIE R, BEN-ZE'EV I S. First report of *Coniella granati* causing pomegraanate fruit rot in Israel[J]. Phytoparasitica, 2011, 39(4): 403-405.

[2] CELIKER N M, UYSAL A, CETINEL B, POYRAZ D. Crown rot on pomegranate caused by *Coniella granati* in Turkey[J]. Australasian Plant Disease Notes, 2012, 7: 161-162.

[3] MIRABOLFATHY M, GROENEWALD J Z, CROUS P W. First report of *Pilidiella granati* causing dieback and fruit rot of pomegranate (*Punica granatum*) in Iran[J]. Plant disease, 2012, 96(3): 461.

[4] 宋晓贺, 孙德茂, 王明刚, 等. 陕西石榴干腐病发生及病原菌鉴定[J]. 植物保护学报, 2011, 38(1)93-94.

[5] 陈利娜, 敬丹, 唐丽颖, 等. 新中国果树科学研究70年——石榴[J]. 果树学报, 2019, 36(10)1389-1398.

[6] PALOU L, GUARDADO A, MONTESINOS-HERRERO C. First report of *Penicillium* spp. and *Pilidiella granati* causing postharvest fruit rot of pomegranate in Spain[J]. New disease reports, 2010, 22: 21.

[7] KHOSLA K, BHARDWAJ S S. Occurrence and incidence of important diseases of pomegranate in Himachal Pradesh[J]. Plant disease research, 2011, 26(2): 199.

[8] LI X Q, LU X Y, HE Y H, et al. Identification the Pathogens Causing Rot Disease in Pomegranate (*Punica granatum* L.) in China and the Antifungal Activity of Aqueous Garlic

Extract[J]. Forests, 2019, 11: 34.

[9] SHARMA R L, TEGTA R K. Incidence of dry rot of pomegranate in Himachal Pradesh and it's management[J]. Acta horticulturae, 2011, 890: 491-499.

[10] NEELAM K. Leaf Spot and Dry Fruit Rot of Pomegranate: Biology, Epidemiology and Management[J]. International journal of economic plants, 2017, 4(1): 31-36.

[11] SACCARDO P A. 1892. Sylloge fungorum omnium hucusque cognitorum. Vol. 10. Supplementum universal. Sumptibus auctoris, Typis Seminarii, Patavii.

[12] 鲁海菊, 李河, 史淑義, 等. 云南省石榴干腐病病菌生物学特性及其防治药剂筛选[J]. 江苏农业科学, 2017, 45(1): 99-102.

[13] 杨雪, 张爱芳, 郭遵守, 等. 嘧菌酯对石榴干腐病菌的生物学活性[J]. 植物保护学报, 2017, 44(1)152-158.

[14] 姚昕, 秦文. 苯醚甲环唑与异菌脲复配对石榴干腐病菌的联合毒力及贮藏期控制作用[J]. 果树学报, 2017, 34(8)1033-1042.

[15] 王丽, 侯珲, 袁洪波, 等. 石榴干腐病病原菌鉴定及两种杀菌剂的防治效果[J]. 果树学报, 2020, 37(3)411-418.

西昌地区粉虱种类鉴定

郑晓慧,周婷婷,卿贵华,吴瑕
(西昌学院,四川西昌 615013)

Identification of Whitefly Species in Xichang Area

ZHENG Xiaohui, ZHOU Tingting, QING Guihua, WU Xia
(*Xichang University, Xichang 615013, Sichuan, China*)

摘 要:【目的】明确西昌地区主要粉虱种类及寄主植物,为有效预防粉虱的传播蔓延提供理论依据。【方法】对西昌地区主要粉虱种类及其寄主进行调查采集,通过制作永久玻片,观察测量粉虱伪蛹的典型特征,根据其形态学特征鉴定粉虱种类。【结果】在西昌地区14科22种植物上调查到粉虱,分类鉴定到6种,即黑刺粉虱(*Aleurocanthus spiniferus*)、棒粉虱属粉虱(*Aleuroclava singh*)、烟粉虱(*Bemisia tabaci*)、孟加拉皮粉虱(*Pealius bengalensis*)、灰粉虱(*Siphoninus phillyreae*)、温室白粉虱(*Trialeurodes vaporariorum*),其中烟粉虱为害作物占比最多、分布最广泛,是西昌地区为害最严重的粉虱种类。【结论】西昌地区14科22种植物上共6属6种粉虱,其中烟粉虱为主要类群。

关键词:粉虱;种类;鉴定

Abstract: [Objective]Whiteflies are piercing and sucking insects that damage the young parts of plants. Now Aleyrodidae consists of 1605 species, representing 165 genera, 3 subfamily in the world. Aleyrodidae comprising 248 species in 49 genera, 2 subfamily from China. Whitefly distribute in the worldwide, their host-plants are very widely,some species are important pests on agriculture. The main damage ways of whiteflies to host plants are as follows: both adults and nymphs can suck the juice of plant phloem, leading to plant weakness; Adults and nymphs secrete honeydew and waxy substances to pollute plant organs and fruits, induce the occurrence of soot disease, hinder plant photosynthesis, lead to leaf atrophy, withering and premature defoliation, and reduce crop quality and quality; Some whiteflies are important vectors of many virus diseases. The plant viruses transmitted by whiteflies can cause plant deformity and fruit abortion, causing serious losses.The whitefly species that cause harm to agriculture in China include *Bemisia tabaci, Trialeurodes vaporariorum, Aleurocanthus spiniferus, Dialeurodes citri, Pealius mori* and *Vasdavidius indicus*. Xichang is the capital of Liangshan Yi Autonomous Prefecture in Sichuan Province. It is located in the Anning River Valley in the southwest of Sichuan Province. It covers an area of 2,655 square kilometers. It belongs to the tropical plateau monsoon climate zone and is suitable for growing a variety of agricultural and forestry crops. At present, whiteflies have been found in Xichang, but there is no report on the species of whiteflies in Xichang. This study is the first to investigate and identification of whiteflies and their host plants in Xichang through morphological characteristics. The results will provide a theoretical basis for effectively preventing the further spread of whitefly and formulating control measures. [Methods]The plant leaves infested by whitefly were collected in Xichang area and brought back to the laboratory to make permanent glass slides. The morphological characteristics were observed under a microscope, and they were classified and identified based on known literature. Under a stereo microscope, observe the color, shape, and morphological characteristics of the nymphs with or without waxy secretions for preliminary identification. Observe and measure the typical characteristics of the whitefly puparium under an optical microscope, such as the length and width of the pupa shell, the length and width of the vasiform orifice, the front and rear bristles, and the tongue-like process.The vasiform orifice is an important feature to identify the species of whitefly. The genus and species of the whitefly can be judged by its shape, size and distance from

---

基金项目:凉山彝族自治州农业科技创新项目(18NYCX0033);西昌学院"两高人才"项目(LGLZ201905)。
作者简介:郑晓慧(1962-),女,教授,硕士,研究方向:植物保护。Tel: 18981536708, E-mail: huiteacherzheng@aliyun.com。

the bottom of the pupa shell. The vasiform orifice should be observed during identification. [Results]A total of 6 species of whiteflies, *Aleurocanthus spiniferus*, *Aleuroclava Singh*, *Bemisia tabaci*, *Pealius bengalensis*, *Siphoninus phillyreae* and *Trialeurodes vaporariorum* on 22 species of plants in 14 families, in Xichang have been classified and identified. Among them, *Bemisia tabaci* accounts for the largest proportion and the most widespread distribution, and is the main whitefly group in Xichang. [Conclusion]A total of 6 species of whiteflies were classified and identified on 22 species of plants in 14 families in Xichang, and *Bemisia tabaci* is the main whitefly group in Xichang.

Key words: Whitefly; Species; Identification

粉虱隶属半翅目（Hemiptera）粉虱科（Aleyrodidae），是危害植物幼嫩部分的刺吸式昆虫。目前，全世界共记录1605种，分属3亚科165属，其中中国已记录粉虱科2亚科49属248种。粉虱寄主范围非常广泛，可危害农作物、蔬菜、花卉、果树和绿化植物等，其中不仅包括单子叶植物和双子叶植物，还有蕨类植物。粉虱类害虫为害寄主植物主要方式为：成虫、若虫均能刺吸植物韧皮部的汁液，导致植物衰弱；成虫、若虫分泌蜜露及蜡质物污染植物器官和果实，诱发煤烟病的发生，使植物光合作用受阻，导致叶片萎缩、枯萎和提前落叶，同时使农作物品质及质量下降；部分粉虱是许多病毒病的重要传毒介体，所传播的植物病毒可引致植物畸形和果实败育，造成严重损失。在我国对农业造成危害的粉虱种类有烟粉虱（*Bemisia tabaci*）、温室白粉虱（*Trialeurodes vaporariorum*）、黑刺粉虱（*Aleurocanthus spiniferus*）、柑橘粉虱（*Dialeurodes citri*）、桑粉虱（*Pealius mori*）、稻粉虱（*Vasdavidius indicus*）等。由于粉虱其寄主范围广泛，繁殖能力极强，现已经成为农业生产的重要害虫[1-6]。

西昌市是四川省凉山彝族自治州州府，地处四川省西南部安宁河谷地区，幅员面积2655 km^2，属于热带高原季风气候区，适合多种农林作物上生长。目前在西昌地区已发现粉虱危害，但尚无对西昌地区粉虱种类的报道，本研究首次对西昌地区粉虱及其寄主植物进行调查采集，通过形态学特征鉴定粉虱种类，为有效预防粉虱的进一步传播蔓延和制定防治措施提供理论依据。

1 材料和方法

1.1 供试材料

供试粉虱采自西昌市西乡乡、西宁镇、高枧乡等地。

1.2 方法

标本采集从2020年10月至2021年4月，主要调查经济作物、观赏花卉、杂草等植物上的粉虱，观察植物叶片背面是否有危害。将带有粉虱的新鲜叶片采下放入牛皮纸信封，记录样本的信息。

粉虱的形态学鉴定中，其第四龄若虫（伪蛹）是族、属、种级的重要鉴别虫态，将粉虱伪蛹制成永久玻片进行观察。粉虱伪蛹玻片标本制作技术：①用70%的乙醇杀死并固定粉虱伪蛹；②室温下用50g/L KOH软化并清除虫体内含物，放置4～5小时，直至虫体变白；③室温下用10g/L的番红染液染色30分钟；④蒸馏水清洗虫体；⑤分别于30%、50%、70%、85%、95%、100%乙醇中脱水3～5分钟，虫体沉底时捞出；⑥将粉虱伪蛹转移至载玻片，滴1滴二甲苯于虫体进行透明处理；⑦中性树胶封片；⑧烘干。

体视显微镜下观察若虫的颜色，形状，有无蜡质分泌物等形态特征，进行初步鉴定。

光学显微镜下观察测量粉虱伪蛹的典型特征，例如蛹壳长度和宽度，管状孔长度和宽度，前缘刚毛和后缘刚毛，舌状突等。管状孔是鉴别粉虱种类的重要特征，通过其形状，大小和距离蛹壳底端的距离可以判断出粉虱的属和种，在进行鉴定时应着重观察管状孔。

2　结果与分析

西昌地区采集到的粉虱根据形态学特征共分类鉴定到 6 种，其中烟粉虱寄主植物占比最多、分布最广泛，是西昌地区主要为害的粉虱种类（表1）。

表1　西昌地区粉虱种类及其寄主植物
Table1　Whitefly species and their host in Xichang Area

粉虱	拉丁名	寄主植物
黑刺粉虱	Aleurocanthus spiniferus	柑橘 *Citrus reticulata* Blanco
		香樟 *Cinnamomum camphora* (Linn) Presl
棒粉虱属粉虱	Aleuroclava Singh	鸡蛋花 *Plumeria rubra* L.
		马缨丹 *Lantana camara* L.
		蒲公英 *Taraxacum mongolicum* Hand.-Mazz.
烟粉虱	Bemisia tabaci	桑 *Morus alba* L.
		一品红 *Euphorbia pulcherrima* Willd. et Kl.
		圆叶锦葵 *Malva rotundifolia* Linn.
		蜀葵 *Althaea rosea* (Linn.) Cavan.
		甜瓜 *Cucumis melo* L.
		南瓜 *Cucurbita moschata* (Duch. ex Lam.) Duch. ex Poiret
		薄荷 *Mentha haplocalyx* Briq.
		茄 *Solanum melongena* L.
		阳芋 *Solanum tuberosum* L.
		番茄 *Lycopersicon esculentum* Mill.
		下田菊 *Adenostemma lavenia* (L.) O. Kuntze
孟加拉皮粉虱	Pealius bengalensis	垂叶榕 *Ficus benjamina* L.
		雅榕 *Ficus concinna* (Miq.) Miq.
灰粉虱	Siphoninus phillyreae	石榴 *Punica granatum*
温室白粉虱	Trialeurodes vaporariorum	一品红 *Euphorbia pulcherrima* Willd. et Kl.
		甜瓜 *Cucumis melo* L.
		南瓜 *Cucurbita moschata* (Duch. ex Lam.) Duch. ex Poiret
		薄荷 *Mentha haplocalyx* Briq.
		茄 *Solanum melongena* L.
		辣椒 *Capsicum annuum* L.
		牵牛 *Pharbitis nil* (L.) Choisy
		聚合草 *Symphytum officinale* L.

2.1 黑刺粉虱（*Aleurocanthus spiniferus*）

伪蛹特征：蛹壳呈椭圆形，壳周缘有白蜡边，壳黑有一定光泽，壳边锯齿状，体长 0.7～1.1mm，体宽约0.88mm；蛹壳背面隆起，有黑色刺，体缘为锯齿状；在100μm的体缘里大概有12个小齿，亚缘区有大概20个突起，有刺毛排列在区内，有些延伸出体缘；体背盘区胸部大约有9对刺，腹部10对刺左右；管状孔隆起呈心形，盖瓣也呈心形（图1）。

寄主植物：柑橘（*Citrus reticulata* Blanco），香樟［*Cinnamomum camphora* (Linn) Presl］，2020年11月23日，2021年4月5日，2021年4月13日，西昌学院北校区，周婷婷采。

图1 黑刺粉虱

A：伪蛹；B：管状孔；C：体缘

Fig.1 *Aleurocanthus spiniferus*

A: puparium; B: vasiform orifice; C: margin

2.2 棒粉虱属粉虱（*Aleuroclava* Singh）

伪蛹特征：蛹壳为椭圆形，颜色多是白色，体长0.53～0.59mm，体宽0.39～0.42mm，体缘为波浪形，较规则，亚缘区清晰，与背盘区分离不明显，腹面触角明显，横蜕裂缝未达体缘；管状孔为长三角形，盖瓣为长心形，管状孔接近被塞满，尾沟明显，尾部具刚毛（图2）。

寄主植物：马缨丹（*Lantana camara* L.），鸡蛋花（*Pumeria rubra* L.），蒲公英（*Taraxacum mongolicum* Hand.–Mazz.），2020年10月15日，2020年11月23日，西昌学院北校区，周婷婷采；2021年4月15日，西昌学院北校区后山，周婷婷采。

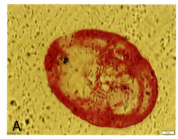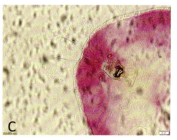

图2 棒粉虱属粉虱

A：伪蛹；B：管状孔；C：体缘

Fig.2 *Aleuroclava* Singh

A: puparium; B: vasiform orifice; C: margin

2.3 烟粉虱（*Bemisia tabaci*）

伪蛹特征：蛹壳为椭圆形，呈淡绿色或黄色，边缘扁薄或自然下陷，体长0.53～0.77mm，体宽0.35～0.48mm，周缘无蜡丝；管状孔为长三角形，侧缘弯曲，孔内缘具不规则小圆锯齿，管状孔后端有5～7个小瘤状突起；舌状突为长匙状，尾部具有一对刚毛，腹沟清楚，从管状孔通向腹部末端。烟粉虱形态存在寄主相关变异，若蛹壳在叶片背面光滑的植株上则无刚毛，但在具毛叶片背面，刚毛可有7对（图3）。

寄主植物：蜀葵[*Althaea rosea* (Linn.) Cavan.]，下田菊[*Adenostemma lavenia* (L.) O. Kuntze]，牵牛[*Pharbitis nil* (L.) Choisy]，圆叶锦葵（*Malva rotundifolia* Linn.），甜瓜（*Cucumis melo* L.），桑（*Morus alba* L.），南瓜[*Cucurbita moschata* (Duch. ex Lam.) Duch. ex Poiret]，茄（*Solanum melongena* L.），薄荷（*Mentha haplocalyx* Briq.），阳芋（*Solanum tuberosum* L.），一品红（*Euphorbia pulcherrima* Willd. et Kl.），番茄（*Lycopersicon esculentum* Mill.）。2020年10月15日，2020年11月10日，西昌学院北校区，周婷婷采；2021年4月5日，西昌学院北校区后山，周婷婷采；2021年4月14日，高枧乡，周婷婷采；2021年4月15日，西宁镇，周婷婷采；2021年4月20日，西乡乡，周婷婷采。

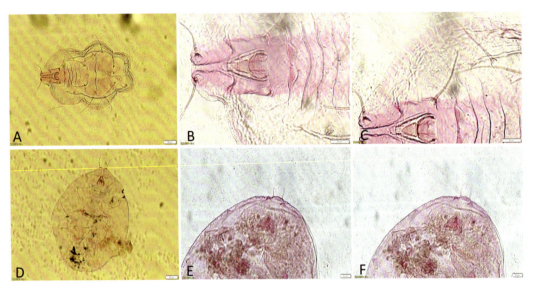

图3 烟粉虱

A、D：伪蛹；B、E：管状孔；C、F：体缘

Fig.3 *Bemisia tabaci*

A, D: puparium; B, E: vasiform orifice; C, F: margin

2.4 孟加拉皮粉虱（*Pealius bengalensis*）

伪蛹特征：蛹壳为椭圆形，颜色为白色，体宽为0.29～0.38mm，体长为0.43～0.55mm；亚中区有乳状突起，左右3列，40～60个；纵蜕裂缝达到体缘，横蜕裂缝没有达到体缘，体缘呈锯齿状；存在前缘刚毛和后缘刚毛，大约有10对体缘刚毛；亚缘区与背盘区不分离；管状口为亚三角形，较大，盖瓣占管状孔一半的区域，舌状突露出部分呈"D"字形，尾沟明显，很短；腹面触角较短，通气孔存在（图4）。

寄主植物：垂叶榕（*Ficusben jamina* L.），雅榕（*Ficus concinna* Miq.）。2020年10月15日，

2020 年 12 月 5 日，2021 年 4 月 13 日，西昌学院北校区，周婷婷采。

图 4　孟加拉皮粉虱

A：伪蛹；B：管状孔；C：体缘

Fig.4　*Pealius bengalensis*

A: puparium; B: vasiform orifice; C: margin

2.5　灰粉虱（*Siphoninus phillyreae*）

伪蛹特征：蛹壳为椭圆形，颜色多是黄褐色，背上有白色蜡质，厚多，体长 0.78～0.88 mm，体宽 0.37～0.43mm，内部具有发达的虹吸背管，数量 55～100 根不等，长 60～100μm，每根丝状物顶端分泌出珠状蜜露，形似透明玻璃珠，管状孔为亚心形，后端成圆形，宽大于长，盖瓣覆盖管状孔不足一半，呈舌状（图 5）。

寄主植物：石榴（*Punica granatum*），2020 年 11 月 3 日，2020 年 11 月 10 日，西昌学院北校区，周婷婷、郑晓慧采。

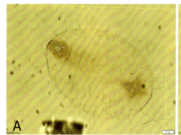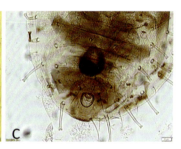

图 5　灰粉虱

A：伪蛹；B：管状孔；C：体缘

Fig.5　*Siphoninus phillyreae*

A: puparium; B: vasiform orifice; C: margin

2.6　温室白粉虱（*Trialeurodes vaporariorum*）

伪蛹特征：蛹壳为椭圆形，颜色为黄褐色或白色，边缘厚，体缘有一些蜡丝，体长 0.65～1.1mm，体宽 0.37～0.75mm；亚背盘区至亚中区有 6～8 对乳突；纵蜕裂缝达到体缘，横蜕裂缝没有达到体缘；背盘区和亚缘区分离得不明显，亚缘体周边单列排布有 60 多个小乳突；管状孔为三角形，后部有小瘤状突起，舌状突为回旋镖形，有尾刚毛；亚缘区有不规则齿，尾沟明显（图 6）。

寄主植物：辣椒（*Capsicum annuum* L.），一品红（*Euphorbia pulcherrima* Willd. et Kl.），聚

合草（*Symphytum officinale* L.），茄（*Solanum melongena* L.），薄荷（*Mentha haplocalyx* Briq.），甜瓜（*Cucumis melo* L.），南瓜［*Cucurbita moschata* (Duch. ex Lam.) Duch. ex Poiret］，牵牛［*Pharbitis nil* (L.) Choisy］。2020年11月20日，西昌学院北校区，周婷婷采；2021年4月23日，西乡乡，周婷婷采；2021年4月15日，高枧乡，2021年5月18日，周婷婷采。

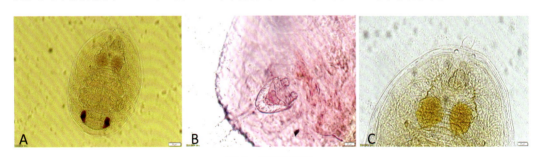

图6 温室白粉虱

A：伪蛹；B：管状孔；C：体缘

Fig.6 *Trialeurodes vaporariorum*

A: puparium; B: vasiform orifice; C: margin

3 讨论

由于很多粉虱的成虫特征上无明显差别，能用于分类的特征特别少，且成虫玻片标本不易制作。而在粉虱第四龄若虫（伪蛹）上则特征分化明显，并且于野外第四龄若虫（伪蛹）的采集比较简单和方便，蛹壳一年四季都能在野外采集。目前粉虱的分类在科和亚科的水平上依据于成虫和第四龄若虫（伪蛹）的特征，而在族、属和种的水平上则主要利用第四龄若虫（伪蛹）的特征。但是由于粉虱个体微小，近缘种之间特征区别不明显，对粉虱形态特征的可塑性以及对粉虱若虫形态特征缺乏认识，增加了粉虱分类研究的难度，而且粉虱的寄主相关变异现象也造成了对粉虱的错误鉴定及分类困难[7-11]。扫描电镜能较好观测粉虱管状口等形态学特征，本试验因条件有限未采用扫描电子显微镜观察，后续试验要综合利用体视显微镜，光学显微镜和电子显微镜进行观察，并结合分子生物学技术进一步完善分类鉴定。

目前，全世界共记录1605种，分属3亚科165属，中国已记录粉虱科2亚科49属248种。但是总体来说粉虱分类仍然处于地方区域种类的研究和描述阶段，粉虱系统发育研究还需要进一步完善。在我国，由于华南区气候相对温暖、植被丰富，适合粉虱科的生存，故华南区粉虱种类最多；其次为西南区和华中区；新疆、东北和青藏区分布种类最少。在刘曼等的报道中，西南地区粉虱种类主要有黑刺粉虱、烟粉虱、温室白粉虱、桑粉虱4种[12-17]。由于调查采集粉虱标本的范围还不够广泛，调查的时间较短，同时西昌气候变化可能影响了粉虱的年生活史，本研究目前仅在西昌地区发现6种粉虱，且在桑科植物上未发现桑粉虱。后续调查有必要在西昌地区扩大调查范围，特别是深入调查西昌地区的经济作物，以利于为西昌地区农业生产上的粉虱害虫准确鉴定提供技术支撑其提供准确的参考资料，同时也丰富西昌地区粉虱系统分类、寄主及生物地理学的研究资料。

4 结论

西昌地区 14 科 22 种植物上粉虱共分类鉴定到 6 种,即黑刺粉虱(*Aleurocanthus spiniferus*)、棒粉虱属粉虱(*Aleuroclava* Singh)、烟粉虱(*Bemisia tabaci*)、孟加拉皮粉虱(*Pealius bengalensis*)、灰粉虱(*Siphoninus phillyreae*)、温室白粉虱(*Trialeurodes vaporariorum*),其中烟粉虱危害作物占比最多、分布最广泛,为西昌地区主要粉虱类群。

参考文献

[1] 阎凤鸣, 李大建. 粉虱分类的基本概况和我国常见种的识别[J]. 北京农业科学, 2000, 18: 20.

[2] 王吉锐. 中国粉虱科系统分类研究[D]. 扬州: 扬州大学, 2015.

[3] MARTIN J H, MOUND L A. An annotated check list of the world's whiteflies (Insecta: Hemiptera: Aleyrodidae)[J]. Zootaxa, 2007, 1492(1492): 1-84.

[4] EVANS G A. The whiteflies (Hemiptera: Aleyrodidae) of the world and their host plants and natural enemies[J/OL]. 2008. (http://www.sel.barc.usda.gov:591/1WF/whitefly_catalog.htm).

[5] OIIVEIRA M R V, HENNEBERRY T J, ANDERSON P. History, current status, and collaborative host responses with the B-biotype[J]. Entomology experimentalist applicata, 2001, 98: 339-344.

[6] PAPPU H, JONES R, JAIN R. Global status of tospovirus epidemics in diverse cropping systems: Successes achieved and challenges ahead[J]. Virus research, 2009, 141(2): 219-236.

[7] DUBEY A K, DAVID B Y. Collection, preservation and preparation of specimens for taxonomic study of whiteflies (Hemiptera: Aleyrodidae). The whiteflies or mealywing bugs: biology, host specificity and management[M]. Germany: Lambert Academic Publishing, 2012: 1-19.

[8] HODGES G, EVANS G A. An identification guide to the whiteflies (Hemiptera: Aleyrodidae) of the southeastern United States[J]. Florida Entomologist, 2005, 88(4): 518-534.

[9] MANZARI S, QUICKE D L J. A cladistic analysis of whiteflies, subfamily Aleyrodinae (Hemiptera: Stemorrhyncha: Aieyrodidae)[J]. Journal of Natural History, 2006, 40: 2423-2554.

[10] 阎凤鸣. 非形态特征在粉虱分类中的运用[J]. 昆虫分类报, 2001, 23(2)107-113.

[11] 宋月芹, 张瑞敏, 董钧锋. 粉虱伪蛹玻片标本制作技术[J]. 湖北农业科学, 2011, 50(21): 4389-4390.

[12] 闫凤鸣, 白润娥. 中国粉虱志[M]. 郑州: 河南科学技术出版社, 2017: 186-187.

[13] SUH S J, EVANS G A, OH S M. A checklist of intercepted whiteflies (Hemiptera: Aleyrodidae) at the Republic of Korea pons ofentry[J]. Journal of Asia-pacific Entomology, 2008, 11(1): 37-43.

[14] 王吉锐, 马德英, 王惠卿, 等. 中国新疆地区粉虱种类(半翅目: 粉虱科)记述[J]. 环境昆虫学报, 2016, 38(3): 541-549.

[15] MARTIN J H, LAU S K. The Hemiptera-Stemorrhyncha (Inseeta) of Hong Kong, China—an annotated inventory citing voucher specimens and published records[J]. Zootaxa, 2001, 2847: 1-122.

[16] 白润娥, 李静静, 刘威, 等. 河南省粉虱种类(半翅目: 粉虱科)记述[J]. 河南农业大学学报, 2019, 53(2)218-226.

[17] 刘曼, 王济红, 任春光, 等. 西南地区主要粉虱害虫的分布与危害[J]. 西南农业学报, 2010, 23(3)728-734.

石榴枯萎病菌拮抗菌株 1 的分离鉴定及定植能力研究

周银丽[1]，韦福翠[1]，李彩红[1]，杨伟[2]，胡先奇[3*]

([1]红河学院 云南省高校农作物优质高效栽培与安全控制重点实验室，云南蒙自 661100；[2]红河学院商学院，云南蒙自 661100；[3]云南农业大学 农业生物多样性与病害控制教育部重点实验室，云南昆明 650201)

Isolation and Identification of Pomegranate wilt Pathogen antagonism *Bacillus* Strain 1 and its Colonization Ability Studies

ZHOU Yinli[1], WEI Fucui[1], LI Caihong[1], YANG Wei[2], HU Xianqi[3*]

([1]*Key Laboratory of Higher Quality and Efficient Cultivation and Security Control of Crops for Yunnan Province, Honghe University, Mengzi 661100, Yunnan, China;* [2]*Commercial college, Honghe University, Mengzi 661100, Yunnan, China;* [3]*Key Laboratory for Agri-biodiversity and Pest Management of Education Ministry of China, Yunnan Agricultural University, Kunming 650201, Yunnan, China*)

摘　要：【目的】筛选对石榴枯萎病菌有拮抗作用的菌株，为石榴枯萎病的生物防治提供一定的参考。【方法】从石榴枯萎病发生严重的云南蒙自石榴园、建水石榴园采集根际土样，从中分离得到 26 株石榴枯萎病菌拮抗芽孢杆菌，进一步用平板对峙法复筛，得到 10 株对石榴枯萎病菌拮抗活性明显的芽孢杆菌。【结果】菌株 1 对石榴枯萎病菌的室内抑制率为 65.88%，结合菌株 1 的细菌鉴定板生化反应、培养性状、16SrDNA 序列分析，初步鉴定菌株 1 为枯草芽孢杆菌（*Bacillus subtilis*）。【结论】枯草芽孢杆菌菌株 1 对石榴枯萎病菌有良好的抗菌效果，且该菌株能在石榴根际土壤稳定定植，具有一定生防潜力。

关键词：石榴枯萎病；生物防治；枯草芽孢杆菌

Abstract:【Objective】To screen out the antagonistic strains against pomegranate wilt pathogen, and provide a reference for the biological control of pomegranate wilt.【Method】The rhizosphere soil samples were collected from the pomegranate gardens in Mengzi and Jianshui, Yunnan, where pomegranate wilt was severely affected, and 26 strains of *Bacillus* antagonistic to pomegranate wilt pathogen were isolated from the samples, 10 strains Bacillus which have strong antagonism activity to pomegranate wilt pathogen were obtained.【Results】The indoor inhibition ratio of strain 1 against pomegranate wilt was 65.88%. Combining strain 1's bacterial identification plate biochemical reaction, culture characteristics, and 16SrDNA sequence analysis, strain 1 was preliminarily identified as B. subtilis.【Conclusion】B. subtilis 1 has strong antagonism activity against pomegranate wilt pathogen and can be colonization in the rhizosphere soil of pomegranate, B. subtilis 1 has a certain potential for biocontrol of pomegranate wilt.

Keywords: Pomegranate wilt pathogen; Biological control; *Bacillus subtilis*

【研究意义】石榴是云南蒙自的一种重要经济作物，是蒙自的支柱产业之一，同时也是农

基金项目：云南省地方高校基础研究联合专项项目 (2018FH001-034)；红河学院科研基金博士专项项目（XJ17B10）；云南省卓越农林人才协同育人计划；植物保护专业产教融合、校企合作应用型人才培养模式创新实验区 (CXRS161004)。
作者简介：周银丽（1976-），女，博士，副教授，主要从事植物线虫病害及植物病害复合侵染的研究。E-mail: zyl_biology2@126.com。
* 通讯作者：胡先奇（1965-），男，博士，博导，教授，研究方向：植物病理学及植物线虫学。E-mail: xqhoo@126.com。

村经济收入的主要来源。随着石榴单一种植面积的逐渐扩大，近些年来病害加剧，严重威胁着蒙自特色经济产业可持续发展。石榴枯萎病病原为甘薯长喙壳(Ceratocystis fimbriata El-lis & Halsted)[1,2]，其感病后的症状初期表现为叶片萎蔫，而后全株萎蔫至枯死被当地果农称为"癌症"[2]。自首次报道以来一直未曾找到科学有效的防治手段[3]。据报道2004年造成经济损失1500万元，该病害已成为蒙自石榴可持续发展的障碍，同时随着石榴枝条调运和商品交换，给其他产区的石榴园也带来潜在的威胁。石榴枯萎病是一种难以防治的土传病害，一旦发生该病害再次种植石榴苗也很难成活，给整个石榴园带来的伤害是毁灭性的，为实现蒙自石榴产业可持续发展，很多研究者一直致力于该病害的防治研究，为石榴枯萎病的生防提供一定参考。【前人研究进展】病害发生以来，众多学者对石榴枯萎病的发生及防治方法进行研究报道。目前主要以化学防治手段为主，其使用的化学杀菌剂主要有有咪鲜胺、丙环唑、多菌灵、万霉灵、背得丰、果病灵、枯萎必克、百菌清、三唑酮、氟硅唑等[4-7]；但为了保护土壤微生物生态和大气环境安全，绿色生防是一个努力的方向，已有研究表明，黄连、苦参、细辛、板蓝根、芦荟、大蒜、大蓟、木姜子、胜红蓟提取物对石榴枯萎病有一定抑制作用[8-10]；拮抗菌枯草芽孢杆菌[11]、木霉菌[12]、解淀粉芽孢杆菌[13]、壮观链霉菌、公牛链霉菌[14-15]等与石榴枯萎病菌有较好的拮抗作用。有研究表明根结线虫的接入可加重石榴根坏死的发生，且随着根结线虫接入量的增加，根坏死更明显，根结线虫可为枯萎病病原菌侵入石榴根部打开通道，所以防治石榴根结线虫病有利于更好地控制石榴枯萎病；石榴园中间作桃树可提高石榴枯萎病病害土壤的微生物群落碳源代谢能力，对石榴枯萎病病害土壤有一定的修复作用[16]。【本研究切入点】作为一种很难防治的土传真菌病害，石榴根部的伤口是枯萎病菌入侵的主要通道，若能减少石榴根系的伤口，则可为阻断枯萎病菌的入侵建立一道物理屏障；利用微生物之间的拮抗作用，减少病原菌的数量及形成抑制性土壤微生态是抑制石榴枯萎病的一种重要手段。基于此，本研究分离鉴定了对石榴枯萎病病菌的有拮抗作用的芽孢杆菌并进行了初步鉴定。【拟解决的关键问题】寻找更多的石榴枯萎病菌拮抗菌，为石榴枯萎病的生物防治提供参考依据。

1 材料与方法

1.1 根际土样的采集

在石榴园采用五点取样法，共采集了45份样本。

1.2 枯萎病菌拮抗芽孢杆菌的筛选

拮抗菌株的筛选方法参照文献[13]。

本试验的石榴枯萎病菌由云南农业大学植物病理实验室黄琼教师提供。

1.3 枯萎病菌拮抗芽孢杆菌的定殖能力研究

拮抗菌株的定殖能力方法参照文献[13]。

1.4 枯萎病菌拮抗细菌的生化鉴定

拮抗菌株的生理生化鉴定用Biolog细菌鉴定版，主要分7个步骤进行鉴定，按操作说明进行。

1.5 枯萎病菌拮抗芽孢杆菌的分子鉴定

用 OMEGA 细菌基因组试剂盒提取细菌 DNA，提取操作步骤按照说明进行，可得到高质量的细菌基因组 DNA。用细菌的 16SrDNA 引物进行 PCR 扩增，对扩增片段进行回收、连接、转化、克隆，阳性克隆送北京六合华大基因科技股份有限公司测序。

2 结果与分析

2.1 枯萎病菌拮抗菌的筛选及定殖能力研究

本研究从云南建水石榴园和蒙自石榴园共采集了 45 份土壤样本，初步筛选得到 26 株拮抗石榴枯萎病的芽孢杆菌，进一步用平板对峙法复筛，共得到对石榴枯萎病菌拮抗活性明显的芽孢杆菌 10 株，其中拮抗菌 1 对石榴枯萎病菌抑制率为 65.88%。

利福平抗性标记菌株 1 在石榴苗根际第 5、10、15、20、25、30 和 35 天的回收菌量分别为 1×10^7、3.5×10^7、3.8×10^6、7.6×10^5、1.6×10^5、1.2×10^5 和 1.1×10^5 CFU/g。菌株 1 在石榴根际的第一次回收菌量为 1×10^7，第二次取样时回收菌量上升，后面几次的回收菌量有所下降，第五次之后的回收菌量趋于稳定，石榴枯萎病抗性菌株 1 能在石榴根际稳定定植。

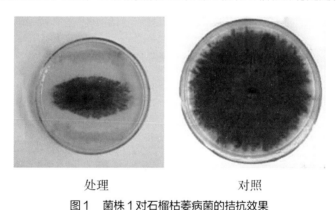

图 1 　菌株 1 对石榴枯萎病菌的拮抗效果

Fig. 1　Antagonistic effect of strain 1 on pomegranate wilt pathogen

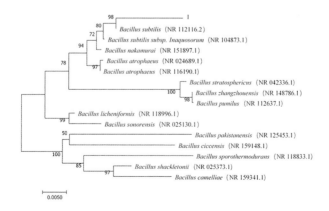

图 2　以 16SrDNA 序列为基础构建的菌株 1 系统进化树

Fig.2　Phylogenetic tree of strain 1 based on 16SrDNA gene sequence

2.2 菌株 1 的鉴定

2.2.1 菌株 1 的生化鉴定

菌株 1 对 Biolog 板上 95 种碳底物的利用能力：单糖：能完全反应的有 12 种，半反应的有 13 种，未反应的有 1 种；磷酸己糖：两种都是半反应；氨基酸：完全反应的有 1 种，半反应的有 8 种；己糖酸：完全反应的有 4 种，半反应的有 4 种，未反应的有 1 种；羧酸、酯和脂肪酸：完全反应的有 4 种，半反应的有 9 种，未反应的有 5 种（表 1）。最后鉴定结果与枯草芽孢杆菌菌株的相似值为：0.558（相似值＞0.500 为有效鉴定）。

表 1 菌株 1 对 Biolog 板上 95 种碳底物的利用能力

Table 1 Utilization Ability of 95 kinds carbon substrates in Biolog plate by bacterial strain 1

编号	营养基质	反应类型	编号	营养基质	反应类型	编号	营养基质	反应类型
A1	水	−	C9	肌苷	−/+	F5	D-葡糖醛酸	−/+
A2	糊精	+	C10	乳酸钠	+	F6	葡糖醛酰胺	−/+
A3	D-麦芽糖	+	C11	梭链孢酸	−	F7	粘酸，粘液酸	+
A4	D-海藻糖	+	C12	D-丝氨酸	−	F8	奎宁酸	−
A5	D-纤维二糖	+	D1	D-山梨醇	+	F9	糖质酸	+
A6	龙胆二糖	+	D2	D-甘露醇	+	F10	万古霉素	+
A7	蔗糖	+	D3	D-阿拉伯醇	−/+	F11	四唑紫	−/+
A8	D-松二糖	−/+	D4	肌醇	+	F12	四唑蓝	−/+
A9	水苏糖	−/+	D5	甘油	+	G1	p-羟基-苯乙酸	−
A10	阳性对照	+	D6	D-葡糖-6-磷酸	−/+	G2	丙酮酸甲酯	−/+
A11	pH 6	+	D7	D-果糖-6-磷酸	−/+	G3	D-乳酸甲酯	+
A12	pH 5	+	D8	D-天冬氨酸	−	G4	L-乳酸	+
B1	蜜三糖，棉子糖	+	D9	D-丝氨酸	−	G5	柠檬酸	+
B2	α-D-乳糖	−/+	D10	醋竹桃霉素	−	G6	α-酮-戊二酸	−
B3	蜜二糖	−/+	D11	利福霉素 SV	−	G7	D 苹果酸	−
B4	β-甲酰-D-葡糖苷	+	D12	二甲胺四环素	−	G8	L-苹果酸	+
B5	D-水杨苷	+	E1	明胶	−/+	G9	溴-丁二酸	−/+
B6	N-乙酰-D-葡萄糖胺	−/+	E2	E 氨基乙酰-L-脯氨酸	−	G10	萘啶酮酸	−
B7	N-乙酰-β-D-甘露糖胺	−/+	E3	L-丙氨酸	+	G11	氯化锂	+
B8	N-乙酰-D-半乳糖胺	−/+	E4	L-精氨酸	−/+	G12	亚碲酸钾	+
B9	N-乙酰神经氨酸	−	E5	L-天冬氨酸	+	H1	吐温 40	−/+
B10	1% NaCl	+	E6	L-谷氨酸	+	H2	γ-氨基-丁酸	−/+
B11	4% NaCl	+	E7	L-组胺	−/+	H3	α-羟基-丁酸	−
B12	8% NaCl	+	E8	L-焦谷氨酸	−	H4	β-羟基-D,L 丁酸	−
C1	α-D-葡糖	+	E9	L-丝氨酸	−/+	H5	α-酮-丁酸	−

（续）

编号	营养基质	反应类型	编号	营养基质	反应类型	编号	营养基质	反应类型
C2	D-甘露糖	+	E10	林肯霉素,沾霉素	−	H6	乙酰乙酸	+
C3	D-果糖	+	E11	盐酸胍	−/+	H7	丙酸	−/+
C4	D-半乳糖	−/+	E12	硫酸四癸钠	−	H8	乙酸	−/+
C5	3-甲酰葡糖	−/+	F1	果胶	+	H9	甲酸	−/+
C6	D-盐藻糖	−/+	F2	D-半乳糖醛酸	−/+	H10	氨曲南	+
C7	L-果糖	−/+	F3	L-半乳糖醛酸内酯	−/+	H11	丁酸钠	+
C8	L-鼠李糖	−/+	F4	D-葡糖酸	+	H12	溴酸钠	+

注:"+"表示阳性反应;"−"表示阴性反应;"−/+"表示该反应介于阴阳反应之间。

2.2.2 石榴枯萎病菌拮抗菌的分子鉴定

通过 PCR 扩增方法得到菌株 1 的 16SrDNA 序列,测序获得 16SrDNA 序列全长。通过 Blast 相似性比较分析,菌株 1 与枯草芽孢杆菌的 16SrDNA 序列同源性为 98%,用 mega5.0 建立系统发育树,菌株 1 与枯草芽孢杆菌处于同一分支(图 2),结合该菌株在细菌鉴定版上的鉴定结果与枯草芽孢杆菌菌株的相似值为:0.558(相似值＞0.500 为有效鉴定),将菌株 1 鉴定为枯草芽孢杆菌。

3 结论与讨论

石榴枯萎病在蒙自石榴园中危害逐年加重,为寻找更多的生防菌株控制石榴枯萎病,本研究采用平板对峙方法,筛选得到了几株石榴枯萎病菌拮抗菌株,其中,菌株 1 对石榴枯萎病菌的抑制率为 65.88%,结合生理生化鉴定和 16SrDNA 序列分析,将菌株 1 为初步鉴定为枯草芽孢杆菌,该菌株能在石榴根际土壤稳定定植,具有潜在的生防潜力。

枯草芽孢杆菌是一种重要的生防资源,具有抑制多种植物病原菌的能力,对人畜无害、环境友好、备受国内外研究者的关注[17]。夏俊芳等研究报道了枯草芽孢杆菌对灰葡萄孢具有显著抑制作用[18]。朱华珺等检测枯草芽孢杆菌 JN005 产生的胞外抗菌物质的稳定性和对稻瘟病菌的生物活性,表明枯草芽孢杆菌对稻瘟病菌生长具有抑制作用[19]。潘潇涵等研究报道了枯草芽孢杆菌 VT4-1x 能有效抑制马铃薯病原菌的生长,且与哈茨木霉 VT9-3r 复配施用能有效防治马铃薯黑痣病[20]。王欣悦等分离鉴定出一株枯草芽孢杆菌 KC-1,其发酵液对禾谷镰刀菌、镰孢菌、玉米链格孢、稻梨孢、尖孢镰刀菌均有显著的抑制作用[21]。郝慧娟等研究报道了枯草芽孢杆菌 BSD-2 对植物枯萎病菌和灰霉病菌具有很强的抑制作用且能够定植与黄瓜体内,从而阻止病原菌的侵入[22]。本研究中表明枯草芽孢杆菌菌株 1 对石榴枯萎病菌起到较好的抑制效果,且能在石榴根际土壤中稳定定植,具有潜在的生物防控价值,该菌株在田间对石榴枯萎病的防治效果有待进一步研究。

参考文献

[1] HUANG Q, ZHU Y Y, CHEN H R, et al. First report of pomegranate wilt caused by

Ceratocystis fimbriata in Yunnan, China [J]. Plant disease, 2003, 87(9): 1150.

[2] 刘云龙, 何永宏, 王新志. 国内一种果树新病害——石榴枯萎病[J]. 植物检疫, 2003, 17(4): 206-20.

[3] 邓吉, 陆进, 李健强, 等. 石榴枯萎病发生危害与防治初步研究[J]. 植物保护, 2006(6): 97-101.

[4] 袁阳, 刘旭川, 胡先奇. 石榴枯萎病防治药剂筛选和复配作用的初步研究[J]. 农药, 2018(1): 71-74.

[5] 马丽婷, 鲁海菊, 罗玉端, 等. 抑制石榴枯萎病菌的化学农药和木霉菌株筛选[J]. 红河学院学报, 2020, 18(5): 157-160.

[6] 毛忠顺, 黄琼, 王云月, 等. 化学杀菌剂对石榴枯萎病菌的室内抑制作用[J]. 吉林农业大学学报, 2005(2): 137-139+143.

[7] 汤东生, 王斌, 毛忠顺, 等. 石榴园常用除草剂和杀菌剂对石榴枯萎病菌和枯草芽孢杆菌生长的影响[J]. 江苏农业科学, 2011, 39(5): 154-156.

[8] 周银丽, 胡先奇, 王卫疆, 等. 黄连等6种植物提取液对石榴枯萎病菌的室内毒力[J]. 江苏农业科学, 2009, (6): 182-183.

[9] 魏朝霞, 杨彩波, 和慧, 等. 大蓟提取物对植物病原真菌的抑制活性[J]. 云南农业大学学报, 2014, (1): 140-143.

[10] 黄邦成, 魏丹丽, 李铷, 等. 胜红蓟根系分泌物土壤浸提液在石榴枯萎病生物防治中的作用初探[J]. 农学学报, 2018, 8(4): 19-22.

[11] 潘俊, 毛忠顺, 李霞, 等. 利用枯草芽孢杆菌和荧光假单胞杆菌防治石榴枯萎病得初步研究[J]. 云南农业大学学报(自然科学). 2013, 28(1): 27-31.

[12] 鲁海菊, 谢欣悦, 张海燕, 等. 抗药性木霉与原始木霉菌株抑菌活性差异[J]. 江苏农业科学, 2019, 47(2): 83-87.

[13] 周银丽, 郭建伟, 杨伟, 等. 石榴枯萎病菌拮抗菌$B_1$10的分离鉴定[J]. 中国南方果树, 2018, 47(6): 1-6.

[14] 周银丽, 杨艳丽, 袁绍杰, 等. 石榴枯萎病菌拮抗放线菌对南方根结线虫的毒力[J]. 植物保护, 2016, 42(5): 58-64.

[15] 周银丽, 袁绍杰, 潘云梅, 等. 放线菌JS2对石榴枯萎病菌及南方根结线虫的毒力研究[J]. 江西农业大学学报, 2016, 38(2): 268-274.

[16] 周银丽, 郭建伟, 杨伟, 等. 间作桃树对石榴园枯萎病土壤碳代谢多样性的影响[J]. 江苏农业科学, 2018, 46(14): 106-109.

[17] 王佳佳, 曹克强, 王树桐. 枯草芽孢杆菌Bs-0728菌株发酵条件的优化[J]. 河北农业大学学报, 2012, 35(6): 64-68.

[18] 夏俊芳, 郑素慧, 翟少华, 等. 一株拮抗酿酒葡萄灰霉病的枯草芽孢杆菌T3筛选、鉴定及抑菌分析[J]. 食品工业科技, 2020, 41(23): 99-105, 113.

[19] 朱华珺, 周瑚, 任佐华, 等. 枯草芽孢杆菌JN005胞外抗菌物质及对水稻叶瘟防治效果[J]. 中国水稻科学, 2020, 34(5): 470-478.

[20] 潘潇涵, 常瑞雪, 慕康国, 等. 哈茨木霉VT9-3r和枯草芽孢杆菌VT4-1x对3株马铃薯致病

菌的抑制作用效果[J]. 中国农业大学学报, 2020, 25(4): 72-81.

[21] 王欣悦, 杨思葭, 王晴, 等. 一株枯草芽孢杆菌的鉴定和抑菌作用研究[J]. 黑龙江农业科学, 2020(3): 21-26.

[22] 郝慧娟, 刘洪伟, 尹淑丽, 等. 枯草芽孢杆菌BSD-2的GFP标记及其在黄瓜上的定殖研究[J]. 华北农学报, 2016, 31(4): 106-111.

PART FIVE

石榴组织培养与提取物

石榴叶、迷迭香及其混合浸提液对白三叶种子萌发及幼苗生长的化感影响

陈志远[1]，王柳洁[1]，陈嘉仪[1]，呼甜甜[1]，谢静伟[1]，李玉英[2]，张龙冲[1,2,*]

([1]河南农业大学林学院，郑州 450000；[2]河南省软籽石榴工程研究中心，南阳 473000)

Allelopathic Effects of Pomegranate Leaf Rosemary and Its Mixture on Seed Germination and Seedling Growth of *Trifolium repens* L.

CHEN Zhiyuan[1], WANG Liujie[1], CHEN Jiayi[1], HU Tiantian[1], XIE Jingwei[1], LI Yuying[2], ZHANG Longchong[1,2], *

([1]College of Forestry, Henan Agricultural University, Zhengzhou, 450000; [2]Henan Soft Seed Pomegranate Engineering Research Center, Nanyang, 473000)

摘 要：【目的】为探究复合种植模式下石榴、迷迭香对其林下牧草白三叶的化感影响。【方法】采用室内生物测试法研究了石榴叶、迷迭香叶及其混合浸提液对白三叶种子萌发和幼苗生长的影响。【结果】随着不同处理浸提液浓度的增加（5g/L、25g/L、50g/L），白三叶种子发芽率、发芽指数和发芽势均逐渐降低且浓度越高下降越显著，尤其3种浸提液最高浓度处理组（50g/L）下的白三叶发芽率较对照组分别下降了78.6%、58.0%和69.5%，发芽指数较对照组分别下降了95.6%、86.9%和91.3%，发芽势较对照组分别下降了91.9%、87.3%和85.1%。3种浸提液对白三叶幼苗生长抑制作用不明显，低浓度反而有一定程度的促进作用；3种浸提液对于幼苗根长的抑制作用明显，最高浓度处组50g/L较对照组分别下降了69.2%、53.8%和38.4%.并且幼苗的根鲜重在高浓下也明显减小。【结论】3种不同的浸提液对白三叶种子萌发和幼苗生长的综合化感效应由强到弱依次为：石榴叶浸提液＞混合浸提液＞迷迭香浸提液。

关键词：石榴；迷迭香；白三叶；化感作用；种子萌发；幼苗生长

Abstract: [Objective] To explore the allelopathy of pomegranate and rosemary on the *Trifolium repens* L. of understory grass under compound planting mode. [Method] The effects of *pomegranate* leaves, *rosemary* leaves and their mixed extracts on the seed germination and seedling growth of *Trifolium repens* L.were studied by indoor biological testing. [Result] With the increase of the extract concentration of different treatments (5g/L, 25g/L, 50g/L), the germination rate, germination index and germination vigor of *Trifolium repens* L. seeds gradually decreased and the concentration The higher the value, the more significant the decrease. In particular, the germination rate of *Trifolium repens* L.under the treatment group with the highest concentration of the three extracts (50g/L) decreased by 78.6%, 58.0% and 69.5% respectively compared with the control group. The germination index was lower than that of the control group. Respectively decreased by 95.6%, 86.9% and 91.3%. Compared with the control group, the germination potential decreased by 91.9%, 87.3% and 85.1%. The three kinds of extracts have no obvious inhibitory effect on the growth of white clover seedlings, but the low concentration has a certain degree of promotion; the three kinds of extracts have an obvious inhibitory effect on the root length of the seedlings, and the group at the highest concentration is 50g/L compared with the control The group decreased by 69.2%, 53.8% and 38.4%, respectively. And the root fresh weight of the seedlings was also significantly reduced at high concentrations. [Conclusion] The comprehensive allelopathic effects of the three different extracts on the seed germination and seedling growth of *Trifolium repens* L., from strong to weak, are: pomegranate leaf extract ＞ mixed extract ＞ rosemary extract.

Key words: Pomegranate；Rosemary ；*Trifolium repens* L. ；Allelopathy；Seed germination；Seedling wth

石榴叶、迷迭香及其混合浸提液对白三叶种子萌发及幼苗生长的化感影响

复合种植可以提高土地的综合效益，有效缓解我国土地紧缺的压力。石榴（*Punica granatum*）作为一种常见的水果，在我国南北各地均有种植，分布范围较广。迷迭香（*Rosmarinus officinalis*）是一种多年生芳香灌木植物，市场前景较好。白三叶（*Trrifolium repens*）是一种常见的优质牧草，具有生长速度快、产量高、适应性广、景观效果好等特点，在国内也广泛种植。三者高度不同，生态位不重叠，搭配种植在一起能充分利用土地空间和光能，而且白三叶作为豆科植物能提高土壤肥力，会对石榴和迷迭香的生长起到一定的促进作用。

石榴叶内含有多种化学成分，主要分为单宁、黄酮类、生物碱类等三大类化合物[1]，可能会对其林下牧草产生化感作用，但是近年来对于石榴的研究大多停留在石榴新品种培育和物质提取及利用方面，对于石榴化感方面的研究很少。迷迭香中化学成分主要为萜类、黄酮和酚酸类成分，也含微量的脂肪酸、蛋白质和无机元素等[2]，也可能对附近植物产生化感作用。化感作用作为植物在长期进化过程中形成的一种适应机制，在自然界普遍存在，是农业复合种植中不可忽视的因素[3]，因此研究石榴叶和迷迭香对白三叶的化感作用，对于这3种植物间复合种植有着重要的参考与借鉴意义。

种子萌发和幼苗生长阶段是植物生活史中的重要阶段，亦是最脆弱的阶段。本实验选取白三叶作为受体种子，研究白三叶种子萌发及幼苗生长对石榴叶、迷迭香及其混合浸提液化感响应，旨在为探索石榴园复合种植新型模式提供参考依据。

1 材料与方法

1.1 试验材料

实验中所用到的石榴叶与迷迭香均采自河南农业大学林木种苗繁育基地，石榴叶选取河阴软籽石榴树上秋季即将掉落的、无病虫害的叶片，采摘后放到阴凉处风干后用打粉机打粉后备用，白三叶种子购于河南豫科种子公司。

1.2 石榴叶和迷迭香叶水浸提液的制备

用天平分别称取50g的石榴叶粉末和迷迭香叶片粉末放入振荡瓶中并加入1000mL的蒸馏水，放入恒温25℃的振荡器中，振荡48小时。用滤纸和漏斗过滤杂质之后得到母液，再分别取100mL的过滤后石榴叶浸提液和迷迭香浸提液混合均匀后制成混合溶液的母液。再用蒸馏水分别稀释成25g/L和5g/L的水浸提液，放入4℃恒温冰箱中备用。

1.3 种子萌发化感试验

选取颗粒饱满，大小一致的种子，分别均匀的铺在放有两层滤纸的培养皿中。再向培养皿中分别加入浓度为5g/L、25g/L和50g/L的石榴叶浸提液、迷迭香浸提液和混合溶液7mL。将培养皿放入25℃ 14小时/10小时（光/暗）的恒温培养箱中培养。保持相对一致的湿润条件设置蒸馏水为对照组，每组3个重复。每天同一时间记录种子的萌发数量，萌发结束之后每组中挑选萌发时间接近的10株，测量其苗长、根长、幼苗鲜重和根鲜重[4]。

1.4 生物检测方法

当胚根长约 2mm 时即视为种子发芽，连续 5 天培养皿内不再有种子萌发视为发芽结束，于实验开始后每天同一时间统计发芽数，计算发芽率、发芽势和发芽指数。幼苗化感试验形态指标主要测定植株的根长、苗高及其鲜重，分别使用游标卡尺和 1/1000 天平进行测定。

发芽率（%）=（发芽种子数/供试种子数）×100%；

发芽势（%）=（第 5 天发芽种子数/供试种子数）×100%；

发芽指数 = $\sum Gt/Dt$；

式中：Gt 为第 t 天的发芽数；Dt 为相应的发芽时间（天）。

化感效应指数（RI）=（1-C/T）；

式中：C 为对照值，T 为处理值。$RI > 0$ 为促进作用，$RI < 0$ 为抑制作用，绝对值示化感作用强度的大小。化感综合效应指数反映化感效应的强弱，指同一处理下对同一受体各测试项目化感应指数（RI）的算术平均值：

综合化感效应指数 =（RI 发芽率 +RI 发芽势 +RI 发芽指数 +RI 苗长 +RI 根长）/5

1.5 数据统计与分析

实验原始数据的处理采用 Excel 软件完成，实验各指标的测定均为 3 个重复，结果表示为平均值 ± 标准差。各指标之间采用 One-way ANOVA 进行单因素方差分析。数据分析均使用 SPSS 25.0 软件进行，图片采用 Excel 软件制作。

2 结果与分析

2.1 3 种浸提液对白三叶种子萌发的影响

3 种浸提液对于牧草白三叶种子萌发率的化感作用基本一致，随着浸提液浓度的增加白三叶种子发芽率逐渐下降，其中 5g/L 处理组白三叶种子的发芽率与对照组相比只有小幅度的降低且与对照组相比较差异不明显（$P > 0.05$），而 25g/L 和 50g/L 浸提液浓度处理组和对照组相比较其发芽率有了显著的降低（$P < 0.05$）。发芽率是种子衡量种子质量的重要标准，由图 1a 可以看出随着 3 种浸提液浓度的增加白三叶种子的发芽率有明显降低，说明 3 种浸提液都能显著抑制白三叶种子发芽率。

发芽指数是衡量物种的发芽能力及活力的重要指标，由图 1b 可以看出石榴叶和迷迭香浸提液低浓度组（5g/L）与对照组相比较，白三叶发芽指数有了一定程度的减小但是与对照组相比较差异不明显（$P > 0.05$），但是混合液处理下的低浓度组与对照组相比较已经有了明显的降低且差异明显（$P < 0.05$）。25g/L 和 50g/L 浓度处理下 3 种浸提液都明显降低了白三叶种子的发芽指数，不管是与低浓度组、对照组相比较，还是两个浓度自身之间相比较都差异显著（$P < 0.05$）。这种现象说明 3 种浸提液中的化感物质降低了白三叶的发芽能力与活力。

发芽势反映了种子发芽的快慢以及整齐度，发芽势高的种子其生活力强，抵抗自然灾害与环境变化的能力比较强。由图 1c 可以看出石榴叶和迷迭香浸提液低浓度（5g/L）组与对照组相比较，发芽势受到了一定程度的抑制但是差异不明显（$P > 0.05$），但是混合液处理下的低浓度组与对照组相比差异显著（$P < 0.05$）。随着浓度的增加 25g/L 和 50g/L 浓度组的 3 种浸提液处

石榴叶、迷迭香及其混合浸提液对白三叶种子萌发及幼苗生长的化感影响

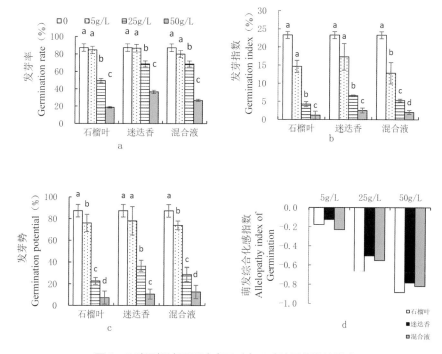

图1 3种浸提液不同浓度下对白三叶种子萌发的影响

Fig. 1 Effects of three kinds of extracts on seed germination of *Trifolium repens*

不同小写字母表示差异显著（$P < 0.005$）。下同。Different lowercase letters indicate the significance of the difference（$P < 0.005$）.the same below.

理下白三叶的发芽势都有很大幅度的降低，每种浸提液处理下不管是与自身低浓度组还是与对照组相比发芽势都有了很大程度的降低且差异显著（$P < 0.05$）。这种现象说明随着溶液浓度增加，3种浸提液中的化感物质逐渐降低了白三叶种子萌发的发芽势，使其抵抗自然灾害的能力逐渐降低。

萌发综合化感指数反映的是种子在萌发阶段所受到的综合化感效应，由图1d可以看出随着浸提液浓度的增加，白三叶种子萌发受到的综合化感作用逐渐增强，在5g/L的3种浸提液处理下白三叶种子萌发受到的综合化感作用由强到弱是混合浸提液＞石榴叶浸提液＞迷迭香浸提液。而在中高浓度组（25g/L、50g/L）白三叶种子萌发受到的综合化感作用由强到弱是石榴叶浸提液＞混合浸提液＞迷迭香浸提液。由此可以推测，石榴叶中的化感物质比迷迭香叶中所含的化感物质对于牧草白三叶种子萌发的化感作用强烈。

2.2 3种浸提液对白三叶幼苗生长的影响

3种浸提液对白三叶幼苗苗长的化感效应如图2a所示，其中低浓度的石榴叶浸提液处理组，白三叶的幼苗苗长与对照组相比受到一定程度的促进作用，但是与对照组相比较差异不明显（$P > 0.05$），随其浸提液浓度的增加幼苗的苗长长度逐渐减少，到最高浓度处理组苗长与其他处理组之间有了明显的减少且差异明显（$P < 0.05$）。迷迭香浸提液和混合溶液处理下都是25g/L浓度下白三叶苗长长度最大，迷迭香浸提液处理下其他浓度组的白三叶苗长差距不大差异也不

显著（$P > 0.05$）。混合溶液处理下幼苗苗长都受到了不同程度的促进，白三叶受到的促进作用由强到弱是 25g/L 组＞5g/L 组＞50g/L 组。

3 种浸提液对白三叶幼苗根长的化感效应如图 2 b 所示，其中石榴叶浸提液处理下低浓度组与对照组相比较根长受到轻微的促进作用但是差异并不明显（$P > 0.05$），随其浸提液浓度的逐渐增加根长长度减少的程度也逐渐增加，与对照组相比较差异逐渐显著（$P < 0.05$）。石榴叶和迷迭香的低浓度浸提液组与对照组相比较根长有轻微的减少，根长的生长受到了一定程度的抑制作用，但是与对照组相比较差异并不明显（$P > 0.05$），随其浸提液浓度的逐渐增加根长长度的减少越来越明显，受到的抑制越来越强烈且与对照组相比较差异显著（$P < 0.05$）。

3 种浸提液对白三叶幼苗鲜重的化感效应如图 2 c 所示，其中石榴叶浸提液处理下低浓度组与对照组相比较根长对白三叶幼苗鲜重有轻微的促进作用但是差异并不显著（$P > 0.05$），随其浸提液浓度的增加幼苗鲜重逐渐减轻，白三叶的幼苗鲜重在石榴叶浸提液下表现出"低促高抑"的变化趋势。迷迭香浸提液处理下 25g/L 组的苗鲜重反而最低且与其他组相比较差异显著（$P < 0.05$），其他浓度组的重量相差不大，差异也不明显（$P > 0.05$）。混合液处理下除了最高浓度组的白三叶苗鲜重重量与其他浓度组相比差异显著外，其他 3 组之间重量差异不明显（$P > 0.05$）。但总体还是表现出抑制作用与浸提液浓度正相关。

3 种浸提液对白三叶根鲜重的化感效应如图 2 d 所示，石榴叶浸提液处理下白三叶幼苗根鲜重表现"低促高抑"的变化趋势，且除了最高溶度组之外其他 3 组之间的差异并不明显（$P > 0.05$），最高浓度的石榴叶浸提液处理下，白三叶的根鲜重不足其他组根鲜重的一半且与各组相比较差异显著（$P < 0.05$）。迷迭香浸提液和混合溶液处理下低浓度组与对照组相比较根

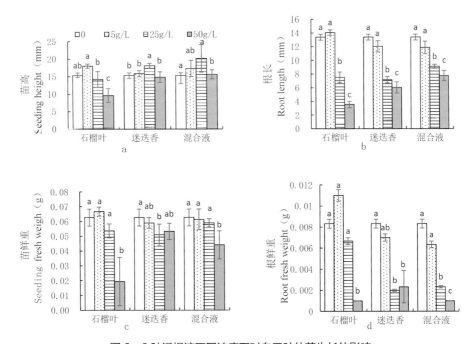

图 2 3 种浸提液不同浓度下对白三叶幼苗生长的影响

Fig. 2 Effects of three kinds of extracts at different concentrations on the growth of *Trifolium repens* seedlings

鲜重都有轻微的减少但是与对照组比较差异不显著（$P > 0.05$）。25g/L 和 50g/L 浓度处理下白三叶的根鲜重与对照组和低浓度组相比较都有比较明显的降低且差异明显（$P < 0.05$）。低浓度浸提液对白三叶的根鲜重影响不大，但是中高浓度对根生长表现出较明显的抑制作用。

2.3 3种浸提液对白三叶种子萌发及幼苗生长的综合效应指数

3 种浸提液对白三叶的综合化感系数如图 3 所示，总体上看在 3 种浸提液的处理下随着浓度的升高白三叶受到的化感作用逐渐增强，在 50g/L 浓度处理下白三叶受到的综合化感作用强度由强到弱为石榴叶浸提液＞迷迭香浸提液＞混合浸提液，在 25g/L 浓度的 3 种浸提液处理下白三叶受到的综合化感作用强度由强到弱为石榴叶浸提液＞混合浸提液＞迷迭香浸提液，且迷迭香浸提液和迷迭香浸提液对白三叶的综合化感作用比较接近，都与石榴叶浸提液的化感作用相差较大。在最低的 5g/L 浓度 3 种浸提液处理下，白三叶受到的化感作用强度由强到弱为混合浸提液＞石榴叶浸提液＞迷迭香浸提液，且各组间综合化感系数接近。

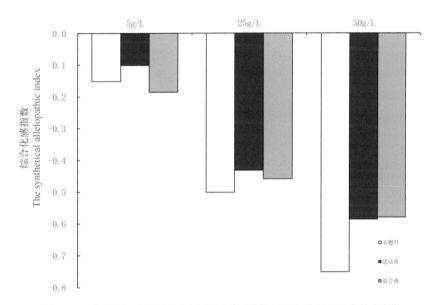

图 3 3 种浸提液不同浓度下对白三叶种子萌发及幼苗生长的综合效应指数

Fig. 3 comprehensive effect index of three extracts on seed germination and seedling growth of *Trifolium repens* under different concentrations

3 讨论

植物的化感作用普遍存在于自然界中，对植物种子萌发和幼苗生长有重要影响。化感作用对植物的呼吸作用、光合作用、酶活性、蛋白质合成和基因的表达、水分以及矿物质元素吸收利用会产生影响[5]，其强度大小主要与化感物质的种类、浓度和受体植物有关。厉波等研究发现，老油茶林根际土壤水浸提液对其种子发芽率、发芽势和幼苗根长表现出低促高抑的化感效应，对发芽指数、苗高和鲜重始终存在显著抑制作用，且随浓度增加抑制作用增强[6]；李春英等研究结果显示南方红豆杉枝和根浸提液可以促进喜树种子萌发和幼苗生长[7]；崔雯等研究发现芦苇乙醇提取物对幼苗根长和茎长的影响，芦根乙醇提取物抑制作用最强；其次是芦苇叶和茎乙醇提取物，两者作用相当；芦花乙醇提取物抑制活性最弱[8]。

本实验选取临近凋落的石榴叶和迷迭香叶子作为提取化感物质的原材料，尽量模拟自然条件下凋落物在雨水淋溶和腐烂状态下对林下生草的化感效应。从种子的萌发实验来看，不论是牧草白三叶的发芽率、发芽指数或者是发芽势，在3种溶液的处理下都受到不同程度的抑制作用，且抑制效果与浓度呈正相关，特别是发芽指数和发芽势随着浓度的增加受到的抑制作用更加明显。屠鹏飞等研究发现迷迭香的化学成分主要有萜类、脂肪酸、黄酮、多支链烷烃及氨基酸等[9]，石榴叶含有单宁、黄酮类、生物碱类等三大类化合物，推测是水浸提液中释放的化感物质通过抑制种子细胞的酶活性或者通过破获细胞膜的通透性引起细胞内电解质的混乱降低了种子的活力，也有可能是化感物质会影响植物细胞的生长和分化从而抑制种子的萌发和幼苗的生长。Ortega等研究发现挥发性的萜类化合物会减少新萌发的黄瓜种子胚根和下胚轴的伸长，并显著地降低细胞的分化，从而影响黄瓜的萌发与生长[10]。是石榴叶、迷迭香叶子中诸多化感物质中的一种对白三叶种子萌发起到了主导作用，还是多种化感物质共同作用的结果，还需要后人进一步做更加详细的研究。

3种浸提液处理下，低浓度组（5g/L）化感强度依次为混合浸提液＞石榴叶浸提液＞迷迭香浸提液，两种不同浸提液的混合溶液反而大于石榴叶这种化感效应较强的浸提液。这有可能是两种不同的浸提液在混合之后产生了相互作用，何华勤等在探究几种酚酸类物质的互作效应时指出，酚酸类物质间的增效或拮抗的互作效应与各因子在化合物中的浓度水平密切相关，如水杨酸在浓度小于0.14mmol/L时，对对羟基苯甲酸表现增效作用，当浓度大于0.14mmol/L时则表现为拮抗作用[11]。这与后面随着浓度的升高3种浸提液对于白三叶种子萌发的综合化感作用强度重新变为石榴叶浸提液＞混合浸提液＞迷迭香的现象相符合。在众多调节种子萌发的机制中，激素扮也演着重要的角色，这种现象的产生也有可能是不同浓度浸提液处理下改变了种子及幼苗中不同激素的比例，从而使各浓度处理组之间产生了不用程度的化感效应。有研究表明，GA促进种子萌发，而ABA抑制种子萌发。环境因子通过调节与两种激素生物合成与分解代谢相关酶的生物活性来控制两者的比例，进而调控植物种子的萌发[12]。

石榴叶浸提液对幼苗的苗长呈现"低促高抑"的效应，迷迭香的中低浓度组和混合液的高中低组都呈现出促进的作用。许多研究都发现化感物质对种子萌发和幼苗生长都有"低促高抑"的效应，李凤兰等研究发现土著植物中的大籽蒿、藜、稗对假苍耳不同部位浸提液则表现出低促高抑的趋势，推测是植物受入侵植物释放到生境中的低浓度化感物质诱导采取提高种子萌发率、加速生长等手段以便应对环境中的不利因素的干扰[13]，也有可能有些化感物质不是很稳定，一段时间后会分解成一些没有化感效应的有机物，还有可能是浸提液中本来就含有幼苗生长所需要的无机盐和营养物质促进了幼苗的生长，在较低浓度下化感物质的抑制作用不明显，营养物质对植物的促进作用更明显，整体上都表现出促进作用，当浓度升高之后抑制作用随之加强，抑制作用超出了营养物质的促进作用，整体上就呈现出抑制作用。化感物质在自然界中普遍存在，也有可能是植物在长期的进化过程中，进化出一些抵抗化感物质的手段，比如较低的化感物质刺激下通过提高酶活性或者加快糖类物质的分解和细胞的分裂来影响种子萌发及幼苗生长进程[14]。

相比3种浸提液较幼苗的生长作用，3种浸提液对白三叶根长和根鲜重的影响比较明显，除了石榴叶对根长是"低促高抑"外其余的都是抑制作用且浓度越高抑制作用越明显，且与对照组相比较差异显著（$P<0.05$）。有可能是幼苗暴露在空气中而根却大部分都浸润在浸提液中，胚根根尖直接接触化感物质，使化感作用在胚根生长过程中更明显[15]，也有可能是化感物质对于本身对于根部的化感作用更明显，这种结果与鄢邵斌等研究，化感物质处理均对根长有显著抑制效应，而对根生物量、根表面积和根体积等形态属性影响较小的结果相一致[16]。

图3中中低浓度的迷迭香浸提液和混合液促进了白三叶幼苗的生长，但是在鲜重上中低浓度组白三叶的幼苗鲜重反而比对照组的白三叶鲜重低。这有可能是在化感物质的刺激下，白三叶为了能争取获取阳光而采取了加速伸长的生长策略，虽然幼苗长度比较长但是比较纤细导致生物量比较少。也有可能是化感物质可通过改变激素水平而影响白三叶种子萌发等生长发育过程。Brunn等研究发现一些类黄酮类化感物质能抑制生长素传输，对正常生长素水平干扰，最终导致侧根减少和向地性受到干扰[17]，这也可能是白三叶的根长和根鲜重减少的原因之一。

在25g/L和50g/L浓度处理下都是石榴叶对白三叶的综合化感作用最强，而迷迭香的化感作用次之，混合液的作用最弱。说明石榴叶内含有的化感物质对于白三叶的化感作用比较强，而混合溶液的作用最弱有可能是两种溶液混合之后，里面的化感物质被某种化学反应破坏掉导致化感作用反而减低，也有可能是其中一种浸提液中的物质促进另一种浸提液中的物质转化成了白三叶生长所需要的营养物质，从而促进了白三叶种子的萌发与幼苗的生长。这也与低浓度下的效果相吻合，低浓度下两者之间的作用不是很强烈，所以混合溶液的化感作用反而是最强的。

4 结论

（1）随着3种浸提液浓度的提高，牧草白三叶种子的发芽率、发芽指数和发芽势都有了明显的下降，说明两种叶子中的化感物质在高浓度下会大幅度降低白三叶种子的萌发率和种子活力。

（2）相比较对幼苗长度的影响，中高浓度下浸提液对于白三叶根的发育抑制更显著。

（3）3种不同的浸提液对白三叶种子萌发和幼苗生长的综合化感效应由强到弱依次为：石榴叶浸提液＞混合浸提液＞迷迭香浸提液。

参考文献

[1] 张立华, 郝兆祥, 董业成. 石榴的功能成分及开发利用[J]. 山东农业科学, 2015(10): 133-138.

[2] THORSEN M A, HILDEBRANDT K S. Quantitative determination of phenolic diterpenes in rosemary extracts. Aspects of accurate quantification.[J]. Journal of Chromatography A, 2003, 995(1/2): 119-125.

[3] 郭兰萍, 黄璐琦, 蒋有绪, 等. 药用植物栽培种植中的土壤环境恶化及防治策略[J]. 中国中药杂志, 2006, 31(9): 714-717.

[4] 姚树宽, 李凤兰, 彭丽娜, 等. 假苍耳不同部位水浸提液对五种十字花科植物化感作用的研究. 草业学报, 2018, 27(9): 56-66.

[5] 孔垂华, 胡飞. 植物化感(相生相克)作用及其应用[M]. 中国农业出版社, 2001.

[6] 厉波, 廖凤林, 吴光荣. 老油茶林土壤浸提液对其种子萌发及幼苗生长的化感作用[J]. 种子, 2020, 335(11): 97-99, 106.

[7] 李春英, 关佳晶, 李玉正, 等. 南方红豆杉水浸提液对喜树种子发芽和幼苗生长的化感作用[J]. 生态学报, 2021, 41(4): 1564-1570.

[8] 崔雯, 凌宇轩, 王子纯, 等. 芦苇不同器官乙醇提取物对3种植物种子和幼苗的化感作用[J]. 种子, 2020, 334(10): 106-109.

[9] 屠鹏飞, 徐占辉, 郑家通, 等. 新型资源植物迷迭香的化学成分及其应用[J]. 天然产物研究与开发, 1998(3): 62-68.

[10] ORTEGA R C, ANAYA A L, RAMOS L. Effects of allelopathic compounds of corn pollen on respiration and cell division of watermelon[J]. Journal of Chemical Ecology, 1988, 14(1): 71-86.

[11] HE H Q, SHEN L H, SONG B Q, et al. Interactive effects between allelochemical substitutes. Chinese Journal of Applied Ecology, 2005, 16(5): 890-894.

[12] FINKELSTEIN R, REEVES W, ARIIZUMI T, et al. Molecular aspects of seed dormancy[J]. Annual Review of Plant Biology, 2008, 59(1): 387–415.

[13] 李凤兰, 武佳文, 姚树宽, 等. 假苍耳不同部位水浸提液对5种土著植物化感作用的研究[J]. 草业学报, 2020, 182(9): 172-181.

[14] RIGON C A G, SALAMONI A T, CUTTI L, et al. Germination and initial development of canola and radish submitted to castor leaves aqueous extracts[J]. Comunicata Scientiae, 2016, 7(1): 104-111.

[15] 晋梦然, 王哲, 李梦佳, 等. 格氏栲天然林凋落物浸提液对杉木种子萌发和胚根生长的影响[J]. 北京林业大学学报, 2020, 42(4): 55-63.

[16] 鄢邵斌, 王朋. 化感物质对植物根系形态属性影响的meta分析[J]. 应用生态学报, 2020(7): 2168-2174.

[17] BRUNN S A, MUDAY G K, HAWORTH P. Auxin transport and the interaction of phytotropins: probing the properties of a phytotropin binding protein[J]. Plant Physiology, 1992, 98(1): 101-107.

石榴叶浸提液对 3 种常见牧草种子萌发与幼苗生长的化感作用

单春燕[1]，张曼[1]，张少龙[1]，江路雨[1]，刘月[1]，李玉英[2]，张龙冲[1,2,*]

([1]河南农业大学林学院，郑州 450000；[2]河南省软籽石榴工程研究中心，南阳 473000)

Allelopathic Effects of *Punica granatum* L. Leaf Water Extract on Seed Germination and Seedling Growth of Three Forages

SHAN Chunyan[1], ZHANG Man[1], ZHANG Shaolong[1], JIANG Luyu[1], LIU Yue[1], LI Yuying[2], ZHANG Longchong[1,2,*]

([1]*School of Forestry, Henan Agricultural University, Zhengzhou, 450000;* [2]*Henan Soft-seeded Pomegranate Engineering Research Center, Nanyang, 473000*)

摘 要：【目的】为探究果园生草模式下石榴对其林下牧草种子萌发与幼苗生长的化感作用。【方法】采用生物测定法研究了 4 种浓度梯度（0，0.005，0.025，0.05g/mL）石榴叶片水浸提液对 3 种常见牧草（白三叶、紫花苜蓿、多年生黑麦草）的发芽率、发芽指数、发芽势、胚芽长度、胚根长度、根冠比等指标的化感影响。【结果】石榴叶水浸提液对这 3 种牧草种子萌发和幼苗的大部分指标表现出明显的化感抑制作用，且抑制作用随着浸提液升高而增强，但紫花苜蓿种子发芽率对石榴叶浸提液化感作用表现出"低抑高促"的双重浓度效应，其发芽指数、发芽势、根长、根冠比对浸提液化感作用表现出浓度阶段性，白三叶种子发芽率对石榴叶浸提液化感作用则呈现出"低促高抑"的变化趋势。3 种受体植物的种子萌发和幼苗对石榴叶浸提液的化感综合响应各异，适应性排序依次为：紫花苜蓿＞白三叶＞黑麦草。【结论】无论是低浓度时（0.005g/mL）受到的抑制作用还是高浓度时（0.05g/mL）受到的促进作用，紫花苜蓿受到的化感影响都是最大的，说明紫花苜蓿对于石榴叶浸提液化感物质具有更强的敏感性。

关键词：石榴；化感作用；种子萌发；幼苗生长；牧草

Abstract:【Objective】To explore the allelopathic effects of *Punica granatum* L. leaf water extract on seed germination and seedling growth of three common forages under the orchard grass growing mode.【Method】The allelopathic effects of water extracts from *Punica granatum* L .leaves with four concentration gradients (0,0.005,0.025 and 0.05g/mL) on germination rate, germination index, germination potential, germ length, radicle length and root-shoot ratio of three common forages in China were studied by bioassay.【Result】The aqueous extract of *Punica granatum* L.leaves showed obvious allelopathic inhibition on most indexes of seed germination and seedlings of these three forages, and the inhibition increased with the increase of the extract. However, the allelopathy of *Medicago sativa* L. seed germination rate on *Punica granatum* L. leaf extract showed a dual concentration effect of "low suppression and high promotion", and its germination index, germination potential, root length and root-shoot ratio showed concentration stages, while the allelopathy of *Trifolium repens*. seed germination rate on *Punica granatum* L. leaf extract showed. The allelopathic responses of seed germination and seedlings of three recipient plants to *Punica granatum* L. leaf extracts are different, and the order of adaptability is *Medicago sativa* L. > *Trifolium repens*. > *Lolium perenne* L.【Conclusion】The allelopathy of *Medicago sativa* L. is the biggest, whether it is inhibited at low concentration (0.005g/mL) or promoted at high concentration (0.05g/mL), which indicates that *Medicago sativa* L. is more sensitive to the liquefaction substances extracted from *Punica granatum* L. leaves.

Key words: *Punica granatum* L; Allelopathy; Seed germination; Seedling growth; Forage grass

---

基金项目：国家自然科学基金项目（31400367）。
作者简介：单春燕，女，在读硕士研究生，主要从事林草复合经营研究。Tel:18300850138；E-mail: scy_chunyan@163.com。
* 通讯作者 Author for correspondence. Tel:13523069746；E-mail: zhanglch11@163.com。

化感作用是供体植物分泌到环境中的次生代谢物（化感物质）对自然生态系统及农林业产生的直接或间接、有利或不利影响的现象，众多研究发现植物叶片中的一些水溶性化感物质如有机酸会被雨水或雾滴淋溶出来抑制或促进其他植物的生长[1]。在果园生草研究中，虽然有研究表明，在苹果、梨、葡萄、柑橘等果树下种植牧草能有效改善土壤理化性质，还能提高果实品质以及减少果园管理成本等[2][3]。但张丹丹[4]等发现芒果叶片水提液对紫花苜蓿、多年生黑麦草等6种牧草有化感作用；刘序[5]等在探究核桃农林复合经营模式中发现核桃叶对林下农作物生长有显著化感效应。

石榴（*Punica granatum*），别名安石榴、海榴、丹若等，分类学上属于石榴科石榴属植物，属于落叶灌木或小乔木。石榴果实具有丰富的营养价值，维生素C含量远远高于苹果及梨，其根、花及果皮具有良好的药用价值，在工业、食品、医药、园林绿化等多个领域都有重要用途，是我国一种重要的经济果树。目前在石榴中已发现的功能成分有60多种，可划分为7大类，即酚类、类黄酮、生物碱、维生素、三萜类、甾醇类及不饱和脂肪酸；石榴叶中以酚类物质为主[6]。白三叶（*Trifolium repens*）、紫花苜蓿（*Medicago sativa*）以及黑麦草（*Lolium perenne*）均是常见的牧草，它们均有着生长速度快，多年生，适应性强，同时对土壤和气候要求不高等特点，在我国南北方大面积种植，在石榴园林下种植牧草模式中被经常选用。石榴是否对林下牧草种子萌发及幼苗生长是否具有化感抑制或促进作用，这在以往的研究中鲜少涉及。

种子萌发和幼苗生长阶段在种子植物整个生活史中占有重要地位，它直接影响着植物后期的生长，进而影响植物种群在群落中的地位。本研究选取我国3种常见牧草品种，开展石榴叶片水浸提液对其发芽率、发芽指数、发芽势、芽长、根长等指标的化感实验，旨在探究石榴叶片水浸提液中的化感物质对于不同牧草种子萌发以及幼苗生长存在的化感作用，为石榴园内牧草种植选择提供一定的理论依据。

1 材料与方法

1.1 实验材料

2020年9～11月于河南农业大学林木种苗繁育中心采集河阴软籽石榴即将凋落的叶片，叶片采集地地处东经112°42′～114°13′，北纬34°16′～34°58′，属北温带大陆性季风气候，冷暖适中、四季分明，春季干旱少雨，夏季炎热多雨，秋季晴朗日照长，冬季寒冷少雪，年平均气温在14～14.3℃，年平均降水量640.9mm，无霜期220天，全年日照时间约2400小时；白三叶、紫花苜蓿、黑麦草种子均购于河南豫科公司。白三叶与紫花苜蓿为豆科多年生草本植物，黑麦草为多年生禾本科草本植物。

1.2 浸提液配制

将采集的完整无病虫害石榴叶片用清水洗去表面灰尘，并用蒸馏水清洗2～3次后放在室温条件下阴干备用，将阴干的植物叶片放在打粉机中打磨成粉末，称取50g植物叶片粉末置于锥形瓶中，往每个锥形瓶中加入1000mL的蒸馏水浸泡，置于摇床上水浴震荡浸提48小时，最后制成0.05g/mL的水浸提母液，取植物叶片浸提液部分母液加蒸馏水分别稀释至浓度为0.005、0.025和0.05g/mL，放置于4℃冰箱中冷藏备用。

1.3 发芽实验

采用培养皿滤纸法进行种子萌发实验，研究石榴叶片水浸提液的化感作用对于白三叶、紫花苜蓿、黑麦草种子萌发与幼苗生长的影响。选取健康、籽粒饱满的三种牧草种子各 50 粒置于铺有两层滤纸的培养皿中，每个培养皿 3 个重复，分别加入 0.005、0.025 和 0.05g/mL 的浸提液 10mL，对照组加等量蒸馏水。所有培养皿放于 15℃恒温箱中进行发芽实验，光周期 12 小时培养，萌发过程中若出现缺水，加入相应的浸提液或者蒸馏水补充，种子发芽的标准是胚根突破种皮 1~2mm，每天同一时间记录种子的萌发数量，萌发结束之后每组中挑选萌发时间接近的 10 株，测量其苗长、根长。

1.4 指标测定

每天记录每个培养皿中发芽的种子数，持续到种子不再发芽为止，最后分别计算种子的发芽率（Germination rate，GR）、发芽指数（Germination index，GI）、发芽势（Germination potential，GP）、化感作用效应指数（Response index，RI）以及根长（Root length，RL）与芽长（Bud length，BL），从每个培养皿中随机挑选 10 株幼苗测量其芽长和根长，并计算根冠比。

发芽率（GR）=（发芽种子数/供试种子数）×100%

发芽指数（GI）= $\sum(Gt/Dt)$（Gt：在 t 天内的发芽数，Dt：第 t 天）

发芽势（GP）=（第 4 天发芽种子数/供试种子数）×100%

$T \geq C$ 时，$RI = 1 - C/T$；$T < C$ 时，$RI = (T/C) - 1$

式中，C 为对照值，T 为处理值。RI 表示化感作用强度，$RI > 0$ 时表示促进作用，$RI < 0$ 时表示抑制作用，其绝对值的大小反映化感作用的强弱。化感综合效应（SE）用供体对同一受体发芽率、发芽势、发芽指数、芽长和根长 5 个测试项目 RI 的算术平均值进行评价。

1.5 数据处理

利用 SPSS 25.0 和 Excel 2010 进行数据分析与处理，采用单因素方差分析法分析不同浓度的石榴叶片水浸提液对于白三叶、紫花苜蓿、黑麦草种子萌发和幼苗生长各指标的化感作用影响差异。

2 结果与分析

2.1 石榴叶片水浸提液对于 3 种牧草种子发芽率的影响

发芽率是作为反映种子发芽数量多少的指标。如表 1 所示，随着石榴叶浸提液浓度的不断增加，白三叶种子的发芽率呈现先增大后逐渐减小的变化趋势，紫花苜蓿发芽率先减小后逐渐增大，而黑麦草的发芽率则逐渐减小。0.005g/mL 浓度处理下，白三叶种子的发芽率高于对照组，但差异不显著（$P > 0.05$），紫花苜蓿和黑麦草种子的发芽率低于对照，其中紫花苜蓿种子发芽率与对照组相比差异显著（$P < 0.05$）。当浸提液浓度增加到 0.025g/mL 时，白三叶种子发芽率显著低于对照组（$P < 0.05$），紫花苜蓿种子发芽率增大，但与对照组相比差异不显著（$P > 0.05$）。0.05g/mL 处理下白三叶和黑麦草种子发芽率显著低于对照组（$P < 0.05$），紫花苜蓿种子的发芽率则高于对照组，但差异不显著（$P > 0.05$）。

随着石榴叶浸提液浓度的不断增加，白三叶种子的发芽率受到的化感影响呈现"低促高抑"

的变化趋势，而紫花苜蓿发芽率受到的化感影响则与白三叶相反，呈现"低抑高促"的变化趋势，黑麦草发芽率受到的化感指数始终为负值，且随着浸提液浓度的逐渐增大，黑麦草受到的化感抑制作用逐渐增强。

表 1　石榴叶片水浸提液处理下 3 种牧草种子的发芽率

Table 1　The germination rate of three forage seeds treated with *Punica granatum* leaf water extract

浓度 /g/mL Concentration	发芽率 /% Germination percentage					
	白三叶 *Trifolium repens*	RI	紫花苜蓿 *Medicago sativa*	RI	黑麦草 *Lolium perenne*	RI
0(CK)	92.67 ± 3.06a		38.67 ± 4.62a		99.33 ± 1.16a	
0.005	94.00 ± 4.00a	0.01	26.00 ± 4.00b	−0.33	98.00 ± 2.00a	−0.01
0.025	78.00 ± 3.47b	−0.16	38.67 ± 10.27a	0.00	96.00 ± 2.00a	−0.03
0.05	38.67 ± 14.05c	−0.58	45.33 ± 3.06a	0.15	74.67 ± 12.71b	−0.25

注：同列不同小写字母表示差异显著（$P < 0.05$），下同。
Note: Different lowercase letters in the same column indicate significant differences at the 0.05 level, the same below.

2.2　石榴叶片水浸提液对于 3 种牧草种子发芽指数的影响

发芽指数是衡量物种的发芽能力及活力的重要指标，可用来判断种子的活性。如表 2 所示，随着石榴叶片水浸提液浓度的不断增大，白三叶和黑麦草种子的发芽指数逐渐降低，而紫花苜蓿种子的发芽指数则随着浸提液浓度的增加呈现出"降低 – 增加 – 降低"的变化趋势。0.005g/mL 浓度处理下，白三叶、黑麦草发芽指数略低于对照组，但差异不显著（$P > 0.05$），而紫花苜蓿的发芽指数则显著低于对照组（$P < 0.05$）；0.025g/mL 与 0.05g/mL 浓度处理下，白三叶与黑麦草的发芽指数显著低于对照组（$P < 0.05$），0.05g/mL 浓度下白三叶的发芽指数显著低于 0.005g/mL 处理（$P < 0.05$）。

随着石榴叶片水浸提液浓度的不断增大，3 种牧草种子发芽指数的化感指数始终为负值，即 3 种牧草发芽指数始终受到石榴叶浸提液的化感抑制作用。随着浸提液浓度的增大，白三叶与黑麦草受到的抑制作用呈现逐渐增大的趋势，而紫花苜蓿受到的石榴叶浸提液化感作用在 0.025g/mL 的时候降低了 0.1，当浓度增加到 0.05g/mL 时，抑制作用反而逐渐变强，高于低浓度处理。

表 2　石榴叶片水浸提液处理下 3 种牧草种子的发芽指数

Table 2　The germination index of three forage seeds treated with *Punica granatum* leaf water extract

浓度 /g/mL Concentration	发芽指数 Germination index					
	白三叶 *Trifolium repens*	RI	紫花苜蓿 *Medicago sativa*	RI	黑麦草 *Lolium perenne*	RI
0(CK)	34.06 ± 1.24a		15.04 ± 3.44a		16.43 ± 0.09a	
0.005	33.69 ± 3.05a	−0.01	7.24 ± 1.84b	−0.52	16.17 ± 0.43a	−0.02
0.025	13.84 ± 1.67b	−0.59	8.78 ± 2.32b	−0.42	11.36 ± 0.44b	−0.31
0.05	4.70 ± 1.86c	−0.86	6.21 ± 1.18b	−0.59	6.65 ± 1.61c	−0.60

2.3 石榴叶片水浸提液对于 3 种牧草种子发芽势的影响

发芽势说明种子的发芽速度和发芽整齐度。如表 3 所示，随着石榴叶浸提液浓度的逐渐升高，白三叶种子的发芽势先增加，后又逐渐降低，紫花苜蓿种子发芽势则先减小后逐渐增大，而黑麦草种子发芽势则始终都是随着浸提液浓度的增加而逐渐减小。在 0.005g/mL 石榴叶水浸提液处理下，白三叶与黑麦草种子发芽势略低于对照组，且并不显著（$P > 0.05$）；紫花苜蓿种子发芽势则显著低于对照组（$P < 0.05$）。随着浸提液浓度升高到 0.025g/mL 时，白三叶与黑麦草种子显著低于对照组（$P < 0.05$），紫花苜蓿种子此时的发芽势要比于 0.005g/mL 浓度处理时的发芽势高，但还是低于对照组，差异并不显著（$P > 0.05$）。在 3 组浓度处理下，当浸提液浓度增加到 0.05g/mL 时，白三叶与黑麦草种子的发芽势降到最低，且与对照组相比差异显著（$P < 0.05$）。

在 3 组石榴叶浸提液处理下，白三叶种子的发芽势受到的化感影响呈现出"低促高抑"的变化趋势，紫花苜蓿种子发芽势则始终受到化感抑制作用，但抑制作用具有阶段性，即随着浸提液浓度增加，抑制作用逐渐减弱，当浸提液浓度达到 0.025g/mL 时，抑制作用最弱，随着浸提液浓度的持续升高，抑制作用又开始逐渐增强。黑麦草则始终受到的是化感抑制作用，且抑制作用具有浓度效应，即抑制作用随着浸提液浓度的增加而逐渐增强。0.005g/mL 浸提液浓度处理下，紫花苜蓿与黑麦草种子发芽势受到化感抑制作用，其中紫花苜蓿受到的化感抑制作用最强，RI 为 0.33，远高于黑麦草的 0.01；此时的白三叶发芽势化感指数显示为正值，表明在该浓度下白三叶受到的是化感促进作用。

表 3 石榴叶片水浸提液处理下 3 种牧草种子的发芽势

Table 3 The germination potential of three forage seeds treated with *Punica granatum* leaf water extract

浓度 /g/mL Concentration	发芽势 /% Germinative force					
	白三叶 *Trifolium repens*	RI	紫花苜蓿 *Medicago sativa*	RI	黑麦草 *Lolium perenne*	RI
0(CK)	92.00 ± 2.00a		36.67 ± 6.43a		98.67 ± 1.16a	
0.005	91.33 ± 4.17a	0.01	24.00 ± 2.00b	−0.34	98.00 ± 2.00a	−0.01
0.025	74.00 ± 3.47b	−0.16	32.00 ± 8.00ab	−0.10	84.67 ± 5.78b	−0.03
0.05	32.00 ± 13.12c	−0.58	26.60 ± 4.62ab	−0.14	28.00 ± 12.17c	−0.25

2.4 石榴叶片水浸提液对于 3 种牧草种子芽长的影响

如表 4 所示，随着石榴叶浸提液浓度的不断升高，白三叶、紫花苜蓿的芽长呈现出逐渐减小的趋势，而黑麦草的芽长则是先增大后逐渐减小。在 0.005g/mL 石榴叶水浸提液处理下，黑麦草的芽长高于对照组，但差异不显著（$P > 0.05$），白三叶种子芽长低于对照组，差异也不显著（$P > 0.05$），而紫花苜蓿的芽长则显著低于对照组（$P < 0.05$）；浸提液浓度为 0.025、0.05g/mL 时，3 种牧草种子的芽长均显著低于对照组（$P < 0.05$）。

在 3 组石榴叶浸提液处理下，紫花苜蓿芽长始终受到化感抑制作用，且随着浸提液浓度的不断增加，抑制作用逐渐增强；而黑麦草的芽长受到的化感影响则呈现出"低促高抑"的变化趋势，在浸提液浓度为 0.005g/mL 时，黑麦草的芽长受到石榴叶浸提液的化感促进作用，但作用不显著，当浸提液浓度增加到 0.025g/mL 时，黑麦草芽长开始受到显著的抑制作用。

表 4　石榴叶片水浸提液处理下 3 种牧草种子的芽长

Table 4　The bud length of three forage seeds treated with *Punica granatum* leaf water extract

浓度 /g/mL Concentration	芽长 Bud length					
	白三叶 *Trifolium repens*	RI	紫花苜蓿 *Medicago sativa*	RI	黑麦草 *Lolium perenne*	RI
0(CK)	17.83 ± 1.37a		22.61 ± 1.37a		88.97 ± 9.60a	
0.005	17.62 ± 0.52a	−0.01	12.67 ± 5.42b	−0.44	94.48 ± 10.15a	0.06
0.025	11.53 ± 0.43b	−0.35	12.4 ± 1.62b	−0.45	62.65 ± 7.93b	−0.30
0.05	5.05 ± 0.53c	−0.72	8.77 ± 0.51b	−0.61	57.7 ± 4.72b	−0.35

2.5　石榴叶片水浸提液对于 3 种牧草种子根长的影响

如表 5 所示，随着石榴叶浸提液浓度的不断增大，黑麦草的根长逐渐减小，且差异显著（$P < 0.05$），白三叶根长则呈现出先增加后减小的趋势，而紫花苜蓿根长则呈现出阶段性变化，即随着浸提液浓度的增加呈现出"减小 – 增加 – 减小"的变化趋势。0.005g/mL 浓度处理下，白三叶根长显著高于对照组（$P < 0.05$），紫花苜蓿和黑麦草根长显著低于对照组（$P < 0.05$）；随着浸提液浓度的升高，白三叶和紫花苜蓿幼苗都根长持续减小，而紫花苜蓿幼苗根长在 0.025g/mL 浓度处理下比 0.005g/mL 浓度处理增加了 1.02，但还是显著低于对照组（$P < 0.05$）。在 0.05g/mL 浓度下，黑麦草种子的根长显著低于 0.005g/mL 浓度处理（$P < 0.05$），而白三叶和紫花苜蓿的根长直接为 0。

在石榴叶浸提液处理下，随着浸提液浓度的逐渐增大，白三叶种子的根长受到"低促高抑"的化感作用，在浸提液浓度为 0.005g/mL 时，根长受到显著的促进作用（$P < 0.05$）；而紫花苜蓿和黑麦草根长始终受到抑制，即化感指数始终为负数，且在 3 组浓度处理下，二者的根长均显著低于对照组（$P < 0.05$），其中黑麦草幼苗的根长受到的化感抑制作用具有浓度效应，即抑制作用随着浸提液浓度的增加而逐渐增强；但紫花苜蓿幼苗根长受到的抑制作用则显示出浓度阶段性，在浸提液浓度为 0.025g/mL 时，其化感指数相比于 0.005g/mL 浓度处理下减小了 0.06，说明此时紫花苜蓿幼苗根长受到的化感抑制作用有所减弱，但当浸提液浓度增加到 0.05g/mL 浓度时，紫花苜蓿幼苗根长则受到完全的抑制而导致没有根系产生。在 0.05g/mL 浓度下，黑麦草种子的根长受到的抑制作用显著高于 0.005g/mL 浓度处理（$P < 0.05$）。

表 5　石榴叶片水浸提液处理下 3 种牧草种子的根长

Table 5　The root length of three forage seeds treated with *Punica granatum* leaf water extract

浓度 /g/mL Concentration	根长 Root length					
	白三叶 *Trifolium repens*	RI	紫花苜蓿 *Medicago sativa*	RI	黑麦草 *Lolium perenne*	RI
0(CK)	11.43 ± 1.42b		18.16 ± 1.99a		79.84 ± 13.61a	
0.005	13.68 ± 1.00a	0.16	7.05 ± 2.70b	−0.61	64.96 ± 6.02b	−0.19
0.025	4.58 ± 1.01c	−0.60	8.17 ± 2.15b	−0.55	12.55 ± 2.10c	−0.84
0.05	0.00 ± 0.00d	−1.00	0.00 ± 0.00c	−1.00	6.10 ± 1.33c	−0.92

2.6 石榴叶片水浸提液对于3种牧草种子根冠比的影响

如表6所示，随着石榴浸提液浓度的不断增加，白三叶的根冠比先增加后逐渐减小，而紫花苜蓿和黑麦草的根冠比则呈现"减小—增大—减小"的变化趋势，黑麦草根冠比逐渐减小。在浸提液0.005g/mL浓度处理下，紫花苜蓿与黑麦草的根冠比均低于对照组，其中紫花苜蓿根冠比显著低于对照组（$P<0.05$）。随着浸提液浓度升高到0.025g/mL时，白三叶与黑麦草根冠比继续减小，而紫花苜蓿的根冠比则比0.005g/mL浓度处理时增加了0.11，但还是显著低于对照组（$P<0.05$）。在浸提液浓度升高到0.05g/mL时，白三叶与紫花苜蓿没有胚根产生，它们的根冠比为0，黑麦草此时的根冠比显著低于对照组（$P<0.05$）。

在3组石榴叶浸提液浓度中，白三叶根冠比受到的化感影响呈现出"低促高抑"的变化趋势，抑制作用随着浸提液浓度的升高而逐渐增强。而紫花苜蓿和黑麦草始终受到的化感影响是抑制作用，其中黑麦草受到的化感作用具有显著的浓度效应，即抑制作用随浸提液的升高而逐渐增强，但紫花苜蓿受到的化感抑制作用具有浓度阶段性，当浸提液浓度在0.005g/mL时，紫花苜蓿的根冠比的化感系数为0.32，而当浸提液浓度增加到0.025g/mL，紫花苜蓿根冠比的化感指数减小到0.18，此时抑制作用减弱，随着浸提液持续增加，抑制作用又开始逐渐增强，到浸提液浓度为0.05g/mL的时候，此时紫花苜蓿的化感指数为1，紫花苜蓿的根冠比此时受到完全的化感抑制作用。

表6 石榴叶片水浸提液处理下3种牧草种子的根冠比

Table 6 The root-shoot ratio of three forage seeds treated with *Punica granatum* leaf water extract

浓度 /g/mL Concentration	根冠比 Root shoot ratio					
	白三叶 *Trifolium repens*	RI	紫花苜蓿 *Medicago sativa*	RI	黑麦草 *Lolium perenne*	RI
0(CK)	0.65 ± 0.13a		1.00 ± 0.08a		1.01 ± 0.24a	
0.005	0.78 ± 0.08a	0.17	0.70 ± 0.09b	−0.31	0.78 ± 0.15a	−0.23
0.025	0.40 ± 0.08b	−0.38	0.81 ± 0.13b	−0.18	0.23 ± 0.06b	−0.78
0.05	0.00 ± 0.00c	−1.00	0.00 ± 0.00c	−1.00	0.12 ± 0.03c	−0.88

2.7 石榴叶片水浸提液对于3种牧草种子的综合化感效应

如表7所示，不同质量浓度石榴叶浸提液对3种受试牧草具有不同的化感综合效应。随着石榴叶浸提液浓度的升高，黑麦草和白三叶受到的化感抑制作用具有浓度效应，即抑制作用随着浸提液浓度升高而逐渐增强，紫花苜蓿受到的抑制作用随着浸提液浓度升高而逐渐减弱，促进作用逐渐增强。浸提液浓度为0.005g/mL时，3种牧草的种子萌发与幼苗的生长就已经开始受到抑制作用，其中紫花苜蓿受到的化感抑制作用最强，其化感综合效应指数为0.4018，远远高于白三叶的0.0031以及黑麦草的0.0065；在0.025g/mL浸提液浓度处理下，白三叶、紫花苜蓿、黑麦草的化感综合效应指数相差不大，分别为0.3572、0.2223、0.2902；在浸提液浓度升高到0.05g/mL时，此时的白三叶和黑麦草受到的化感抑制作用最强，而紫花苜蓿受到的化感影响为促进作用。

表7　石榴叶片水浸提液处理下 3 种牧草种子的化感综合效应

Table 7　The synthetical allelopathic index of three forage seeds treated with *Punica granatum* leaf water extract

浓度 /g/mL Concentration	化感综合效应指数 Synthetical allelopathic index		
	白三叶 *Trifolium repens*	紫花苜蓿 *Medicago sativa*	黑麦草 *Lolium perenne*
0.005	−0.0031	−0.4018	−0.0065
0.025	−0.3572	−0.2223	−0.2902
0.05	−0.6770	0.6879	−0.4285

3　讨论

在本研究中，石榴叶浸提液对于 3 种受体植物种子萌发和幼苗生长的影响存在差异，这与浸提液浓度以及受体植物的种类和生物特性密切相关。

3.1　石榴叶片水浸提液对 3 种牧草种子萌发的影响

种子对于种子植物来说至关重要，它是种子植物的繁殖体系，对于植物种群建立、持续发展、群落结构以及资源竞争都起着着十分重要的作用[7]。

本实验研究结果表明，石榴叶浸提液对于白三叶和黑麦草种子的发芽率、发芽指数以及发芽势均具有明显的化感抑制作用，且抑制作用具有浓度效应，即抑制作用随着浸提液浓度的增加而不断增强。这一结果与刘雅婧等对于狼毒浸提液对 3 种牧草种子萌发与幼苗生长的影响研究一致[8]。相比之下，石榴叶浸提液对于白三叶和黑麦草的发芽指数以及发芽势的抑制作用要强于其对发芽率的影响，表明石榴叶中的化感物质会使得白三叶与黑麦草的种子活力降低以及发芽不均匀、发芽速度减慢。石榴叶浸提液对于紫花苜蓿种子的发芽率的化感作用呈现出"低抑高促"的变化趋势，这与同样作为豆科植物的白三叶结果不同，也与禾本科的黑麦草受到的化感影响不同，可见石榴叶浸提液对于牧草种子萌发的化感影响并不是出于豆科或者禾本科的差别，而可能与植物种子自身生物特性的差异有关，这与高丹等对于巨桉主要器官浸提液对三种牧草的化感作用研究结果有相似之处[9]。本试验中紫花苜蓿种子的发芽率对石榴叶浸提液呈现出"剂量效应"，即在低浓度时产生抑制作用，高浓度反而产生促进作用，这可能与选择的浸提液浓度有关，在浸提液浓度 < 0.005g/mL 时是否产生"低促高抑"效应尚有待进一步研究；此外当浸提液浓度高于 0.025g/mL 后紫花苜蓿受到逐渐增大的化感促进作用，在浸提液浓度 < 0.05g/mL 时是否产生"低促高抑"效应也有待进一步研究。

3.2　石榴叶片水浸提液对 3 种牧草幼苗地上（芽长）与地下（根长）生物量的影响

胚芽和胚根是植物幼苗的两个重要组成部分，它们承担着植株养分、水分的吸收以及运输功能，它们的生长情况影响后续植株的光合作用、生长发育以及在群落中对于资源的竞争与利用[10]。植物间的化感作用会通过影响周围植株的根长、芽长进而影响其生长，这是由于植物在受到来自外界胁迫时会通过调节自身的地上与地下部分分配以获得更多的生存资源，维持自身生长。

本研究发现，石榴叶片水浸提液对牧草幼苗株高与根系生长的化感作用基本表现为抑制作用，且抑制作用具有浓度效应，即抑制作用随浸提液浓度升高而逐渐增强，这与张丹丹[4]、徐坤[11]等的研究结果一致。植物中存在的一些化感物质主要通过雨水和雾滴淋溶的方式进入土壤从而对周围植株产生化感影响，所以刚开始的时候化感物质的含量低，对植株的化感作用不大，但随着时间变长以及雨水增多等多个因素的影响，化感物质逐渐积累，到达一定量以后，就会对种子的萌发以及幼苗的生长产生抑制作用。此外，石榴叶浸提液对于3种牧草根长的抑制作用大于对其芽长的抑制作用，这可能是由于植物根系承担着从土壤中吸收养分、水分并将其运输到地上部分以及稳定植株的功能，植物的地上部分则通过叶片吸收光照进行光合作用与呼吸作用产生植物生长需要的养分，植物根系能直接接触到浸提液中的化感物质，更加容易也更快地受到化感物质的抑制，而植物地上部分是通过根吸收营养物质向上运输才接触到化感物质，再加上地上部分还要进行光合作用与呼吸作用，所以植物的胚芽接触到的化感物质浓度低而剂量少，因此受到的化感影响要比胚根受到的影响小而且缓慢[12]。另外，不同受体植物的化感敏感程度也存在差异，即对石榴叶浸提液化感作用的抗性不同，与张丹丹等的研究结果一致[4]，这可能与牧草自身的生物特性有关，也可能与化感物质具有选择性有关。

4 结论

（1）石榴叶浸提液对3种常见牧草种子萌发与幼苗生长均具有化感影响，但石榴叶中化感物质对不同受体的化感影响存在差异，这可能与不同受体的种类、生物特性、敏感性以及化感物质具有选择性有关。

（2）石榴叶浸提液对白三叶、黑麦草种子萌发与幼苗生长具有显著的化感抑制作用，抑制作用具有浓度效应，即抑制作用随着浸提液浓度升高而增强；对于紫花苜蓿发芽率的化感影响呈现出"低抑高促"的变化趋势，对其芽长的化感抑制作用随着浸提液浓度升高而逐渐增强，而对于紫花苜蓿的发芽指数、发芽势、根长以及根冠比均具有抑制作用，并且抑制作用整体呈现出浓度阶段性，即在3组试验浓度中，低浓度（0.005g/mL）与高浓度（0.05g/mL）的石榴叶浸提液对紫花苜蓿上述指标的化感抑制作用大于中高浓度（0.025g/mL）处理。

（3）通过综合化感效应值可知，3种牧草对于石榴叶浸提液化感作用敏感度由强到弱依次为：紫花苜蓿＞白三叶＞黑麦草。

参考文献

[1] 黄良伟,文杰,任建行,等.植物化感作用研究进展[J].现代园艺,2017(23): 18-19.

[2] 王艳廷,冀晓昊,吴玉森,等.我国果园生草的研究进展[J].应用生态学报,2015, 26(6): 1892-1900.

[3] 张先来,李会科,张广军,等.种植不同牧草对渭北苹果园土壤水分影响的初步分析[J].西北林学院学报, 2005(3): 56-59, 61.

[4] 张丹丹,沈浩,杨季云,等.芒果叶片水提液对我国南方6种牧草的化感作用[J].南方农业学报, 2015, 46(1): 160-165.

[5] 刘序, 张如义, 杨小建, 等. 核桃叶水浸液对萝卜种子萌发的化感作用[J]. 江苏农业科学, 2020, 48(3): 146-151.

[6] 张立华, 郝兆祥, 董业成. 石榴的功能成分及开发利用[J]. 山东农业科学, 2015, 47(10): 133-138.

[7] 陈士超, 王猛, 汪季, 等. 紫花苜蓿种子萌发及幼苗生理特性对PEG6000模拟渗透势的响应[J]. 应用生态学报, 2017, 28(9): 2923-2931.

[8] 刘雅婧, 蒙仲举, 党晓宏, 等. 狼毒浸提液对3种牧草种子萌发和幼苗生长的影响[J]. 草业学报, 2019, 28(8): 130-138.

[9] 高丹, 胡庭兴, 黄绍虎, 等. 巨桉主要器官浸提液对三种牧草的化感作用初步探讨[J]. 四川农业大学学报, 2007(3): 365-368, 372.

[10] 郑丽, 冯玉龙. 紫茎泽兰叶片化感作用对10种草本植物种子萌发和幼苗生长的影响[J]. 生态学报, 2005(10): 2782-2787.

[11] 徐坤, 陈林, 卞莹莹, 等. 猪毛蒿茎叶水浸提液对四种冰草种子萌发和幼苗生长的化感作用[J]. 北方园艺, 2020(3): 68-76.

[12] 牛欢欢, 王森森, 贾宏定, 等. 光叶紫花苕子浸提液对4种牧草种子萌发过程的化感作用[J]. 草业学报, 2020, 29(9): 161-168.

降低软籽石榴外植体褐化和污染的研究

雷梦瑶[1,3]，陶爱丽[2,3*]，张欢[1,3]，齐兴霞[2,3]，李玉英[1,3]
（[1]南阳师范学院水资源与环境工程学院；[2]南阳师范学院生命科学与农业工程学院；[3]河南省软籽石榴工程研究中心；河南南阳　4673061）

Study on reducing browning and pollution of explants of pomegranate with soft seeds

LEI Mengyao[1,3], TAO Aili[2,3*], ZHANG Huan[1,3], QI Xingxia[2,3], LI Yuying[1,3]
([1]College of Water Resources and Agricultural Engineering, Nanyang Normal University; [2]College of Life Science and Agricultural Engineering, Nanyang Normal University; [3]Henan soft seed pomegranate engineering research center; Henan Nanyang 473061, China)

摘　要：为降低软籽石榴组织培养过程中外植体的褐化程度和污染率，选用突尼斯软籽石榴的茎段为材料，通过对外植体进行不同时间的消毒、外植体的不同直径大小、不同转瓶次数、不同抗褐化剂种类及浓度来探究软籽石榴组织培养过程中防止外植体褐化与污染的有效措施。结果表明：对外植体表面消毒时间为10分钟时，平均污染率低至6.23%；直径越大，外植体褐化率越高；消毒13分钟的外植体经过4次转瓶后褐化率低至4.13%；使用硬度为8g/L琼脂粉的MS培养基，加入30g/L蔗糖和+1.8g/L活性炭（AC）的褐化率低至8.86%。
关键词：软籽石榴；组织培养；快繁；褐化；污染

Abstract: Pomegranate is one of the oldest varieties of edible fruit trees. It is originally produced in Central Asia. Because of its rich nutrition and medicinal value, it is now widely spread throughout the country. Since the founding of new China, the development of pomegranate in China has undergone earth-shaking changes, not only the planting area of pomegranate greatly increased year by year, but also to cultivate a lot of good quality, strong resistance to new varieties. Tunisian soft seed pomegranate is one of the new varieties introduced and domesticated in China. Soft seed pomegranate, whose hardness is less than 3.67kg/cm^2, is more and more recognized and welcomed by the majority of producers, operators and consumers because of its non-slag and strong palatability. The cultivation and development of soft seed pomegranate can effectively promote agricultural efficiency, farmers' income and rural development in China. Compared with the past, the production demand of pomegranate seedlings in the market is insufficient, and the rapid propagation technology of tissue culture can effectively improve the propagation efficiency. However, explants extracted from woody plants are difficult to culture because their bacterial contamination and polyphenolic exudation can seriously affect the process of the experiment, or even lead to failure. Therefore, pomegranates have also been identified as moderately difficult to micropropagate. At the early stage of in vitro culture, woody plants will secrete phenolic substances or secondary metabolites from explant sites, known as Browning, which affects the growth and development of explants. Phenolic substances may be toxic and may lead to explant death in severe cases. Incomplete disinfection of explants will result in explant contamination and death, greatly reducing reproductive efficiency.In order to reduce the Browning degree and contamination rate of foreign and foreign plants in the tissue culture process of soft seed pomegranate, healthy branches of Tunisian soft seed pomegranate were selected for winter, cut into stem sections with 1-2 buds, cleaned, soaked in 75% alcohol for 30s, and then placed in a clean table and rinsed with sterile water for 3 times. 0.1% mercury chloride was soaked for 7, 10, and 13min respectively, and then rinsed with sterile water for 5 times. Then 10 vials per vial were inoculated with 3 explants per vial on MS medium containing different concentrations of ascorbic acid, activated carbon and PVP. The explants were cultured at $(25 ± 1)℃$ under 2500-3000lx light intensity for 12h/d, and contamination and Browning were recorded daily.

The results showed that the contamination rate was the lowest when the explant surface was disinfected for 10 min, and the average contamination rate was as low as 6.23%. The larger the explant diameter, the more serious the Browning. It is the simplest and most effective method to control the Browning of the medium by rapid passage. The results showed that the Browning rate was the lowest when explants were transferred for 4 times. The anti-browning effect of activated carbon (AC) is obvious. When the concentration of activated carbon is 1.8g/L, the Browning rate is the lowest 8.86%, which can effectively solve the problem of lethal Browning of pomegranate. In contrast, the anti-browning effect of PVP and ascorbic acid (VC) is not ideal. Using MS medium with a hardness of 10 g/L AGAR powder, adding 30 g/L sucrose and + 1.8 g/L activated carbon (AC), the Browning rate was the lowest and the anti-browning effect was the best, which provided a basis for further improving the rapid propagation coefficient of soft seed pomegranate.

Key words: Soft seed pomegranate;Tissue culture;Rapid propagation; Browning;Pollute

  石榴（Punica granatum L.）为石榴科（Punicaceae）石榴属（Punica L.）落叶灌木或小乔木。据记载，我国早在千余年前就开始种植石榴，可见历史悠久[1]。近几年来，软籽石榴的种植和生产发展迅速，这主要得益于石榴本身的食用价值、医用价值和商业价值逐渐受到人们的青睐，具有极大的发展潜力，目前河南、陕西、云南等地都有大面积种植。随着软籽石榴市场需求的增加，短时间内生产出大量优质种苗成为亟待解决的主要问题，而传统的繁殖方式，如扦插、分株、压条等产量小、周期长、质量差，不能满足市场需求，组织培养技术的出现有效解决了这一难题[2-4]。

  植物组织培养技术即是利用细胞的全能性，分离出植物体的一部分，在人为控制的无菌条件下进行离体培养，进而长成完整植株。石榴组织培养技术现已相当的完善，早在1987年，在国外就有用石榴叶片[5]、花药[6]为外植体进行石榴组织培养的研究，均成功获得再生植株。之后，国内外相继利用石榴的茎段、叶片、茎尖、胚等进行培养，通过愈伤组织的诱导、芽的增殖、生根、炼苗移栽等步骤之后获得优质无菌苗。

  软籽石榴组织培养技术在国内外虽有成功先例，但是外植体污染、褐化、玻璃化苗的现象一直存在，其中褐化和污染的问题最为关键。外植体褐化是一种酶促反应导致的褐变，植物体内部产生的酚类物质严重时可导致外植体死亡、严重影响石榴种苗繁育的效率。据目前研究表明，在茶树、猕猴桃、掌叶覆盆子等植物的组织培养过程中均普遍存在褐化现象，且认为引起褐化的主要因素有植物的基因型、外植体的组织木质化程度和年龄、取材的季节和时间、外植体的大小等。而通过改善培养条件、选择合适的外植体、加入抗氧化剂等措施都能有效减少褐化。吴婉婉[7]等人对茶树幼嫩茎段进行培养时，向培养基中加入150mg/L活性炭（AC）时，能够有效控制外植体褐化；刘延吉[8]等人对软枣猕猴桃进行组织培养发现：将带芽茎段接种在MS+6-BA1.0mg/L+NAA0.01mg/L + 聚乙烯吡咯烷酮（PVP）3%的培养基，每隔10～15天转换1次培养基有效控制褐变并保持植株正常生长；王云冰[9]等人把当年生掌叶覆盆子接种在1/2MS+6-BA1.5mg/L+NAA0.2mg/L+Vc100mg/L 和聚乙烯吡咯烷酮1g/L的培养基中进行培养，抗褐化效果最佳。而针对软籽石榴组织培养中的褐化问题现已有效减弱但并未抑制褐化依旧严重影响着石榴离体快繁效率[10]。

  因此，本次实验以'突尼斯软籽'石榴幼嫩枝条为外植体，进行离体组织培养。从对外植体的消毒时间及通过加不同抗褐化剂、改变抗褐化剂的浓度等着手，以期降低褐化率和污染率，提高外植体成活率，研究出防污染抗褐化的最佳培养基。

1 材料与方法

1.1 试验材料与培养基

1.1.1 外植体

种植于南阳师范学院西区石榴园及家属院的'突尼斯软籽'石榴,取软籽石榴越冬枝条作为外植体。

1.1.2 培养基

MS、MS+VC、MS+AC、MS+PVP,121℃灭菌30分钟待用。

1.2 试验方法

1.2.1 外植体处理

取软籽石榴健康植株上越冬枝条为外植体试材,将其修剪为1cm左右有芽的小段(上平下斜,便于接种时区分形态学上下端)首先用少量自来水将其冲洗干净,再用一定量浓度为0.1%的洗衣粉水浸泡10分钟,用清水将洗衣粉全部冲洗干净后在自来水水管下流水冲洗2小时,再用少许无菌水将外植体冲洗3遍。在超净工作台上用浓度为75%的酒精对外植体进行浸泡,浸泡时间为30秒,以达到消毒的目的,再用少许无菌水反复冲洗3次,并反复振荡以彻底将酒精清洗掉,待用。

1.2.2 不同消毒时间

取已经用酒精浸泡过的外植体,将外植体放入装有浓度为0.1%的升汞的3个瓶子中,在瓶子上分别写上7、10、13分钟3个标签,分别浸泡相对应的时间,浸泡好后倒出瓶中的升汞溶液,后倒入无菌水反复冲洗5次,需要反复震荡确保外植体上残留的升汞溶液被冲洗干净,冲洗干净后将外植体用事先灭过菌的镊子夹出,放在高温灭菌过的滤纸上,吸干外植体上多余的水分后,用干净的剪刀剪掉外植体上下端与药剂接触过的部分,接种到含不同浓度不同抗褐化剂的培养基上,每种处理10瓶,每瓶3个外植体,放置在在光照培养箱里培养,温度为(25±1)℃,光源为日光灯,光照强度2500~3000lx,光照时间12小时/天。每天定期观察,发现有褐化或有污染,褐化的立即传代,污染的立即将其拔出。

1.2.3 不同抗褐化剂

以 MS+30g/L 蔗糖为基本培养基,pH=5.8,分别添加浓度为0.9、1.2、1.5mg/L 抗环血酸(VC),1、1.5、2、2.5、3g/L 聚乙烯吡咯烷酮(PVP)和1.2、1.5、1.8g/L 活性炭(AC),每个浓度的抗褐化剂接种10瓶,每瓶3个外植体,在光照培养箱里培养,每天定期观察,发现褐化则立即传代。

1.2.4 不同转瓶次数

将转瓶次数设为5个梯度,转瓶0次、转瓶1次、转瓶2次、转瓶3次、转瓶4次。每种转瓶次数处理10瓶,在光照培养箱里培养,每天定期观察。

1.3 数据统计

实验数据用 EXCEL 软件进行统计分析。

2 结果与分析

2.1 消毒时间对外植体污染的影响

消毒时间对外植体污染的影响见图1。当消毒时间为7分钟时,外植体污染情况比较严重,平均污染率最高,污染率为17.64%;当消毒时间为10分钟时,平均污染率最低,污染率为6.23%;当消毒时间延长到13分钟时,外植体污染率为11.66%。由表1可知,春天取得越冬枝条,在室内培养,前48小时内,不见污染,说明表面消毒彻底。但是72~120小时中,部分外植体污染,其污染来源可能有三:一方面可能有部分病原菌的越冬孢子藏在叶芽与枝干间,消毒液不易浸入,消毒不彻底,当温度湿度适宜,越冬孢子萌发,造成外植体感染;另一方面,枝条内生菌。故即使升汞处理13分钟依然有一定的污染率;再一方面,传代过程中,工具未严格消毒,通过镊子等转移到未污染的枝条。

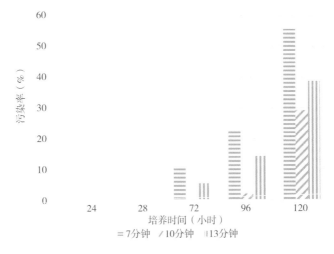

图1 污染率与培养时间的关系

Fig.1 Relationship between contamination rate and disinfection time

2.2 不同浓度不同抗褐化剂对软籽石榴外植体褐化的影响

2.2.1 抗坏血酸(V_C)

抗坏血酸(V_C)对软籽石榴外植体抗褐化的影响见表2。由表2可知,抗坏血酸为0.9~1.5mg/L时,外植体褐化率在49.85%~52.39%。虽然比不加V_C(褐化率100%)褐化率低,但是效果不太理想,说明抗坏血酸对褐变无明显抑制作用。

2.2.2 活性炭(AC)

活性炭(AC)对软籽石榴外植体抗褐化的影响见表2。由表2可知,当活性炭浓度为1.8g/L时,褐化率低至8.86%,抗褐化效果好。

2.2.3 聚乙烯吡咯烷酮(PVP)

聚乙烯吡咯烷酮(PVP)对软籽石榴外植体抗褐化的影响见表2。由表2得知,聚乙烯吡咯烷酮的浓度为1.0~3.0g/L时,外植体褐化率在42.2%~54.39%,效果并不理想。

表2 褐化率与抗褐化剂的关系
Table 2 Relationship between browning rate and adsorbent

抗褐化剂 Browning agent	浓度 Concentration	褐化率 Browning rate/%	总计 Total/%	抗褐化剂 Browning agent	浓度 ConcentratioNn	褐化率 Browning rate/%	总计 Total/%
MS+ 抗环血酸（VC）(mg/L)	0.9	52.39	51.64	MS+ 聚乙烯吡咯烷酮（PVP）(g/L)	1.0	44.51	46.82
	1.2	52.66			1.5	48.12	
	1.5	49.85			2.0	54.39	
MS+ 活性炭（AC）(g/L)	1.2	15.29	14.03		2.5	44.90	
	1.5	17.94			3.0	42.20	
	1.8	8.86		MS	—	100	100

2.3 转瓶次数对外植体褐化的影响

转瓶次数对外植体的影响见表3，当转瓶次数为0次时，褐化率较高；当转瓶次数为1次时，褐化率明显比未经传代时的褐化率低，但褐化率也较高；当转瓶次数为2～3次时，褐化率持续降低，效果较明显；当转瓶次数为4次时，外植体褐化数极少，其中消毒13分钟的外植体转瓶四次的效果最为明显，褐化率低至4.13%，转瓶间隔时间为24小时。由此可见，抗褐化剂的加入，对降低褐化率效果不明显，而经过4次转瓶，基本遏制了外植体的离体褐变。通过在相同培养基中或新鲜培养基中频繁的转移外植体，会切断外植体浸出酚类物质的末端，可有效防止外植体的离体褐变，还可以吸收培养基中较高含量的生长调节剂和营养物质。

表3 转瓶次数对外植体褐化的影响
Table 3 Influence of flask rotation times on explant Browning

消毒时间/分钟 Disinfection time/min	转瓶次数/次 Bottle turn number/time	褐化率/% Browning rate/%
7	0	78.67
	1	64.97
	2	49.14
	3	32.19
	4	16.94
10	0	85.44
	1	62.73
	2	15.26
	3	9.62
	4	12.09

(续)

消毒时间/分钟） Disinfection time/min	转瓶次数/次 Bottle turn number/time	褐化率/% Browning rate/%
13	0	82.57
	1	49.69
	2	21.14
	3	10.79
	4	4.13

2.4 外植体褐化程度与外植体直径的关系

外植体褐化程度与外植体的直径的关系见表4。外植体褐化程度与外植体的直径大小有关，外植体直径越大，切面面积越大，分泌酚类物质较多，其褐化程度就会越严重[11]。因此取材时外植体直径不宜过大或过小，一般选择直径0.2～0.4cm的茎段较为合适。

表4 外植体直径与褐化程度的关系
Table 4 Relationship between explant diameter and degree of Browning

直径/cm Diameter/cm	轻微褐化/% Slight Browning/%	中度褐化/% A moderate brown/%	严重褐化/% Serious Browning/%
0.2～0.4	60.66	17.73	0.55
0.4～0.6	59.30	31.8	8.9
0.6～0.8	6.7	46.67	46.67

3 讨论

3.1 污染

石榴组织培养中，带菌外植体材料生长状态与其灭菌时间有很大关系。石榴茎段外植体经过75% 乙醇30秒，0.1% 的 $HgCl_2$ 灭菌，张晓申[12]等认为突尼斯软籽石榴外植体最佳灭菌时间为2.5分钟，陈延惠[13]等认为茎段灭菌3分钟效果最佳。在本次实验中，当消毒时间为7分钟时，120 小时内平均污染率最高，达到17.46%。随着消毒时间的延长，污染减少的效果显著。当消毒时间为10分钟时，污染率最低，降至6.23%。可能是因为本实验中外植体受取材季节、取材部位、生长状态等因素影响，污染程度较高。王雪婧认为在11月取材，污染最少，茎、叶两种外植体污染率分别为3.93%、5.27%。当消毒时间为13分钟时，外植体的污染率增加，说明消毒时间应控制在一定范围内，消毒时间过高，对外植体的伤害更大[14]，影响外植体的成活率。这些结果说明外植体在不同时期、不同生长状态下，最佳灭菌时间是不同的[15]，要视情况而定。

3.2 抗褐化

石榴含有很多酚类物质，在石榴组培过程中，外植体中的酚类物质经氧化后向培养基中释放醌类物质，从而抑制其他酶的活性，最后外植体也会褐化而死亡[16-17]。转瓶在组培过程中操作简单，且防褐化效果明显，但转瓶次数不宜过多，否则增加污染概率。本实验中在转瓶次数为4次时，外植体褐化较少，基本能达到抗褐化的目的。

抗坏血酸（V_C）和聚乙烯吡咯烷酮（PVP）在本次试验中无明显抗褐化作用。与我们的结果相比，王雪婧等采用培养基中加入100mg/L抗坏血酸有效降低了褐化率，张爱民等发现在培养基中添加2500mg/L PVP有效控制了外植体褐变，另外在板栗、柿树[18-19]等果树外植体褐化的研究中，发现PVP抗褐化效果最佳。说明同样的抗氧化剂对褐变的控制效果因植物的种类和生长状态而异，这可能是这些化学物质对某些植物的特异性所致。活性炭（AC）是一种强吸附剂，可以吸收有毒物质和酚类物质，与对照组相比，加入活性炭的培养基中外植体褐变明显减少，其中加入1.8g/L浓度的活性炭抗褐化效果最好。但活性炭有强大的吸附能力，会吸收培养基中的生长调节剂和营养物质[20]，影响外植体的生长，且加入活性炭的培养基凝固性差，影响外植体的接种，故不宜多用[21]。

参考文献

[1] 李玉, 王晨, 夏如兵, 等. 中国石榴栽培史[J]. 中国农史, 2014, 33(1): 30-37.

[2] 杨选文, 石亚芬, 李好先, 等. 中农红石榴组织培养和遗传转化叶片受体材料的获得[J]. 果树学报, 2017, 34: 88-94.

[3] 谭洪花, 曹尚银, 薛华柏, 等. 我国软籽石榴研究进展[C]//中国园艺学会. 中国石榴研究进展(一). 北京: 中国农业出版社, 2010: 73-77.

[4] 侯乐峰, 郭祁, 郝兆祥, 等. 我国软籽石榴生产历史、现状及其展望[J]. 北方园艺, 2017(20): 196-199.

[5] JURENKA J.Therapeutic applications of pomegranate (*Punica granatum* L.): a review[J]. Altern Med Rev, 2008, 13: 128–144.

[6] MORIGUCHI T, OMURA M, MATSUTA N, et al. In vitro adventitious shoot formation from anthers of pomegranate[J]. Hortic Sci, 1987, 22: 947–948.

[7] 吴婉婉, 孙威江, 陈志丹. 茶树茎段组织培养过程中防褐化污染方法研[J]. 中国茶叶, 2019(1): 22-24.

[8] 刘延吉, 任飞荣. 软枣猕猴桃组织培养过程中外植体褐变的防止[J]. 北方园艺, 2007(11): 175-177.

[9] 王云冰, 江景勇. 掌叶覆盆子诱导培养的抗褐化研究[J]. 浙江农业科学, 2020, 61(1): 46-48.

[10] 彭丽萍, 邰海莲. 防止软籽石榴外植体褐变的研究[J]. 安徽科技学院学报, 2011, 25(2): 28-31.

[11] 王雪婧. 黄花石榴组织培养及植株再生研究[D]. 雅安: 四川农业大学, 2008.

[12] 张晓申, 王慧瑜, 李晓青. 突尼斯软籽石榴组培快繁技术研究[J]. 陕西农业科学, 2008(3): 34-36.

[13] 陈延惠, 谭彬, 李洪涛, 等. 石榴2种外植体再生方法在遗传转化研究中的优势比较[J]. 果树学报, 2012, 29(4): 598-604.

[14] 吴亚君. 石榴不同外植体再生体系建立及遗传转化体系初探[D]. 郑州：河南农业大学，2015.

[15] 杜敬然, 赵斌, 李英丽, 等. 红掌组织培养过程中外植体褐变的研究[J]. 北方园艺, 2010(9): 160-162

[16] 房师梅. 美国红栌组培快繁技术研究[D]. 泰安：山东农业大学，2005.

[17] 张爱民, 李佳娣, 薛建平, 等. 降低软籽石榴组织培养过程中外植体褐化的研究[J]. 安徽农业科学, 2011, 39(6): 3182-3183.

[18] 罗丽华. 板栗组织培养及褐变研究[D]. 长沙：中南林学院，2004: 9-17.

[19] 张妙霞, 孔祥生, 郭秀璞, 等. 柿树组织培养防止外植体褐变的研究[J]. 河南农业大学学报, 1999(1): 87-90.

[20] PUSHPRAJ SINGH, PATEL R M. Factors affecting in vitro degree of browning and culture establishment of pomegranate[J]. African Journal of Plant Science, 2016, 10(2): 43-49.

[21] 王红梅. 活性炭在植物组织培养中的应用[J]. 上海农业科技, 2011(4): 19-21.

怀远'红玛瑙'石榴种质离体保存技术研究

王宁[1]，葛伟强[1]，钱晶晶[2]
([1]安徽中以农业科技有限公司，安徽怀远 233400；[2]安徽科技学院，安徽凤阳 233100)

Research on in Vitro Preservation Technology of Huaiyuan 'Hongmanao' Pomegranate Germplasm

WANG Ning[1], GE Weiqiang[1], QIAN Jingjing[2]
([1]Anhui Zhongyi Agricultural Technology Co, Huaiyuan 233400, Anhui, China; [2]Anhui Science and Technology University, Fengyang 233100, Anhui, China)

摘 要：本研究以怀远'红玛瑙'石榴组培苗为材料，筛选一种能延长石榴种质资源离体保存的化学物质。研究了多效唑、甘露醇和 B9 对石榴离体保存的影响，并进行恢复生长。在石榴组培苗离体保存 90 天后，从存活率、株高及生根状况分析，多效唑的保存比甘露醇和 B_9 的保存效果好，其中在 WPM+0.8mg/L IBA +6g/L 琼脂 +30g/L 蔗糖 +7mg/L 多效唑培养基上保存效果最好，存活率可达到100%。多效唑离体保存的石榴苗恢复生长与正常继代的石榴组培苗生长无明显差异，且存活率能达到90% 以上。

关键词：石榴；离体保存；多效唑；甘露醇；B_9

Abstract: In this study, the tissue culture seedlings of Huaiyuan 'Hongmanao' pomegranate were used as materials to screen a chemical substance that can prolong the in vitro preservation of pomegranate germplasm resources. The effects of paclobutrazol, mannitol and B9 on the preservation of pomegranate in vitro were studied. After the pomegranate tissue culture plantlets were stored for 90 days in vitro, the preservation effect of paclobutrazol was better than that of mannitol and B9 in terms of survival rate, plant height and rooting condition. Among them, the medium of WPM + 0.8mg/L IBA + 6g/L agar + 30g/L sucrose + 7mg/L paclobutrazol had the best preservation effect, and the survival rate could reach 100%. There was no significant difference between the recovery growth of pomegranate seedlings preserved in vitro by paclobutrazol and the growth of normal subcultured pomegranate tissue culture seedlings, and the survival rate could reach more than 90%.

Keywords: *Punica granatum* L.; In vitro conservation; Paclobutrazol; Mannitol; B_9

 石榴是石榴科（Punicaceae）石榴属（*Punica* L.）植物，学名为 *Punica granatum* L.，原产于东亚地区，现已在中国、以色列、美国等 30 多个国家种植。在我国南北都有栽培，以安徽、江苏、河南等地种植面积较大[1]，并培育出一些较优质的品种，其中安徽省怀远县是中国石榴之乡，"怀远石榴"为国家地理标志保护产品，主要品种有玉石籽、玛瑙籽、大笨子及其优系。"怀远石榴"具有较高的营养价值，果实中含有丰富的糖类、有机酸、矿物质和多种维生素，还含有人体所必需的 17 种氨基酸，石榴不但有食用功能还具有观赏价值，可观叶、观花、观果，目前的市场前景十分广阔[2]。目前，石榴的繁殖始终局限于传统的扦插、分株等方法，出现了优良品种退化等诸多问题。

作者简介：王宁，女，安徽中以农业科技有限公司实验室技术员，研究方向：园艺植物生物技术。Tel：18355707593，E-mail：473753094@qq.com。

离体保存是在组织培养技术基础上建立起来的种质资源保存方法,是植物种质资源遗传多样性的一种新兴途径[3],它不仅可以使组织培养苗保存周期延长,避免了继代过度频繁,节约了土地、劳动力和财力等成本,并且不受各种病虫害、自然灾害的影响,保持了组培苗品质优异和不易退化的优良特性[4]。离体保存可以通过添加渗透性化合物和植物生长抑制剂来延长植物保存时间。渗透剂能够清除自由基[5],保护植物组织免受氧化应激损伤,同时诱导渗透胁迫,减少植物对水和矿物质的吸收,从而延缓植物生长速度[6]。植物生长抑制剂的使用可以减缓材料的生长速度,延长继代间隔时间,以达到中长期离体保存种质材料的目的[7]。

本试验在前期建立的组培体系基础上,通过对多效唑、甘露醇和 B_9 不同浓度的筛选,找出'红玛瑙'石榴离体保存的最佳化学物质及浓度,为石榴种质长期保存及可持续利用提供依据。

1 材料与方法

1.1 试验材料、基本培养基及培养条件

试验材料为安徽中以农业科技有限公司'红玛瑙'石榴组培苗。以 WPM + 0.8mg/L IBA + 6g/L 琼脂 +30g/L 蔗糖为基本培养基,pH 调至 6.5,分装后放入高压灭菌锅 121℃灭菌 20 分钟。培养条件为温度 25±2℃,湿度 70% 左右,光照 3000lux,光照周期为 12L:12D 的组培室内培养。

石榴种质离体保存

将石榴组培苗切分成 1cm 左右的茎段(2~3 个生长点),接种在 WPM+0.8mg/L IBA+6g/L 琼脂 +30g/L 蔗糖分别添加不同浓度的多效唑、甘露醇和 B_9 的培养基上(如表 1、2、3),共 15 组处理,每组处理接种 8 瓶,每个瓶中接入 2 株。接种后放入培养室内培养,每 30 天统计一次存活率,90 天后观察并分别记录其株高、根长及生长状态。

表 1 不同浓度多效唑处理

处理	A1	A2	A3	A4	A5
多效唑 (mg/L)	5	6	7	8	9

表 2 不同浓度甘露醇处理

处理	B1	B2	B3	B4	B5
甘露醇 (g/L)	2.5	5	7.5	10	15

表 3 不同浓度 B_9 处理

处理	C1	C2	C3	C4	C5
B_9(mg/L)	5	6	7	8	9

1.2 离体保存的石榴组培苗恢复生长

经过多效唑、甘露醇和 B_9 离体保存 90 天后,对每个处理保存效果较好的组培苗进行恢复生长,将石榴组培苗切成 1cm 左右的茎段(2~3 个生长点),分别接入培养基 WPM + IBA 0.8mg/L +

琼脂 6g/L + 蔗糖 30g/L 中，每个处理接种 15 瓶，每瓶接 2 个石榴茎段，在适宜的环境条件下进行生根培养，30 天后统计成活率、株高及根长，正常继代的组培苗作为对照，记录数据。

2 结果与分析

2.1 石榴种质离体保存

2.1.1 不同浓度多效唑、甘露醇、B_9 对石榴组培苗存活率的影响

不同浓度渗透剂和生长抑制剂对石榴组培苗离体保存存活率有不同的影响。由表 4 可知，离体保存 30 天后，多效唑和 B_9 所有处理存活率均为 100%，甘露醇只有 B2 处理存活率为 100%；离体保存 60 天后，多效唑处理存活率均为 100%，甘露醇的 B2 处理和 B_9 的 C3 处理的存活率为 100%；离体保存 90 天后，只有多效唑的 A1、A2、A3 处理的存活率仍然为 100%。综上所述，多效唑对石榴组培苗进行离体保存的存活率显著高于甘露醇和 B_9 处理，且多效唑浓度 5、6、7mg/L 保存 90 天后存活率仍能达到 100%。

表 4 不同处理对石榴离体保存成活率的影响

处理	存活率 /%		
	30 天	60 天	90 天
A1	100	100	100
A2	100	100	100
A3	100	100	100
A4	100	100	75
A5	100	93.75	62.5
B1	75	75	62.5
B2	100	100	93.75
B3	93.75	87.5	81.25
B4	87.5	87.5	75
B5	87.5	62.5	43.75
C1	100	75	62.50
C2	100	87.50	75
C3	100	100	75
C4	100	87.5	87.50
C5	100	75.00	62.50

2.1.2 不同浓度多效唑、甘露醇、B_9 对石榴组培苗株高的影响

不同处理对石榴离体保存株高有显著差异，由图 1 可知，多效唑处理组培苗的株高显著低于甘露醇和 B_9 处理，多效唑处理与甘露醇和 B_9 处理差异非常显著。但多效唑处理之间没有显著差异，随着多效唑浓度的增加，石榴的株高逐渐降低。由图 4 可以看出，多效唑离体保存的石榴组培苗节间缩短，叶片增厚，叶色浓绿，达到了种质保存的目的。综上所述，多效唑对石榴的离体保存效果比甘露醇和 B_9 要好。

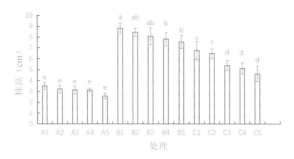

图 1　不同处理石榴离体保存对株高的影响

注：图中不同小写字母表示差异显著（$P < 0.05$）

图 2　多效唑离体保存石榴生长状态

2.1.3 不同浓度多效唑、甘露醇、B_9 对石榴组培苗生根的影响

不同处理对石榴离体保存生根状况有不同的影响，由图 3 可知，甘露醇处理根长最长，其次为多效唑处理，根长最短的为 B_9 处理。虽然 B_9 处理根长最短但根不如多效唑处理的根系粗壮（图 4），多效唑处理根系最短且粗壮的为 A3 处理。由根生长状况可以看出，保存 90 天多效唑对石榴的离体保存效果比甘露醇和 B_9 要好，其中 A3 处理 7mg/L 多效唑对石榴离体保存效果最佳。

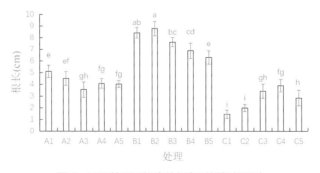

图 3　不同处理石榴离体保存对根长的影响

注：图中不同小写字母表示差异显著（$P < 0.05$）

图 4 不同处理石榴离体保存根系生长状态

(从左至右依次为甘露醇、多效唑、B_9)

2.2 恢复生长

石榴离体保存 90 天后进行恢复生长,由表 6 可知,正常继代组培苗的根长为 1.10 ± 0.21 cm,多效唑处理的组培苗根长为 1.09 ± 0.12 cm,甘露醇处理的组培苗根长为 0.68 ± 0.21 cm,B_9 处理组培苗根长为 1.15 ± 0.38 cm,多效唑和 B_9 离体保存恢复生长的石榴组培苗与正常继代的石榴组培苗根长差异不显著。正常继代组培苗的株高为 6.23 ± 0.39 cm,多效唑处理的组培苗根长为 6.66 ± 0.57 cm,甘露醇处理的组培苗根长为 3.85 ± 0.23 cm,B_9 处理组培苗根长为 4.68 ± 0.45 cm,多效唑离体保存恢复生长的石榴组培苗与正常继代的石榴组培苗株高差异不显著。石榴多效唑离体保存后进行恢复生长,与正常继代生长的组培苗无明显差别,且存活率可以达到 93.33%。

表 4 不同处理恢复生长的影响

处理	根长 /cm	株高 /cm	成活率 /%
正常继代组培苗	1.10 ± 0.21a	6.23 ± 0.39a	100
多效唑离体保存恢复生长组培苗	1.09 ± 0.12a	6.66 ± 0.57a	93.33
甘露醇离体保存恢复生长组培苗	0.68 ± 0.21b	3.85 ± 0.23c	43.33
B_9 离体保存恢复生长组培苗	1.15 ± 0.38a	4.68 ± 0.45b	56.67

注:表中为平均数 ± 标准差,不同小写字母表示差异显著($P < 0.05$)。

3 讨论与结论

离体保存技术是进行种质资源保存的重要手段之一,在培养基中添加渗透剂和植物生长抑制剂来延长植物保存时间。渗透剂通常会用甘露醇,甘露醇可以降低水势,使植物受到生长抑制的渗透胁迫[8],研究发现在培养基中添加甘露醇能够明显地提高保存物的存活率[9]。植物生长抑制剂有很多种,不同抑制剂对不同植物材料的作用效果有所差异,同一种抑制剂应用在不同的植物中,要达到抑制作用而不对植物造成伤害所需要的量也有所不同[10]。多效唑属于三唑类植物生长延缓剂,低毒,能有效地延缓植物生长发育,提高作物抗逆性[11]。B_9 能抑制植物的茎叶生长发育过旺,提高植株品质,增强植株抗病虫害、抗自然灾害等能力,增加植株产量[12],低浓度的 B_9 有利于脱毒试管苗苗重和株高增加,高浓度的 B_9 对茎节数增加有效。

本研究在培养基中添加不同浓度的甘露醇、多效唑和 B_9 对'红玛瑙'石榴进行种质保存。试验结果表明，多效唑对石榴组培苗的离体保存效果显著优于甘露醇和 B_9 处理，以 WPM+0.8mg/L IBA+6g/L 琼脂 +30g/L 蔗糖 +7mg/L 多效唑为石榴种质离体保存最佳培养基，该培养基可以有效延长石榴组培苗的离体保存时间，使节间缩短，根系粗壮，恢复生长后与正常继代的组培苗无明显差别。

参考文献

[1] JONES R A. Centaurs on the silk road: recent discoveries of Hellenistic textiles in western China[J]. Silk Road, 2009, 6: 23-32.

[2] DICHALA, THERIOS, M. Koukourikou-Petridou,et al.Biochemical and physiological responses of three Pomegranate (*Punica granatum* L.) cultivars grown under Cr^{6+} stress[J]. Journal of Soil Science and Plant Nutrition , 2020, 20(9): 1-11.

[3] DA SILVA R L, FERREIRA, C F, DA SILVA LEDO C A. et al. Viability and genetic stability of pineapple germplasm after 10 years of in vitro conservation[J]. Plant Cell Tiss Organ Cult. 2016, 127: 123-133.

[4] SUDHERSAN C, ABOELNIL M, HUSSAIN J. Tissue culture technology for the conservation and propagation of certain native plants[J]. Journal of Arid Environments, 2003, 54(1): 133-147.

[5] ABEBE T. Tolerance of mannitol-Accumulating transgenic water stress and sanlinity [J]. Plant Physiology, 2003, 131(4): 1748-1755.

[6] SRIVASTAVA M, PURSHOTTAM D, SRIVASTAVA A. In vitro Conservation of glycyrrhiza glabra by slow growth culture[J]. Int J Biotechnol Res, 2013, (3): 49-58.

[7] 韦莹, 黄浩, 黄宝优, 等. 植物生长抑制剂对短瓣石竹离体保存的影响[J]. 中药材, 2020, 43(1): 24-27.

[8] MARINO G, NEGRI P, CELLINI A.Effect of Carbohydrates on in vitro Low-Temperature Storage of Shoot Cultures of Apricot[J]. Scientia Horticulturae (Amsterdam), 2010, 126(4): 434-440.

[9] KARHA K K. In vitro growth responses and plant regenerationfrom cryopresevated meristems of cassava [M]//RAO A N, eds. Tissue culture of ecnomicaity important plants costed and anbs. Nat: Nat University Press, 1980: 213- 218.

[10] 王家福, 刘月学, 林顺权. 枇杷种质资源的离体保存研究Ⅱ生长抑制剂的影响[J]. 亚热带植物科学, 2002, 31(4): 1-4.

[11] 冯莹, 林庆良, 潘东明. 青钱柳愈伤组织的离体保存[J]. 林业科学, 2020, 56(9): 58-66.

[12] 岳新丽, 王春珍, 湛润生, 等. 4种植物生长抑制剂对马铃薯种质离体保存的影响[J]. 作物杂志, 2013(5): 33-36.